T20–Arch V6.0
天正建筑软件标准教程

麓山文化　编著

机械工业出版社

天正建筑（TArch）软件是在 AutoCAD 的基础上开发的功能强大且易学易用的建筑设计软件。本书从用户的实际需求出发，围绕 V6.0 版本，系统地介绍天正建筑软件 T20 的各项功能，并通过典型实例来阐述各种命令的使用方法。

全书共 14 章，循序渐进地介绍了 AutoCAD2020 的基础知识、天正建筑软件概述、T20 的轴网、柱子、墙体、门窗、楼梯、室内外设施、房间及屋顶的创建与编辑、文字、表格、标注、文件布图的应用，以及立面图和剖面图的生成、三维建模及图形导出等。最后介绍了建筑施工图的布图与打印。通过绘制办公楼和住宅楼两个大型综合案例全套施工图进行了全面实战演练。

本书结构合理、通俗易懂，大部分功能的介绍采用"说明+实例"的形式，并且所举实例典型、实用，不仅便于读者理解所学内容，而且有助于读者巩固所学知识。

本书配套资源（扫描封四二维码即可获得）除了包含全书所有实例的源文件外，还提供了高清语音视频教学，这种手把手似的指导无疑可以大大提高读者的学习兴趣和效率。

本书内容依据建筑图形的实际绘制流程来安排，特别适合教师讲解和学生自学，以及具备计算机基础知识的建筑设计师、工程技术人员及其他对天正建筑软件感兴趣的读者使用，也可作为高等院校及高职高专建筑专业教学的标准教材。

图书在版编目（CIP）数据

T20-Arch V6.0天正建筑软件标准教程/麓山文化编著. —北京：机械工业出版社，2021.5　（2023.1重印）
　ISBN 978-7-111-67686-7

Ⅰ. ①T… Ⅱ. ①麓… Ⅲ. ①建筑设计—计算机辅助设计—应用软件—教材 Ⅳ. ①TU201.4

中国版本图书馆CIP数据核字(2021)第039254号

机械工业出版社（北京市百万庄大街 22 号　邮政编码 100037）
策划编辑：曲彩云　　责任编辑：曲彩云
责任校对：王明欣　　责任印制：任维东
北京中兴印刷有限公司印刷
2023 年 1 月第 1 版第 2 次印刷
184mm×260mm・31.5 印张・782 千字
标准书号：ISBN 978-7-111-67686-7
定价：99.00 元

电话服务　　　　　　　　网络服务
客服电话：010-88361066　机工官网：www.cmpbook.com
　　　　　010-88379833　机工官博：weibo.com/cmp1952
　　　　　010-68326294　金书网：www.golden-book.com
封底无防伪标均为盗版　机工教育服务网：www.cmpedu.com

前 言

　　TArch 是国内较早利用 AutoCAD 平台开发的建筑软件，其以先进的建筑设计理念服务于建筑行业，受到了广大建筑师和设计师的青睐。

　　天正建筑软件符合国内建筑设计人员的操作习惯，贴近建筑图绘制的实际，并且有很高的自动化程度。如在软件中设置尺寸参数就能自动生成平面图中的轴网、墙体、柱子、门窗、楼梯和阳台等，还可以自定义创建立面图和剖面图等图样，因此在国内使用相当广泛。

内容特点

　　本书结构合理、通俗易懂，大部分功能的介绍采用"说明+实例"的形式，并且所举实例典型、实用，不仅便于读者理解所学内容，而且有利于读者巩固所学知识。

　　全书共 14 章，主要内容介绍如下：

- 第 1～11 章，主要介绍了 AutoCAD 2020 及天正 T20V6.0 的基础知识，包括天正建筑软件概述,轴网与柱子，墙体，门窗，室内外设施，房间和屋顶，尺寸标注，文字及符号，立面图和剖面图，三维建模等。
- 第 12、13 章，综合运用 AutoCAD 和天正命令，介绍了办公楼和住宅楼的平面图、立面图和剖面图的绘制过程和方法。
- 第 14 章，主要介绍了建筑施工图打印输出的方法及相关知识。

　　本书随书附赠了配套资源，其中包含了全书实例的源文件素材和讲解视频（扫描封四二维码即可获得），非常方便读者参考学习。

本书编者

　　本书由麓山文化编著，参加编写的有薛成森、陈志民、陈运炳、申玉秀、李红萍、李红艺、李红术、陈云香、陈文香、陈军云、彭斌全、林小群、刘清平、钟睦、刘里锋、朱海涛、廖博、喻文明、易盛、陈晶、黄柯、何凯、黄华、陈文轶、杨少波、杨芳、刘有良、刘珊、赵祖欣、齐慧明。

　　由于作者水平有限，书中错误、疏漏之处在所难免。在感谢您选择本书的同时，也希望您能够把对本书的意见和建议告诉我们。

　　读者服务邮箱:lushanbook@qq.com

　　读 者 QQ 群：327209040

麓山文化

目　录

第1章 AutoCAD 软件简介

● 本章导读

　　AutoCAD 是由美国 Autodesk 公司于 20 世纪 80 年代初开发的一种通用计算机设计绘图程序软件包，是国际上最通用的绘图工具之一。AutoCAD 2020 是 Autodesk 公司推出的新版本，在界面设计、三维建模、渲染等方面做了很大的改进。

　　由于 TArch（天正建筑）是基于 AutoCAD 图形平台的二次开发软件，因此熟练使用 AutoCAD 也是正确使用 TArch 的基础和前提。

　　本章将介绍 AutoCAD 2020 的界面组成、命令输入方式、图层设置的基础知识，以便读者能够快速熟悉 AutoCAD 的操作环境。

● 本章重点

◈ AutoCAD 2020 工作空间　　　　　◈ AutoCAD 2020 操作界面

◈ AutoCAD 命令的调用　　　　　　◈ 图层的设置

◈ 本章小结　　　　　　　　　　　　◈ 思考与练习

1.1 AutoCAD 2020 工作空间

　　为了满足不同用户的需要，中文版 AutoCAD 2020 提供了"草图与注释""三维基础""三维建模"3 种工作空间，用户可以根据绘图的需要选择工作空间。

　　切换工作空间的方法如下：

➤ 单击 AutoCAD 2020 界面左上角快速访问工具栏中的"工作空间"选项，从弹出的列表中选择工作空间，如图 1-1 所示。

➤ 单击状态栏中的"切换工作空间"按钮 ⚙，在弹出的菜单中选择工作空间，如图 1-2 所示。

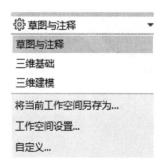

图 1-1　工作空间列表

图 1-2　工作空间菜单

1.1.1 草图与注释空间

AutoCAD 2020 系统默认打开的是"草图与注释"空间，该空间界面主要由应用程序按钮、快速访问工具栏、功能区、绘图区、命令行和状态栏构成，如图 1-3 所示。

图 1-3 "草图与注释"空间

1.1.2 三维基础空间

三维基础空间能够非常方便地调用三维建模功能、布尔运算功能以及三维编辑功能创建出简单的三维图形，如图 1-4 所示。

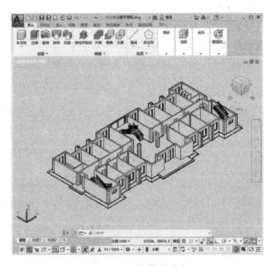

图 1-4 三维基础空间

1.1.3 三维建模空间

在三维建模空间中能完成诸如三维曲面、实体、网格模型的制作、细节的观察与调整，并为材质、灯光效果的制作、渲染以及输出提供了非常便利的操作环境。"三维建模"空间如图 1-5 所示。

图 1-5   "三维建模"空间

1.2 AutoCAD 2020 工作界面

在学习 AutoCAD 2020 之前，首先需要对其工作界面进行认识和了解。为了方便老版本用户快速过渡到新版本，本书以"AutoCAD 草图与注释"空间为例进行讲解。该工作界面包括应用程序按钮、菜单栏、快速访问工具栏、标题栏、绘图窗口、命令行、状态栏等，如图 1-6 所示。

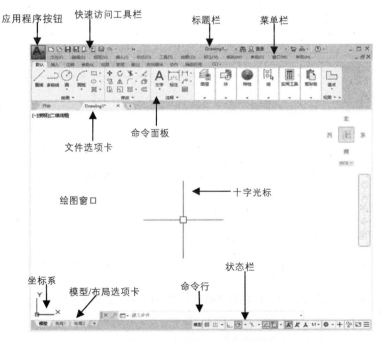

图 1-6   AutoCAD 2020 工作界面

1.2.1 应用程序按钮

"应用程序"按钮 位于界面左上角，单击该按钮，系统弹出用于管理 AutoCAD 图形文件的命令列表，包括新建、打开、保存、另存为、输入、输出、发布、打印、图形实用工具、关闭等，如图 1-7 所示。

在【应用程序】菜单中除了可以调用如上所述的常规命令外，调整其显示为"小图像"或"大图像"，然后将鼠标置于菜单右侧排列的【最近使用文档】名称上，还可以快速预览打开过的图像文件内容，如图 1-8 所示。

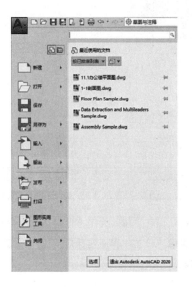

图 1-7 命令列表

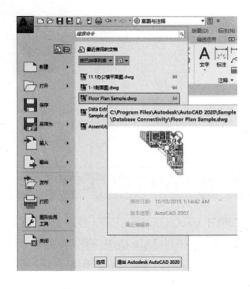

图 1-8 预览图像

1.2.2 标题栏

标题栏位于 AutoCAD 绘图窗口的最上端，它显示了系统正在运行的应用程序的版本和用户正在编辑的图形文件名称，如图 1-9 所示。

Autodesk AutoCAD 2020   Drawing1.dwg

图 1-9 标题栏

1.2.3 菜单栏

在菜单栏中，每个主菜单都包含了数目不等的子菜单，且有的子菜单下还包含下一级子菜单。在"视图"菜单中选择"缩放"命令，在右侧弹出子菜单，其中显示了各种缩放方式，如图 1-10 所示。在命令菜单中几乎包含了 AutoCAD 2020 全部的功能和命令。

图 1-10　弹出子菜单

　　在【三维基础】和【三维建模】工作空间中也可以显示菜单栏。单击快速访问工具栏右侧下拉按钮，在下拉菜单中选择【显示菜单栏】命令，如图 1-11 所示。执行该命令后，即可在快速访问工具栏的下方显示菜单栏，如图 1-12 所示。

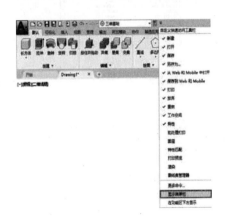

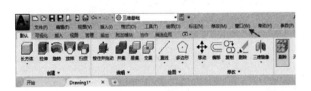

图 1-11　选择命令　　　　　　　　　　　　　　　　图 1-12　显示菜单栏

1.2.4　快速访问工具栏

　　快速访问工具栏位于标题栏左上角，它包括了常用的快捷按钮，可以给用户提供更多的方便。其默认状态下由多个命令按钮组成，依次为新建、打开、保存、另存为、放弃、重做和打印等，如图 1-13 所示。

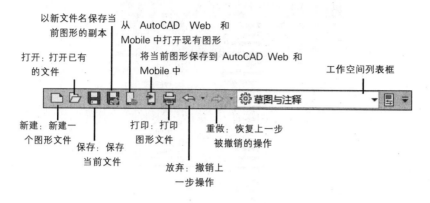

图 1-13　快速访问工具栏

　　用户可以在快速访问工具栏中增加或删除按钮，在快速访问工具栏上单击右键，在弹出的快捷菜单中选择"自定义快速访问工具栏"命令，如图 1-14 所示。稍后弹出如图 1-15 所示的【自定义用户界面】对话框，在命令列表中选择要添加的命令，按住左键不放将其拖至快速访问工具栏中即可。

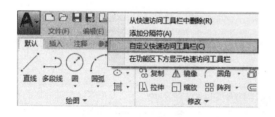

图 1-14　选择命令

图 1-15　【自定义用户界面】对话框

技巧

　　在如图 1-14 所示的列表中选择"从快速访问工具栏中删除"命令，可以将选定的命令按钮从快速访问工具栏中删除。

1.2.5　绘图窗口

　　绘图窗口是绘制与编辑图形及文字的工作区域，一个图形相应一个绘图窗口。绘图窗口的大小并不是一成不变的，用户可以通过设置功能区的显示方式来增大绘图空间。绘图窗口如图 1-16 所示。

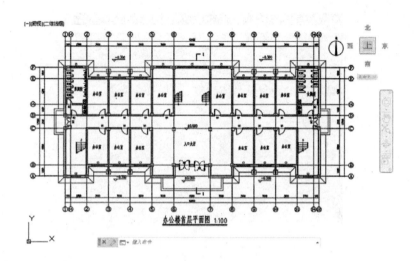

图 1-16　绘图窗口

1.2.6　命令行与文本窗口

　　命令行窗口位于绘图窗口的底部，用于命令的接收和输入，并显示 AutoCAD 提示信息，如图 1-17 所示。用户可以拖动鼠标调整命令行窗口大小。

图 1-17　命令行

　　在 AutoCAD 2020 中，系统会在用户键入命令行命令时自动完成命令名或系统变量，此外，还会显示一个有效选择列表和相关命令功能信息，如图 1-18 所示，用户可以按 Tab 键从中进行选择，从而为用户快速使用命令提供了极大的方便。

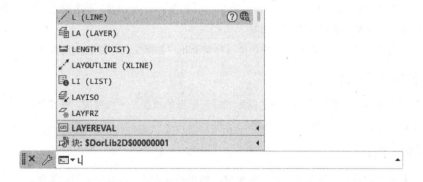

图 1-18　显示选择列表

　　按 Ctrl+F2 键还能打开 AutoCAD 2020 文本窗口，如图 1-19 所示。当用户需要查询大流量信息的时候，该窗口就会显得非常有用。

图 1-19　文本窗口

1.2.7　状态栏

状态栏位于屏幕的底部，主要由 5 个部分组成，如图 1-20 所示。

快速查看工具　　坐标值　　　　　　绘图辅助工具　　　　　　注释工具　　工作空间工具

图 1-20　状态栏

1.　坐标值

坐标值显示了绘图区中光标的位置，移动光标，坐标值也会随之变化。

2.　绘图辅助工具

绘图辅助工具主要用于控制绘图的性能，其中包括推断约束、捕捉模式、栅格显示、正交模式、极轴追踪、对象捕捉、三维对象捕捉、对象捕捉追踪、允许/禁止动态 UCS、动态输入、显示/隐藏线宽、显示/隐藏透明度、快捷特性和选择循环等工具。

表 1-1 列出了绘图辅助工具按钮及其功能，可帮助用户熟悉工具按钮的使用方法。

3.　快速查看工具

使用其中的工具可以轻松预览打开的图形和打开图形的模型空间与布局，并在其间进行切换，图形将以缩略图形式显示在应用程序窗口的底部。

4.　注释工具

用于控制缩放注释的若干工具。对于模型空间的和图纸空间，将显示不同的工具。

5.　工作空间工具

用于切换 AutoCAD 2020 的工作空间，以及对工作空间进行自定义设置等操作。

表 1-1　绘图辅助工具按钮一览

名　称	按　钮	功　能　说　明
推断约束		单击该按钮，打开推断约束功能，可设置约束的限制效果，如限制两条直线垂直、相交、共线、圆与直线相切等
捕捉模式		单击该按钮，开启或者关闭捕捉。捕捉模式可以使光标能够很容易地抓取到每一个栅格上的点
栅格显示		单击该按钮，打开栅格显示，此时屏幕上将布满小点。其中，栅格的 X 轴和 Y 轴间距也可以通过【草图设置】对话框的【捕捉和栅格】选项卡进行设置
正交模式		该按钮用于开启或者关闭正交模式。正交即光标只能沿 X 轴或者 Y 轴方向移动，不能画斜线
极轴追踪		该按钮用于开启或关闭极轴追踪模式。在绘制图形时，系统将根据设置显示一条追踪线，可以在追踪线上根据提示精确移动光标，从而精确绘图
二维对象捕捉		该按钮用于开启或者关闭三维对象捕捉。对象捕捉能使光标在接近某些特殊点时自动指引到特殊的点，如端点、圆心、象限点
三维对象捕捉		该按钮用于开启或者关闭三维对象捕捉。对象捕捉能使光标在接近三维对象某些特殊点的时候能够自动指引到那些特殊的点
对象捕捉追踪		单击该按钮，打开对象捕捉模式，可以通过捕捉对象上的关键点并沿着正交方向或极轴方向拖曳光标，此时可以显示光标当前位置与捕捉点之间的相对关系。若找到符合要求的点，直接单击即可
允许/禁止动态 UCS		该按钮用于切换允许和禁止 UCS（用户坐标系）
动态输入		单击该按钮，将在绘制图形时自动显示动态输入文本框，方便绘图时设置精确数值
线宽		单击该按钮，开启线宽显示。在绘图时如果为图层或所绘图形定义了不同的线宽（至少大于 0.3mm），则单击该按钮就可以显示出线宽，以标识各种具有不同线宽的对象
透明度		单击该按钮，开启透明度显示。在绘图时如果为图层和所绘图形设置了不同的透明度，则单击该按钮就可以显示透明效果，以区别不同的对象
快捷特性		单击该按钮，显示对象的快捷特性选项板，能帮助用户快捷地编辑对象的一般特性。通过【草图设置】对话框的【快捷特性】选项卡可以设置快捷特性选项板的位置模式和大小
选择循环		单击该按钮可以在重叠对象上显示选择对象
注释监视器		单击该按钮后，一旦发生模型文档编辑或更新事件，注释监视器会自动显示
模型	模型	用于模型与图纸之间的转换

1.3　AutoCAD 命令的调用

AutoCAD 调用命令的方式非常灵活，可以通过功能区、菜单栏执行命令，或者输入快捷方式再按空格键执行命令。

1.3.1 命令调用方式

本节介绍调用命令的几种方式，如通过功能区执行命令及通过菜单栏执行命令等。

1. 通过功能区执行命令

功能区分门别类地列出了 AutoCAD 绝大多数常用的工具按钮。例如，在功能区中单击"默认"选项卡中的"圆"按钮 ⊘，即可在绘图区内绘制圆图形，如图 1-21 所示。

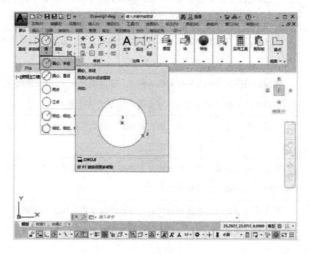

图 1-21 通过功能区执行命令

2. 通过菜单栏执行命令

在工作空间中可以通过菜单栏调用命令。如果要绘制圆，执行【绘图】|【圆】命令，即可在绘图区域中根据命令行的提示绘制圆，如图 1-22 所示。

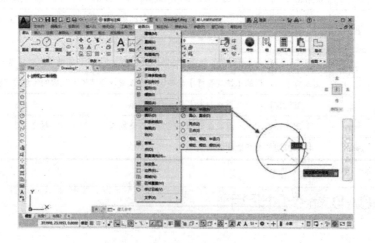

图 1-22 通过菜单栏执行命令

3. 通过命令行执行命令

无论在哪个工作空间，通过在命令行内输入相应的命令字符或快捷命令，均可执行命令。例如,在命令行中输入 Circle 或 C（快捷命令）并按 Enter 键，即可在绘图区域中绘制圆，如图 1-23 所示。

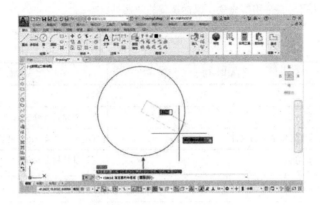

图 1-23　通过命令行执行命令

4. 通过快捷键执行命令

AutoCAD 2020 还可以通过键盘来实现与 Windows 相同的一些快捷键功能，如使用"Ctrl+O"组合键打开文件、"Alt+F4"组合键关闭程序等。此外，AutoCAD 2020 还赋予了键盘上的功能键相应的快捷功能，如 F3 键为开启或关闭对象捕捉的快捷键。

此外，AutoCAD 中的绘图命令、修改命令也有相应的快捷键。将光标置于"直线"命令按钮上，稍等几秒，即可弹出演示菜单，并在菜单中显示该命令的使用方法，在左下角显示命令的快捷键为"LINE"，如图 1-24 所示。在命令行中输入"LINE"，按空格键即可调用"直线"命令。或者输入"L"再按空格键，也可调用"直线"命令。

在演示菜单中，显示"移动"命令的快捷键为"MOVE"，如图 1-25 所示。在命令行中输入"MOVE"或者"M"按空格键，都可执行"移动"命令。

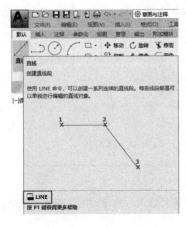

图 1-24　显示快捷键为"LINE"

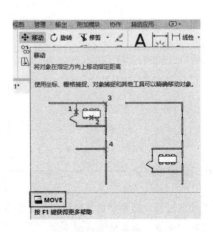

图 1-25　显示快捷键为"MOVE"

1.3.2 鼠标在 AutoCAD 中的应用

除了通过键盘按键可直接执行命令外，在 AutoCAD 中通过鼠标左、中、右三个按键单独使用或是配合键盘按键也可以执行一些常用的命令，鼠标按键的功能见表 1-2。

表 1-2　鼠标按键功能列表

鼠标键	操作方法	功能说明
左键	单击	拾取键
	双击	进入对象特性修改对话框
右键	在绘图区域中单击右键	快捷菜单或者 Enter 键功能
	Shift+右键	对象捕捉快捷菜单
	在工具栏中单击右键	快捷菜单
中间滚轮	滚动滚轮向前或向后	实时缩放
	按住滚轮不放和拖拽	实时平移
	按住滚轮不放和拖拽+ Shift	垂直或水平的实时平移
	Shift+按住滚轮不放和拖拽	随意式三维旋转
	双击	缩放成实际范围

1.3.3 终止当前命令

在执行命令的过程中，按 Esc 键可以快速终止当前正在执行的命令，或者单击鼠标右键，在弹出的快捷菜单中选择"取消"命令，如图 1-26 所示，也可终止命令。

图 1-26　选择命令

1.3.4 重复命令

在绘图过程中经常会重复使用同一个命令，如果每一次都重复输入，会使绘图效率大大降低。

调用"重复"命令的方法如下：

➢ 　快捷键：按 Enter 键或空格键，重复使用上一个命令

➢ 　命令行：MULTIPLE/MUL。

> ➤ 快捷菜单：单击鼠标右键，在弹出的快捷菜单中选择"重复**"选项，如图 1-27 所示。

在右键菜单中选择"最近的输入"选项，在右侧弹出子菜单，其中显示了最近执行过的命令，如图 1-28 所示。选择选项，即可激活该命令。

图 1-27　选择选项

图 1-28　弹出子菜单

1.3.5　放弃命令

在绘图过程中，有时需要取消某个操作，返回到之前的某一操作，这时需要用"放弃"命令。执行该命令的方法有以下几种：

> ➤ 快捷键：Ctrl + Z。
> ➤ 命令行：UNDO。
> ➤ 菜单栏：执行【编辑】→【放弃】命令，如图 1-29 所示。
> ➤ 快速访问工具栏：单击快速访问工具栏【放弃】按钮。
> ➤ 右键菜单：单击鼠标右键，在弹出的快捷菜单中选择"放弃"命令，如图 1-30 所示

图 1-29　选择命令

图 1-30　在右键快捷菜单中选择命令

1.3.6　重做命令

使用"重做"命令，可以恢复上一个用"放弃"命令放弃的结果。该命令的执行方法有以下几种：

> ➤ 命令行：REDO。

➢ 快捷键: CTRL+Y。

➢ 菜单栏: 执行【编辑】→【重做】命令, 如图 1-31 所示。

➢ 快速访问工具栏: 单击快速访问工具栏【重做】按钮 ⇨▾ 。

➢ 右键菜单: 单击鼠标右键, 在弹出的快捷菜单中选择"重做"命令, 如图 1-32 所示。

图 1-31 选择命令

图 1-32 在右键快捷菜单中选择命令

1.4 图层的设置

图层是 AutoCAD 提供给用户的组织图形的强有力工具。AutoCAD 的图形对象必须绘制在某个图层上, 它可能是默认的图层, 也可以是用户自己创建的图层。利用图层的特性, 如颜色、线型、线宽等, 可以非常方便地区分不同的对象。此外, AutoCAD 还提供了大量的图层管理功能(打开/关闭、冻结/解冻、加锁/解锁等), 这些功能使用户在组织图层时非常方便。

1.4.1 图层特性管理器

"图层特性管理器"是 AutoCAD 提供给用户的强有力的图层管理工具。在该对话框中, 可以创建、重命名和删除图层, 并设置相关的图层特性。

执行【格式】|【图层】命令, 打开如图 1-33 所示的【图层特性管理器】对话框, 用户可以根据自己的需要对图层进行设置。

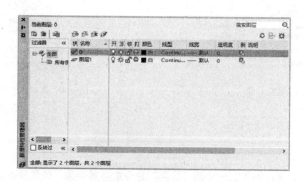

图 1-33 【图层特性管理器】对话框

【图层特性管理器】对话框介绍如下：

➢ 新建图层：单击对话框顶部的"新建图层"按钮 ，可以新建一个图层，用户可对新建图层进行重命名。在实际绘图中可以建立"轴线""墙体""门"等图层。

➢ 删除图层：单击对话框顶部的"删除图层"按钮 ，可以删除当前选择的图层。

➢ 状态栏：双击状态栏下的 图标，当图标显示为 状态时，表明该图层为当前图层。当设定某一图层为当前图层后，接下来所绘制的全部图形对象都将位于该图层中。如果以后想在其他图层中绘图，则需要更改当前层设置。

➢ 名称栏：在名称栏下单击鼠标右键，在弹出的快捷菜单栏中选择"重命名"选项，即可对选中的图层进行重命名。

➢ 打开或关闭图层：单击图层名称后的 按钮，灯图形亮显，则所选图层为打开状态；若灯图形关闭，则所选图层为关闭状态。当图层上的图形对象较多而可能干扰绘图过程时，可以利用打开/关闭功能暂时关闭某些图层。关闭的图层与图形一起重生成，但不能在绘图窗口中被显示或打印。

➢ 冻结或解冻图层：单击【冻结】栏下的 按钮，按钮显示为 时，表明所选图层为冻结状态，反之则为解冻状态。冻结图层有利于减少系统重生成图形的时间。冻结图层不参与重生成计算而且不显示在绘图区中，不能对其进行编辑。

➢ 锁定或解锁图层：单击【锁定】栏下的 按钮，按钮显示为 时，表明所选图层为锁定状态，反之则为解锁状态。图层被锁定后，该图层的实体仍然显示在屏幕上，而且可以在该图层上添加新的图形对象，但不能对其进行编辑、选择和删除等操作。

➢ 改变图层颜色：单击【颜色】栏下的 按钮，在弹出的【选择颜色】对话框中可以对图层的颜色进行设置。

➢ 修改图层的线型：单击【线型】栏下的 Continuous 按钮，在弹出的【选择线型】对话框中可以对图层的线型进行设置。

➢ 修改图层的线宽：单击【线宽】栏下的 —— 默认 按钮，在弹出的【线宽】对话框中可以对图层的线宽进行设置。

➢ 打印栏：单击【打印】栏下的 按钮，按钮显示为 时，表明该图层不能被打印输出，反之图层则处于可以打印输出的状态。

1.4.2 创建与设置图层

绘制建筑设计施工图时，可根据所绘制图形的不同来创建不同的图层，以便于用户对其进行管理和观察，提高绘图的效率。

下面以创建"轴线"图层为例，介绍创建图层及设置图层的方法。

01 选择【格式】|【图层】命令，如图 1-34 所示。打开如图 1-35 所示的【图层特性管理器】对话框。

02 单击对话框中的"新建图层"按钮 ，创建一个新的图层，如图 1-36 所示。

03 选中图层，在"名称"上单击，进入可编辑模式，在其中输入新图层名称为"轴线"，如图 1-37 所示。

图 1-34 选择命令

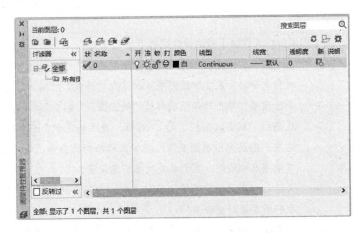

图 1-35 【图层特性管理器】对话框

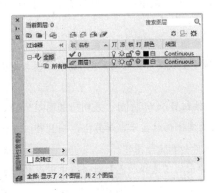

图 1-36 新建图层

图 1-37 重命名图层

04 设置图层颜色。为了区分不同图层上的图线，增加图形不同部分的对比性，可以自定义图层颜色。

05 在【图层特性管理器】对话框中单击"轴线"图层"颜色"标签下的颜色色块，如图 1-38 所示。

06 打开【选择颜色】对话框，选择需要的颜色，如选择红色，如图 1-39 所示。

图 1-38 单击颜色色块

图 1-39 选择颜色

07 单击"确定"按钮关闭对话框，查看设置图层颜色的结果，如图 1-40 所示。

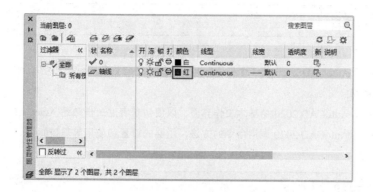

图 1-40 设置图层颜色

08 设置图层的线型。单击【轴线】图层"线型"标签下的 Contin... 图标，如图 1-41 所示。

09 弹出如图 1-42 所示的【选择线型】对话框。

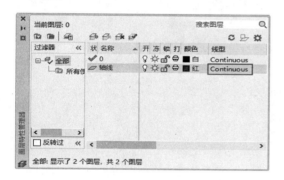

图 1-41 单击图标

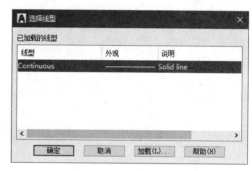

图 1-42 【选择线型】对话框

10 单击 加载(L)... 按钮，弹出【加载或重载线型】对话框，选择线型，如图 1-43 所示。

11 单击"确定"按钮关闭对话框，完成线型的设置，如图 1-44 所示。

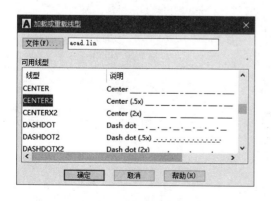

图 1-43 选择线型

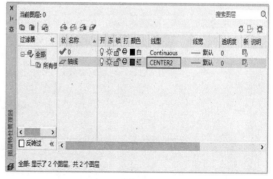

图 1-44 设置线型

1.5 本章小结

1. 本章介绍了 AutoCAD 2020 的 3 个工作空间，包括草图与注释空间、三维基础空间、三维建模空间以及它们之间的切换方法。

2. 本章介绍了 AutoCAD 2020 的基本工作界面，以便初学者进一步熟悉 AutoCAD。

3. 本章介绍了 AutoCAD 2020 调用命令的方法，图层的设置和使用等基础知识。

1.6 思考与练习

1. 正确安装 AutoCAD 2020，利用 AutoCAD 2020 自带的帮助文件对软件进行初步的了解。

2. 参考 1.4 节所介绍的内容，练习设置图层属性的方法。

第2章 AutoCAD 建筑绘图入门

● **本章导读**

　　AutoCAD 是由美国 Autodesk 公司于 20 世纪 80 年代初开发的一种通用计算机设计绘图程序软件包，是国际上最通用的绘图工具之一。AutoCAD 2020 是 Autodesk 公司推出的最新版本，在界面设计、三维建模、渲染等方面做了很大的改进。

　　由于 TArch（天正建筑）是基于 AutoCAD 图形平台的二次开发软件，因此熟练使用 AutoCAD 也是正确使用 TArch 的基础和前提。

　　本章将介绍 AutoCAD 2020 绘制与编辑图形的基础知识，带领读者迈入 AutoCAD 2020 的大门。

● **本章重点**

◈ 绘制基本图形　　　　　　　　　　　◈ 绘制多边形对象

◈ 绘制曲线对象　　　　　　　　　　　◈ 编辑图形

◈ 创建与编辑填充图案　　　　　　　　◈ 创建与编辑文字标注

◈ 创建与编辑尺寸标注　　　　　　　　◈ 创建与编辑多重引线标注

◈ 本章小结　　　　　　　　　　　　　◈ 思考与练习

2.1 绘制基本图形

　　任何复杂的建筑施工图都是由点、直线、圆、圆弧和矩形等基本元素构成的，只有熟练掌握这些基本元素的绘制方法，才能绘制出各种复杂的图形对象。通过本节的学习，读者将会对二维图形的基本绘制方法有一个全面的了解和认识，并能熟练使用常用的绘图命令。

2.1.1 点

　　在 AutoCAD 中可以创建单点与多点，下面分别介绍其创建方法。

1. 单点

执行"单点"命令，可以在绘图区域中创建单点，如图 2-1 所示。

调用"单点"命令的方式有以下几种：

➢ 命令行：POINT 或 PO。

➢ 菜单栏：选择【绘图】→【点】→【单点】命令，如图 2-2 所示。

图 2-1　创建单点　　　　　　　　　　　　　　图 2-2　选择命令

2. 创建多点

执行"多点"命令,在绘图区域中可以连续创建多个点,如图2-3所示。

图 2-3 创建多点

调用"多点"命令的方式有以下几种:

➢ 功能区:单击【绘图】面板中的【多点】按钮 ，如图2-4所示。

➢ 菜单栏:选择【绘图】→【点】→【多点】命令,如图2-5所示。

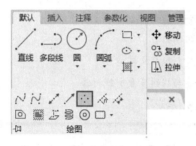

图 2-4 单击按钮

图 2-5 选择命令

2.1.2 定数等分

执行"定数等分"命令,可以在对象上创建指定数目的点,如图2-6所示为在圆周上创建5个等分点的效果。

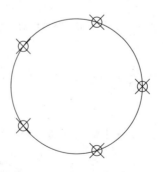

图 2-6 创建定数等分点

调用"定数等分"命令有以下几种方式。

➢ 命令行: DIVIDE 或 DIV。

➢ 功能区:单击【绘图】面板中的【定数等分】按钮 ，如图2-7所示。

➢ 菜单栏:选择【绘图】→【点】→【定数等分】命令,如图2-8所示。

图 2-7　单击按钮　　　　　　　　　　　　　　图 2-8　选择命令

2.1.3　定距等分

执行"定距等分"命令，可以按照指定的间隔在对象上创建点，如图 2-9 所示。

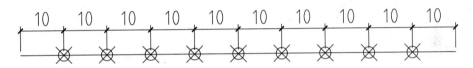

图 2-9　创建定距等分点

调用"定距等分"命令有以下几种方式：

➤ 　命令行：　MEASURE 或 ME。

➤ 　功能区：单击【绘图】面板中的【定距等分】按钮，如图 2-10 所示。

➤ 　菜单栏：选择【绘图】→【点】→【定距等分】命令，如图 2-11 所示。

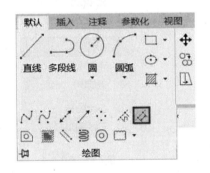

图 2-10　单击按钮　　　　　　　　　　　图 2-11　选择命令

2.1.4　直线

调用"直线"命令的方法有以下几种：

➤ 　命令行：LINE 或 L。

➤ 　工具栏：单击【绘图】工具栏中的【直线】按钮。

> ➤ 功能区：单击【绘图】面板中的【直线】按钮 ⬚，如图 2-12 所示。
> ➤ 菜单栏：选择【绘图】|【直线】命令，如图 2-13 所示。

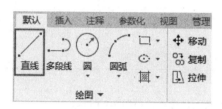

图 2-12　单击按钮

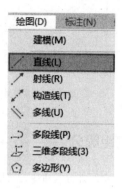

图 2-13　选择命令

2.1.5 射线

调用"射线"命令的方法有以下几种：

> ➤ 命令行：RAY。
> ➤ 功能区：单击【绘图】面板中的【射线】按钮 ⬚，如图 2-14 所示。
> ➤ 菜单栏：选择【绘图】→【射线】命令，如图 2-15 所示。

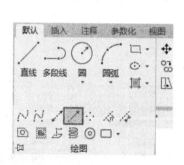

图 2-14　单击按钮

图 2-15　选择命令

2.1.6 构造线

调用"构造线"命令的方法有以下几种：

> ➤ 命令行：XLINE 或 XL。
> ➤ 工具栏：单击【绘图】工具栏中的【构造线】按钮 ⬚。
> ➤ 功能区：单击【绘图】面板中的【构造线】按钮 ⬚，如图 2-16 所示。
> ➤ 菜单栏：选择【绘图】|【构造线】命令，如图 2-17 所示。

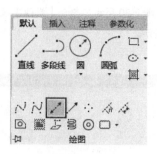

图 2-16　单击按钮

图 2-17　选择命令

执行上述任意一项操作，在绘图区域中指定起点和通过点即可创建构造线。

2.1.7　多段线

调用"多段线"命令的方法有以下几种：

➢　命令行：PLINE 或 PL。

➢　工具栏：单击【绘图】工具栏中的【多段线】按钮 ⬚。

➢　功能区：单击【绘图】面板中的【多段线】按钮 ⬚，如图 2-18 所示。

➢　菜单栏：选择【绘图】|【多段线】命令，如图 2-19 所示。

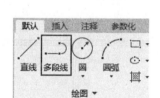

图 2-18　单击按钮

图 2-19　选择命令

执行上述任意一项操作，在绘图区域中指定起点和终点即可创建多段线。

2.1.8　多线

多线由一系列相互平行的直线组成，组合范围为 1～16 条平行线，每一条直线都称为多线的一个元素。使用"多线"命令，可通过确定起点和终点位置，一次性画出一组平行直线，而不需要逐一画出每一条平行线。多线常用于绘制建筑平面图中的墙体、门窗及规划图中的道路等。

1.　多线样式设置

调用"多线样式"命令的方法如下：

➢　命令行：MLSTYLE。

➢　菜单栏：选择【格式】|【多线样式】命令。

执行上述任意一项操作，打开【多线样式】对话框，如图 2-20 所示。单击【修改】按钮，弹出【修改多线样式】对话框，可在对话框中设置参数，如图 2-21 所示。

图 2-20　【多线样式】对话框

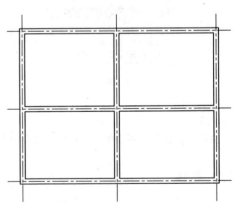

图 2-21　【修改多线样式】对话框

2. 绘制多线

调用"多线"命令的方法如下：

➢ 菜单栏：选择【绘图】|【多线】命令。

➢ 命令行：MLINE 或 ML。

执行上述任意一项操作，绘制多线，表示墙体，结果如图 2-22 所示。

图 2-22　绘制墙体

3. 编辑多线

选择【修改】|【对象】|【多线】命令，如图 2-23 所示。打开如图 2-24 所示的【多线编辑工具】对话框，在该对话框中可选择相应的多线编辑方式，选择多线执行编辑操作。

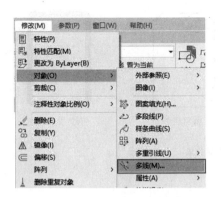

图 2-23　选择命令

图 2-24　【多线编辑工具】对话框

> **提示**
> 双击多线，也可以打开【多线编辑工具】对话框。

2.2　绘制多边形对象

矩形和正多边形都是绘图中经常用到的图形元素，常用来作为图形轮廓线。下面介绍绘制方法。

2.2.1　矩形

调用"矩形"命令的方法有以下几种：

➢　命令行：RECTANG / REC。

➢　工具栏：单击【绘图】工具栏中的【矩形】按钮▭。

➢　功能区：在【默认】选项卡中单击【绘图】面板中的【矩形】按钮▭，如图 2-25 所示。

➢　菜单栏：选择【绘图】→【矩形】命令，如图 2-26 所示。

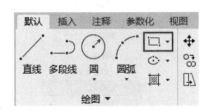

图 2-25　单击按钮

图 2-26　选择命令

执行上述任意一项操作，在绘图区域中指定对角点即可绘制矩形。如图 2-27 所示为各种矩形的绘制效果。

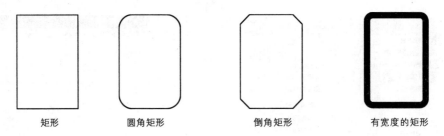

图 2-27　矩形的绘制效果

2.2.2 正多边形

由三条或中三条以上长度相等的线段首尾相接形成的闭合图形称为正多变形。正多边形的边数范围为 3~1024。如图 2-28 所示为各种正多边形的绘制效果。

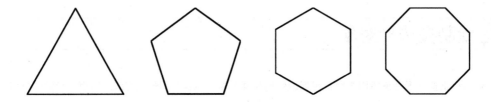

图 2-28　正多边形的绘制效果

调用"正多边形"命令的方法有以下几种：

➢　命令行：POLYGON 或 POL。

➢　工具栏：单击【绘图】工具栏的【多边形】按钮。

➢　功能区：在【默认】选项卡中，单击【绘图】面板中的【多边形】按钮，如图 2-29 所示。。

➢　菜单栏：选择【绘图】→【多边形】命令，如图 2-30 所示

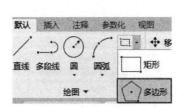

图 2-29　单击按钮

图 2-30　选择命令

执行上述任意一项操作，在绘图区域中指定圆心与半径即可绘制正多边形。

以"内接于圆"的方式绘制正多边形的结果如图 2-31 所示。以"外切于圆"绘制正多边形的结果如

图 2-32 所示。通过指定边的数量和长度来绘制正多边形的结果如图 2-33 所示。

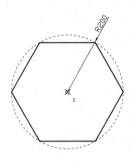

图 2-31　内接于圆

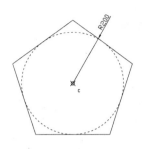

图 2-32　外切于圆

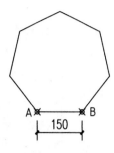

图 2-33　指定边的数量和长度

2.3　绘制曲线对象

　　圆、圆弧、椭圆、椭圆弧以及圆环都属于曲线对象，其绘制方法相对来说要复杂一些。下面介绍绘制方法。

2.3.1　样条曲线

　　样条曲线是一种能够自由编辑的曲线，如图 2-34 所示。在选择需要编辑的样条曲线之后，曲线周围会显示控制点，如图 2-35 所示。用户可以根据自己的实际需要，通过调整曲线上的起点、控制点来控制曲线的形状。

图 2-34　样条曲线

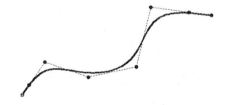

图 2-35　显示样条曲线控制点

调用"样条曲线"命令的方法有以下几种：

➢ 命令行：SPLINE 或 SPL。

➢ 工具栏：单击【绘图】工具栏【样条曲线】按钮 。

➢ 功能区：单击【绘图】滑出面板上的【样条曲线拟合】按钮 或【样条曲线控制点】按钮 ，如图 2-36 所示。

➢ 菜单栏：选择【绘图】→【样条曲线】命令，然后在子菜单中选择【拟合点】或【控制点】命令，如图 2-37 所示。

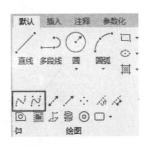

图 2-36　单击按钮

图 2-37　选择命令

2.3.2 编辑样条曲线

样条曲线具有许多特点，如数据点的数量及位置、端点特征性及切线方向等。用"SPLINEDIT"（编辑样条曲线）命令可以改变曲线的这些特点，从而影响曲线的最终显示效果。

编辑样条曲线有以下几种方法。

➤ 命令行：SPLINEDIT。

➤ 功能区：在【默认】选项卡中单击【修改】面板中的【编辑样条曲线】按钮，如图 2-38 所示。

➤ 菜单栏：选择【修改】→【对象】→【样条曲线】命令，如图 2-39 所示。

图 2-38　单击按钮

图 2-39　选择命令

执行上述任意一项操作，选择样条曲线，执行"闭合""合并""拟合数据"等命令即可编辑操作。

2.3.3 圆

调用"圆"命令的方法有以下几种：

➤ 命令行：CIRCLE 或 C 。

➤ 工具栏：单击【绘图】工具栏中的【圆】按钮。

➤ 功能区：单击【绘图】面板中的【圆】按钮，在列表中选择一种绘制方法，如图 2-40 所示。

➤ 菜单栏：选择【绘图】→【圆】命令，然后在子菜单中选择一种绘图方法，如图 2-41 所示。

图 2-40 单击按钮

图 2-41 选择命令

菜单栏中的【绘图】|【圆】命令为用户提供了 6 种绘制圆的子命令,绘制效果如图 2-42 所示。

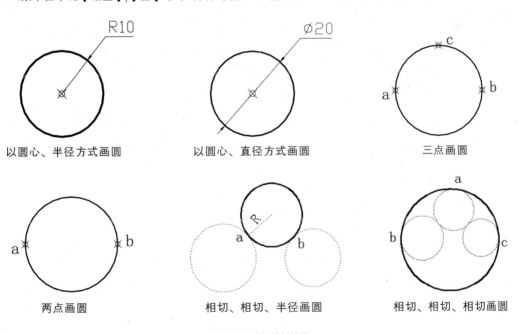

图 2-42 圆的绘制效果

2.3.4 圆弧

调用"圆弧"命令有以下几种方法:

➢ 命令行: ARC 或 A。

➢ 工具栏: 单击【绘图】工具栏中的【圆弧】按钮 。

➢ 功能区: 单击【绘图】面板中的【圆弧】按钮 ,在弹出的列表中选择一种绘制方式,如图 2-43 所示。

➢ 菜单栏: 选择【绘图】→【圆弧】命令,在子菜单中选择一种绘制方式,如图 2-44 所示。

图 2-43　单击按钮

图 2-44　选择命令

菜单栏中的【绘图】|【圆弧】命令为用户提供了 11 种绘制圆弧的子命令，常见的绘制方法及效果如图 2-45 所示。

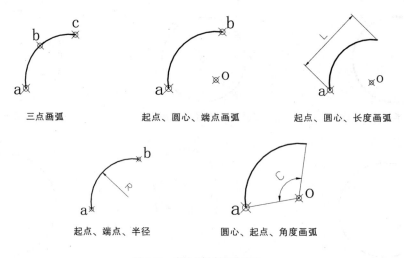

三点画弧　　　　　起点、圆心、端点画弧　　　　　起点、圆心、长度画弧

起点、端点、半径　　　　　圆心、起点、角度画弧

图 2-45　常见的绘制圆弧方法

2.3.5　椭圆

椭圆是特殊样式的圆，与圆相比，椭圆的半径长度不等。其形状由定义其长度和宽度的两条轴决定，较长的轴称为长轴，较短的轴称为短轴，如图 2-46 所示。

图 2-46　椭圆

调用"椭圆"命令有以下几种常用方法：

➤ 命令行：ELLIPSE 或 EL。

➤ 工具栏：单击【绘图】工具栏中的【椭圆】按钮 ⊙。

➤ 功能区：单击【绘图】面板中的【椭圆】按钮 ⊙，在列表中选择【圆心】⊙ 或【轴，端点】
按钮 ○ 绘制方式，如图 2-47 所示。

➤ 菜单栏：选择【绘图】→【椭圆】命令，如图 2-48 所示。

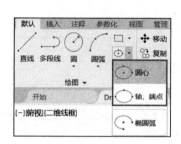

图 2-47 单击按钮

图 2-48 选择命令

执行上述任意一项操作，在绘图区域中指定轴端点以及半轴长度即可创建椭圆。

2.3.6 椭圆弧

椭圆弧是椭圆的一部分，它类似于椭圆，不同的是它的起点和终点没有闭合，如图 2-49 所示。绘制
椭圆弧需要确定的参数有：椭圆弧所在椭圆的两条轴及椭圆弧的起点和终点的角度。

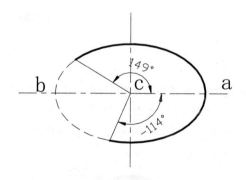

图 2-49 椭圆弧

绘制椭圆弧的方法有以下几种：

➤ 工具栏：单击【绘图】工具栏中的【椭圆弧】按钮 ⊙。

➤ 功能区：单击【绘图】面板中的【椭圆弧】按钮 ⊙，如图 2-50 所示。

➤ 菜单栏：选择【绘图】|【椭圆】|【圆弧】命令，如图 2-51 所示。

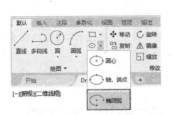

图 2-50　单击按钮

图 2-51　选择命令

2.3.7　圆环

绘制圆环的方法有以下几种：

➢　命令行：　DONUT 或 DO。

➢　功能区：在【默认】选项卡中，单击【绘图】面板中的【圆环】按钮◎，如图 2-52 所示。

➢　菜单栏：选择【绘图】→【圆环】命令，如图 2-53 所示。

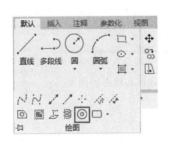

图 2-52　单击按钮

图 2-53　选择命令

　　执行上述任意一项操作，在命令行中指定圆环的内径与外径即可创建圆环。

　　圆环的内径小于外径，且内径不能为零，绘制效果如图 2-54 所示。圆环的内径为 0，圆环显示为黑色的实心圆，绘制效果如图 2-55 所示。内径与外径相等，显示为普通圆形，绘制效果如图 2-56 所示。

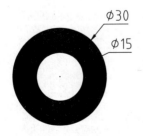

图 2-54　内、外径不相等

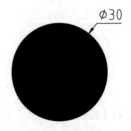

图 2-55　内径为 0，外径为 30mm

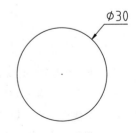

图 2-56　内径与外径均为 30mm

2.4 编辑图形

本节将介绍编辑二维图形的基本方法。使用编辑命令，能够方便地改变图形的大小、位置、方向、数量及形状，从而绘制出更为复杂的图形。

2.4.1 选择对象的方法

在编辑图形之前，首先需要对编辑的图形进行选择。AutoCAD 2020 提供了多种选择对象的方法，如点选、框选、栏选和围选等。

1. 直接选择

将光标置于待选对象上单击，即可选中对象。被选中的对象以虚线显示，如图 2-57 所示。连续单击需要选择的对象，可以同时选择多个对象，如图 2-58 所示。

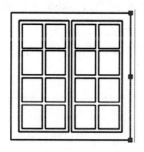

图 2-57 选择单个对象

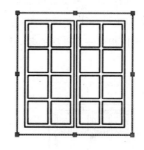

图 2-58 选择多个对象

> **技巧**
>
> 对于多选的对象，按住 Shift 键单击，可以将其从当前选择集中去除。

2. 窗口选择

窗口选择对象是指按住鼠标左键向右上方或右下方拖动，框住需要选择的对象，此时在绘图区中将出现一个实线的矩形方框，如图 2-59 所示。释放鼠标后，被方框完全包围的对象将被选中，如图 2-60 所示。

图 2-59 拖出选框

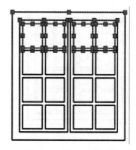

图 2-60 窗口选择对象

3. "窗交"选择

"窗交"选择对象的选择方向正好与窗口选择相反，它是按住鼠标左键向左上方或左下方拖动，框住需要选择的对象，此时在绘图区中将出现一个虚线的矩形方框，如图 2-61 所示。释放鼠标后，与方框相交和被方框完全包围的对象都将被选中，如图 2-62 所示。

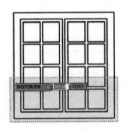

图 2-61 拖出选框

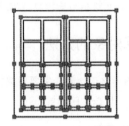

图 2-62 "窗交"选择对象

4. "圈围"与"圈交"选择

在绘图区域的空白处单击鼠标左键，命令行提示"指定对角点或 [栏选(F)/圈围(WP)/圈交(CP)]:"，输入"WP"或"CP"，可以快速启用"圈围"或"圈交"选择方式。

"圈围"可以构造任意形状的多边形，完全包含在多边形区域内的对象才能被选中，如图 2-63 和图 2-64 所示。

图 2-63 拖出选框

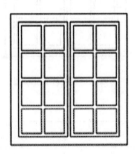

图 2-64 "圈围"选择对象

"圈交"选择可以构造任意形状的多边形，以及绘制任意闭合但不能与选择框自身相交或相切的多边形，多边形中与它相交的所有对象将被选中，如图 2-65 和图 2-66 所示。

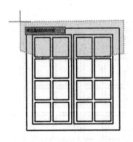

图 2-65 拖出选框

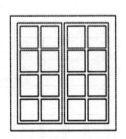

图 2-66 "圈交"选择对象

5. "栏选"选择

"栏选"选择即在选择图形时拖拽出任意折线，凡是与折线相交的图形对象均被选中。

使用"栏选"来选择待修剪的图形，需首先指定第一个栏选点，如图 2-67 所示。接着指定第二个栏选点，如图 2-68 所示。按 Enter 键结束选择，修剪图形的结果如图 2-69 所示

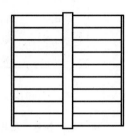

图 2-67　指定第一个栏选点　　　　图 2-68　指定第二个栏选点　　　　图 2-69　修剪结果

6. 快速选择

使用快速选择，可以根据制订的过滤条件快速选择对象。

单击菜单栏【工具】|【快速选择】命令，打开【快速选择】对话框，如图 2-70 所示。根据实际使用需要设置选择范围后单击【确定】按钮，即可完成选择操作。

图 2-70　【快速选择】对话框

2.4.2 基础编辑命令

基础编辑命令包括删除、复制以及镜像等。下面介绍调用命令的方法。

1. 删除对象

调用"删除"命令的方法有以下几种：

➤ 功能区：在【默认】选项卡中单击【修改】面板中的【删除】按钮 ，如图 2-71 所示。

➤ 菜单栏：选择【修改】→【删除】命令，如图 2-72 所示。

➤ 命令行：ERASE 或 E。

➤ 快捷操作：选中对象后按 Delete 键。

图 2-71　单击按钮　　　　　　　　　　　　　　图 2-72　选择命令

执行上述任意一项操作后，即可删除选择的对象。

2. 复制对象

调用"复制"命令的方法有以下几种：

➤ 功能区：单击【修改】面板中的【复制】按钮，如图 2-73 所示。

➤ 菜单栏：选择【修改】→【复制】命令，如图 2-74 所示。

➤ 命令行：COPY 或 CO 或 CP。

图 2-73　单击按钮　　　　　　　　　　　　　　图 2-74　选择命令

执行上述任意一项操作，复制对象（卫生间洁具）的结果如图 2-75 所示。

复制对象前　　　　　　　　　　　　　　　　　复制对象后

图 2-75　复制对象

3. 镜像对象

调用"镜像"命令的方法有以下几种：

➤ 功能区：单击【修改】面板中的【镜像】按钮▲，如图 2-76 所示。

➤ 菜单栏：选择【修改】→【镜像】命令，如图 2-77 所示。

➤ 命令行：MIRROR 或 MI。

图 2-76 单击按钮

图 2-77 选择命令

执行上述任意一项操作，指定镜像线的第一点，如图 2-78 所示。垂直向上移动光标，指定镜像线的第二点，按空格键结束操作，结果如图 2-79 所示。

图 2-78 选取镜像线的第一点

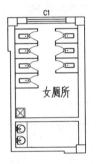

图 2-79 镜像复制的结果

4. 偏移对象

调用"偏移"命令的方法有以下几种：

➤ 功能区：单击【修改】面板中的【偏移】按钮▣，如图 2-80 所示。

➤ 菜单栏：执行【修改】→【偏移】命令，如图 2-81 所示。

➤ 命令行：OFFSET 或 O。

图 2-80 单击按钮

图 2-81 选择命令

调用偏移命令后，输入偏移距离，选取要偏移的对象，在对象所要偏移的方向上单击，即可完成偏移的操作，如图 2-82 和图 2-83 所示。

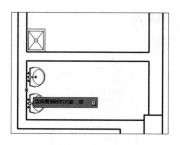

图 2-82　选择偏移对象

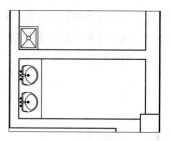

图 2-83　偏移结果

5. 移动对象

调用"命令"的方法有以下几种：

➢　功能区：单击【修改】面板中的【移动】按钮 ✛，如图 2-84 所示。

➢　菜单栏：选择【修改】→【移动】命令，如图 2-85 所示。

➢　命令行：MOVE 或 M。

图 2-84　单击按钮

图 2-85　选择命令

在绘制室内设计平面布置图时，经常需要将洗脸盆、坐便器等洁具图块移动到室内空间中，利用移动命令，可以轻松移动指定的图块，结果如图 2-86 和图 2-87 所示。

图 2-86　移动前的图形

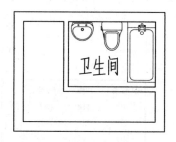

图 2-87　移动后的图形

6. 旋转对象

调用"旋转"命令的方法有以下几种：

➤ 功能区：单击【修改】面板中的【旋转】按钮 ↻，如图 2-88 所示。

➤ 菜单栏：选择【修改】→【旋转】命令，如图 2-89 所示。

➤ 命令行：ROTATE 或 RO。

图 2-88　单击按钮

图 2-89　选择命令

执行上述任意一项操作，选择图 2-90 中的坐便器图形，指定基点与旋转角度，旋转后的结果如图 2-91 所示。

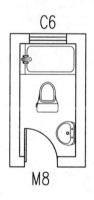

图 2-90　旋转前的图形

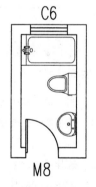

图 2-91　旋转后的图形

技巧

在输入旋转角度时，逆时针旋转的角度为正值，顺时针旋转的角度为负值。

7. 矩形阵列

调用"矩形阵列"命令的方法有以下几种：

➤ 功能区：在【默认】选项卡中单击【修改】面板中的【矩形阵列】按钮 ▥，如图 2-92 所示。

➤ 菜单栏：选择【修改】→【阵列】→【矩形阵列】命令，如图 2-93 所示。

图 2-92　单击按钮 　　　　　　　　　　　　图 2-93　选择命令

➢　命令行：ARRAYRECT。

执行上述任意一项操作，即可启用"矩形阵列"命令。图 2-94 所示为阵列复制立面窗图形的结果。

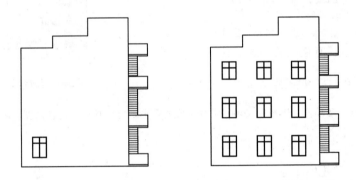

图 2-94　阵列复制立面窗

8．路径阵列

调用"路径阵列"命令的方法有以下几种：

➢　功能区：在【默认】选项卡中单击【修改】面板中的【路径阵列】按钮 ，如图 2-95 所示。

➢　菜单栏：选择【修改】→【阵列】→【路径阵列】命令，如图 2-96 所示。

➢　命令行：ARRAYPATH。

图 2-95　单击按钮 　　　　　　　　　　　　图 2-96　选择命令

执行上述任意一项操作，即可启用"路径阵列"命令。图 2-97 所示为阵列复制楼梯栏杆的结果。

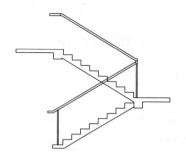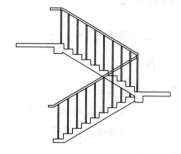

图 2-97　阵列复制楼梯栏杆

9.　环形阵列

调用"环形阵列"命令的方法有以下几种：

➢　**功能区**：在【默认】选项卡中，单击【修改】面板中的【环形阵列】按钮，如图 2-98 所示。

➢　**菜单栏**：选择【修改】→【阵列】→【环形阵列】命令，如图 2-99 所示。

➢　**命令行**：ARRAYPOLAR。

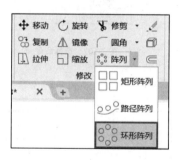

图 2-98　单击按钮　　　　　　　　　　　　　　图 2-99　选择命令

执行上述任意一项操作，即可启用"环形阵列"命令，图 2-100 所示为阵列复制扇叶的结果。

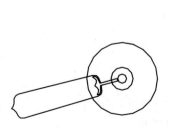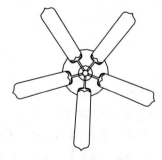

图 2-100　阵列复制扇叶

2.4.3 高级编辑命令

高级编辑命令包括修剪、延伸、缩放以及拉伸等，下面介绍调用命令的方法。

1. 修剪对象

调用"修剪"命令的方法有以下几种：

➤ 功能区：单击【修改】面板中的【修剪】按钮，如图 2-101 所示。

➤ 菜单栏：选择【修改】→【修剪】命令，如图 2-102 所示。

➤ 命令行：TRIM 或 TR。

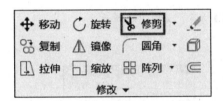

图 2-101 单击按钮

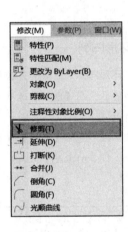

图 2-102 选择命令

使用"修剪"命令编辑绘制完成的门洞，结果如图 2-103 所示。

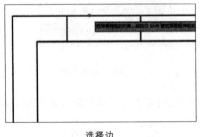

选择边

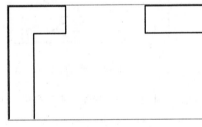

修剪结果

图 2-103 修剪结果

2. 延伸对象

调用"延伸"命令的方法有以下几种：

➤ 功能区：单击【修改】面板中的【延伸】按钮，如图 2-104 所示。

➤ 菜单栏：选择【修改】→【延伸】命令，如图 2-105 所示。

➤ 命令行：EXTEND 或 EX。

图 2-104　单击按钮

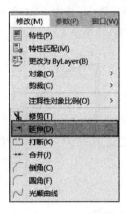

图 2-105　选择命令

执行上述任意一项操作，即可执行延伸命令。延伸对象操作示例如图 2-106 所示。

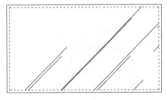

选择要延伸的边界

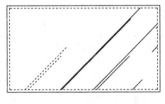

选择要延伸的对象

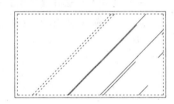

按 Enter 键结束延伸

图 2-106　延伸对象

3．缩放对象

调用"缩放"命令的方法有以下几种：

➤　功能区：单击【修改】面板中的【缩放】按钮，如图 2-107 所示。

➤　菜单栏：选择【修改】→【缩放】命令，如图 2-108 所示。

➤　命令行：SCALE 或 SC。

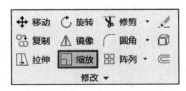

图 2-107　单击按钮

图 2-108　选择命令

执行上述任意一项操作，在命令行中选择"参照（R）"选项，分别指定参照长度与新长度，进行缩放，结果如图 2-109 所示。

图 2-109 以"参照"方式缩放图形

4．拉伸对象

调用"拉伸"命令的方法有以下几种：

➢ 功能区：单击【修改】面板中的【拉伸】按钮，如图 2-110 所示。

➢ 菜单栏：选择【修改】→【拉伸】命令，如图 2-111 所示。

➢ 命令行：STRETCH 或 S。

图 2-110 单击按钮

图 2-111 选择命令

执行上述任意一项操作，选择窗户，指定基点与第二个点，进行拉伸如图 2-112 所示。

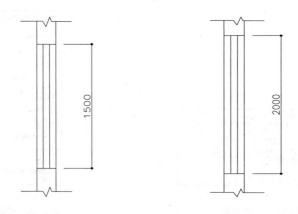

图 2-112 拉伸窗户

5. 分解对象

调用"分解"命令的方法有以下几种：

➢ 功能区：单击【修改】面板中的【分解】按钮，如图 2-113 所示。

➢ 菜单栏：选择【修改】→【分解】命令，如图 2-114 所示。

➢ 命令行：EXPLODE 或 X。

图 2-113　单击按钮　　　　　　　　　　　　　　　图 2-114　选择命令

执行上述任意一项操作，选择对象按空格键即可分解对象，如图 2-115 所示。

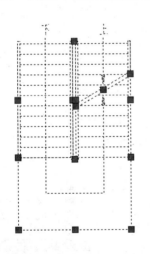

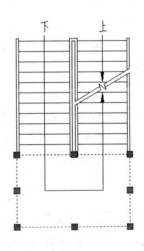

图 2-115　分解对象

6. 倒角对象

调用"倒角"命令的方法有以下几种：

➢ 功能区：单击【修改】面板中的【倒角】按钮，如图 2-116 所示。

➢ 菜单栏：选择【修改】→【倒角】命令，如图 2-117 所示。

➢ 命令行：CHAMFER 或 CHA。

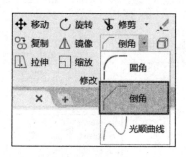

图 2-116　单击按钮

图 2-117　选择命令

执行上述任意一项操作，依次选择第一条直线和第二条直线，进行倒角，如图 2-118 所示。

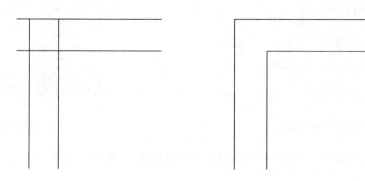

图 2-118　倒角结果

7.　圆角对象

调用"圆角"命令的方法有以下几种：

➤　功能区：单击【修改】面板中的【圆角】按钮，如图 2-119 所示。

➤　菜单栏：选择【修改】→【圆角】命令，如图 2-120 所示。

➤　命令行：FILLET 或 F。

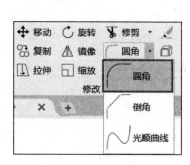

图 2-119　单击按钮

图 2-120　选择命令

执行上述任意一项操作，指定圆角半径，再指定第一个、第二个对象，进行进行圆角，如图 2-121 所示

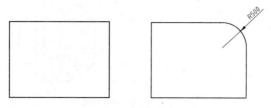

图 2-121　圆角结果

2.5　创建与编辑填充图案

AutoCAD 提供了多种类型的填充图案，用户通过选择图案的类型，设置填充参数，可以创建各种填充图案。本节将介绍创建及编辑填充图案的方法。

2.5.1　创建填充图案

绘制填充图案的方法有以下几种：

➢ 功能区：在【默认】选项卡中单击【绘图】面板中的【图案填充】按钮　，如图 2-122 所示。

➢ 菜单栏：选择【绘图】|【图案填充】命令，如图 2-123 所示。

➢ 命令行：BHATCH 或 CH 或 H。

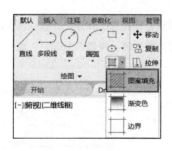

图 2-122　单击按钮

图 2-123　选择命令

执行"图案填充"命令，弹出"图案填充创建"选项卡，如图 2-124 所示。在"图案"面板中选择填充图案，在闭合区域中单击，可以预览填充效果。在空白处单击或单击"关闭"面板上的"图案填充创建"按钮，可退出命令，结束填充操作。

图 2-124　"图案填充创建"选项卡

在圆形内创建填充图案的效果如图 2-125 所示。

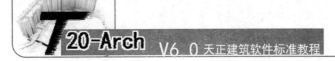

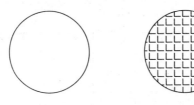

图 2-125　填充图案

2.5.2　渐变色填充

绘制渐变色填充图案的方法有以下两种。

➢ 功能区：在【默认】选项卡中单击【绘图】面板中的【渐变色】按钮，如图 2-126 所示。

➢ 菜单栏：选择【绘图】|【渐变色】命令，如图 2-127 所示。

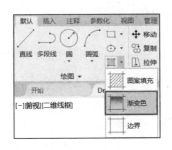

图 2-126　单击按钮

图 2-127　选择命令

执行上述任意一项操作，弹出"图案填充创建"选项卡，如图 2-128 所示。在"图案"面板中显示出了各种类型的渐变色图案。在"特性"面板"图案填充类型"选项中的"渐变色"表示当前的图案类型。

图 2-128　"图案填充创建"选项卡

在圆形内创建的渐变色填充图案如图 2-129 所示。

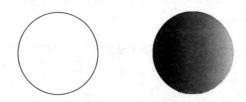

图 2-129　创建渐变色填充图案

2.5.3 编辑填充图案

调用"编辑图案填充"命令的方法有以下几种：

➢ 功能区：【默认】选项卡中单击【绘图】面板中的【图案填充】按钮，如图 2-130 所示。

➢ 菜单栏：选择【修改】|【对象】|【图案填充】命令，如图 2-131 所示。

➢ 命令行：HATCHEDIT 或 HE。

➢ 快捷操作 1：在要编辑的对象上单击鼠标右键，在弹出的快捷菜单中选择"图案填充编辑"选项。

➢ 快捷操作 2：在绘图区域中双击要编辑的填充图案。

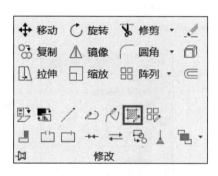

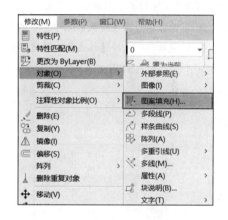

图 2-130　单击按钮

图 2-131　选择命令

执行"编辑图案填充"命令，选择填充图案，打开【图案填充编辑】对话框。在如图 2-132 所示的对话框中修改参数，可调整常规填充图案的显示效果。在如图 2-133 所示的对话框中修改参数，可调整渐变色填充图案的显示效果。

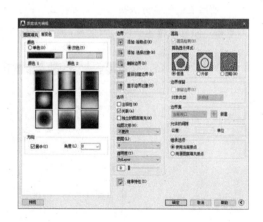

图 2-132　编辑常规填充图案参数

图 2-133　编辑渐变色填充图案参数

创建与编辑文字标注

文字标注和尺寸标注表达了重要的图形信息，在建筑设计施工图中是不可缺少的重要组成部分。文字可以对图纸中不便于表达的内容加以说明，使图纸的含义更加清晰，使施工或加工人员对图纸一目了然。尺寸标注则是建筑施工人员施工的依据。

2.6.1 设置文字样式

打开【文字样式】对话框的方法有以下几种：

➢ 功能区：在【默认】选项卡中单击【注释】面板上的【文字样式】按钮 **A**，如图 2-134 所示。

➢ 菜单栏：选择【格式】→【文字样式】命令，如图 2-135 所示。

➢ 命令行：STYLE 或 ST。

图 2-134 单击按钮

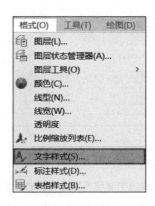

图 2-135 选择命令

使用上述任意方法执行"文字样式"命令后，系统弹出【文字样式】对话框，在对话框中设置相应的参数，即可完成文字样式的设置，如图 2-136 所示。

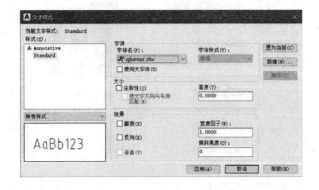

图 2-136 【文字样式】对话框

2.6.2 创建单行文字

创建单行文字的方法有以下几种：

➤ 功能区：在【默认】选项卡中单击【注释】面板上的【单行文字】按钮 ，如图 2-137 所示。

➤ 菜单栏：执行【绘图】→【文字】→【单行文字】命令，如图 2-138 所示。

➤ 命令行：TEXT 或 DTEXT。

图 2-137　单击按钮

图 2-138　选择命令

执行上述任意一项操作，在命令行中设置参数后，在文字起点显示闪烁的光标，输入单行文字，在空白处单击鼠标左键，再按 Enter 键结束操作，即可创建单行文字，结果如图 2-139 所示。

创建单行文字　　创建单行文字

图 2-139　创建单行文字

2.6.3 创建多行文字

创建多行文字的方法有以下几种：

➤ 功能区：在【默认】选项卡中单击【注释】面板上的【多行文字】按钮 ，如图 2-140 所示。

➤ 菜单栏：选择【绘图】|【文字】|【多行文字】命令，如图 2-141 所示。

➤ 命令行：T 或 MT 或 MTEXT。

图 2-140　单击按钮

图 2-141　选择命令

执行上述任意一项操作，弹出"文字编辑器"选项卡，如图 2-142 所示，其中显示出了文字样式的相关参数。

图 2-142　"文字编辑器"选项卡

在需要进行文字标注的区域绘制一个矩形框，进入编辑模式，在文本框中输入文字，按 Enter 键进行换行，单击"文字编辑器"选项卡中的"关闭文字编辑器"按钮，退出命令，结果如图 2-143 所示。

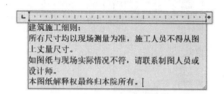

建筑施工细则：
　　所有尺寸均以现场测量为准，施工人员不得从图上丈量尺寸。
　　如图纸与现场实际情况不符，请联系制图人员或设计师。
　　本图纸解释权最终归本院所有。

图 2-143　创建多行文字

2.6.4 编辑文字

单击【文字格式】对话框中的工具按钮，可以调整选中文字的显示样式，如更改对齐方式、将文字更改为斜体或粗体等。

选中标题，如图 2-144 所示，单击对话框上的"居中"按钮，可将标题居中对齐，如图 2-145 所示。

图 2-144　选择标题　　　　　　　　　　　　图 2-145　居中对齐

选择标题文字，在【文字格式】对话框中依次单击"粗体"按钮 **B** 与"斜体"按钮 *I*，可更改标题文字的显示样式，如图 2-146 所示。

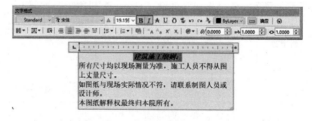

图 2-146　更改标题文字的显示样式

选择内容文字，在【文字格式】对话框中单击"编号"按钮  ，在列表中选择"以数字标记"选项，如图 2-147 所示，可为文字添加数字编号，结果如图 2-148 所示。

建筑施工细则：

1. 所有尺寸均以现场测量为准，施工人员不得从图上丈量尺寸。
2. 如图纸与现场实际情况不符，请联系制图人员或设计师。
3. 本图纸解释权最终归本院所有。

图 2-147 选择编号方式　　　　　　　　　　　图 2-148 添加编号

此外，还可以选择【文字格式】对话框中的其他工具来编辑文字，如添加删除线、下划线等。

2.7　创建与编辑尺寸标注

AutoCAD 提供多种类型的尺寸标注供用户调用，包括线性标注、半径标注、直径标注等。本节介绍创建及编辑尺寸标注的方法。

2.7.1　设置尺寸标注样式

设置尺寸标注样式的方法有以下几种：

➢ 功能区：在【默认】选项卡中单击【注释】面板中的【标注样式】按钮，如图 2-149 所示。

➢ 菜单栏：选择【格式】→【标注样式】命令，如图 2-150 所示。

➢ 命令行：DIMSTYLE 或 D。

图 2-149 单击按钮

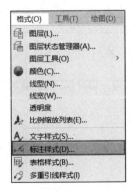

图 2-150 选择命令

执行上述任意一项操作，打开【标注样式管理器】对话框，如图 2-151 所示。选择样式，单击【修改】按钮，进入【修改标注样式】对话框，如图 2-152 所示。在该对话框中可设置参数，重定义样式属性。

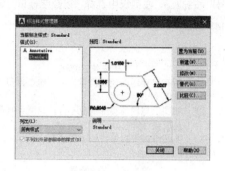

图 2-151 【标注样式管理器】对话框

图 2-152 【修改标注样式】对话框

2.7.2 创建尺寸标注

线性标注包括水平标注和垂直标注两种类型，用于标注任意两点之间的距离。

调用线性标注命令的方法有以下几种：

➢ 功能区：在【默认】选项卡中，单击【注释】面板中的【线性】按钮 ，如图 2-153 所示。

➢ 菜单栏：选择【标注】→【线性】命令，如图 2-154 所示。

➢ 命令行：DIMLINEAR 或 DLI。

图 2-153 单击按钮

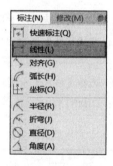

图 2-154 选择命令

执行上述任意一项操作，可创建线性标注。标注建筑图尺寸的结果如图 2-155 所示。

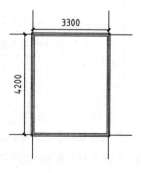

图 2-155 标注建筑图尺寸

2.7.3 编辑尺寸标注

当尺寸线与其他图形发生冲突时，可打断尺寸线以获得更好的标注效果。

执行"标注打断"命令的方法有以下几种：

➢ 功能区：在【注释】选项卡中单击【标注】面板中的【打断】按钮，如图 2-156 所示。

➢ 菜单栏：选择【标注】→【标注打断】命令，如图 2-157 所示。

➢ 命令行：DIMBREAK。

图 2-156　单击按钮

图 2-157　选择命令

执行上述任意一项操作，可进行标注打断，结果如图 2-158 所示。

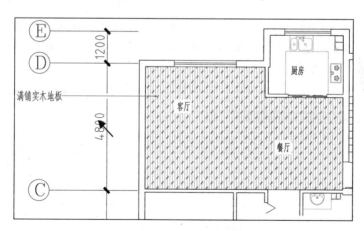

图 2-158　标注打断的结果

2.8　创建与编辑多重引线标注

通过创建多重引线标注，可以清楚地显示图形所表达的意义。多重引线标注由引线、引线箭头与标注文字组成。本节将介绍创建与编辑多重引线标注的方法。

2.8.1 设置多重引线样式

设置多重引线样式，可以在标注图形之前先设定引线标注的显示样式，包括引线、引线箭头与标注文字的样式。

设置多重引线样式的方法有以下几种：

➢ 功能区：在【默认】选项卡中单击【注释】面板中的【多重引线样式】按钮 ，如图 2-159 所示。

➢ 菜单栏：选择【格式】→【多重引线样式】命令，如图 2-160 所示。

➢ 命令行：MLEADERSTYLE。

图 2-159　单击按钮　　　　　　　　　　　　　图 2-160　选择命令

执行上述任意一项操作，打开【多重引线样式管理器】对话框，如图 2-161 所示。单击【修改】按钮，弹出【修改多重引线样式】对话框。可通过设置各选项卡中的参数，重定义样式属性，如图 2-162 所示。

图 2-161　【多重引线样式管理器】对话框　　　图 2-162　设置样式名称

2.8.2 创建多重引线标注

多重引线对象包括箭头、水平基线、引线或曲线以及多行文字或块。用户可以根据需要，自定义多重引线标注的样式。

创建多重引线标注的方法有以下几种：

➢ 功能区：在【默认】选项卡中单击【注释】面板上的【引线】按钮，如图 2-163 所示。

> 菜单栏：选择【标注】→【多重引线】命令，如图 2-164 所示。
> 命令行：MLEADER 或 MLE。

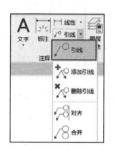

图 2-163　单击按钮

图 2-164　选择命令

执行上述任意一项操作，均可激活"多重引线"命令。为阳台标注坡度的结果如图 2-165 所示。

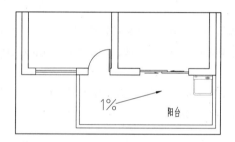

图 2-165　标注阳台坡度

2.8.3　编辑多重引线标注

选择多重引线标注，执行"添加引线"命令，可以新增多条引线，为更多的图形创建标注。

调用"添加引线"命令的方法有以下两种：

> 功能区 1：在【默认】选项卡中单击【注释】面板中的【添加引线】按钮 ，如图 2-166 所示。
> 功能区 2：在【注释】选项卡中单击【引线】面板中的【添加引线】按钮 ，如图 2-167 所示。

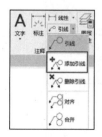

图 2-166　单击按钮

图 2-167　单击按钮

执行上述任意一项操作，均可激活"添加引线"命令。添加多重引线的结果如图 2-168 所示。

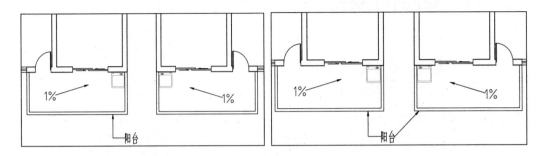

图 2-168　添加多重引线

2.9　本章小结

1. 本章介绍了绘制基本图形、多边形及曲线等知识。

2. 对绘制的复杂图形常常需要进行编辑修改，本章讲解了 AutoCAD 基本编辑命令及高级编辑命令的使用。

3. 图形在绘制完成后，要对其进行尺寸标注及文字说明。本章介绍了标注样式的设置以及添加文字说明、尺寸标注、多重引线标注的方法。

2.10　思考与练习

1. 利用多段线、直线等命令绘制如图 2-169 所示的足球场和跑道图形。

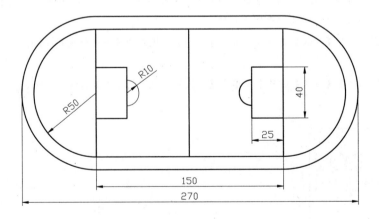

图 2-169　绘制足球场和跑道

2. 使用本章所学的知识，绘制如图 2-170 所示的建筑平面图，并进行尺寸和轴号标注。

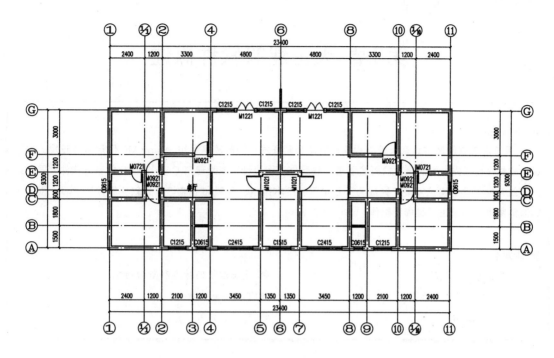

图 2-170　绘制建筑平面图

3.利用所学知识，调用多重引线命令，为阳台创建坡度标注，如图 2-171 所示。

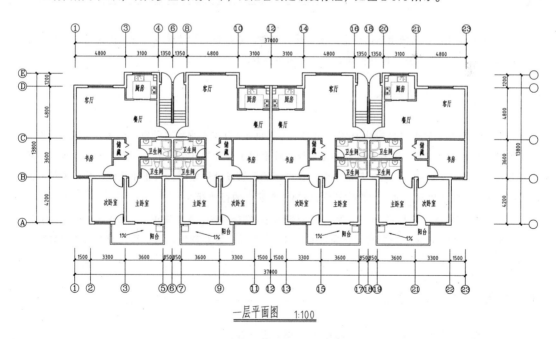

一层平面图　1:100

图 2-171　创建阳台坡度标注

第3章 天正建筑软件概述

● **本章导读**

　　天正建筑软件是由北京天正工程软件有限公司开发、国内较早利用 AutoCAD 图形平台开发的建筑设计软件，它以先进的建筑对象概念服务于建筑施工图设计，成为建筑 CAD 正版化的首选软件，同时天正建筑对象创建的建筑模型已经成为天正电气、给水排水、日照和节能等系列软件的数据来源，很多三维渲染图也依赖天正三维模型制作。

● **本章重点**

　　◆ 天正建筑概述　　　　　　　　　　◆ 天正建筑的特点和新增功能

　　◆ T20 软件交互界面　　　　　　　　◆ T20 的基本操作

　　◆ 本章小结　　　　　　　　　　　　◆ 思考与练习

3.1 天正建筑概述

　　天正建筑软件是目前使用非常广泛的建筑设计软件，并且是高校建筑专业学生的必修课。T20 作为最新开发的产品，使得天正软件功能更强大、内容更完善。

3.1.1 天正软件公司简介

　　北京天正工程软件有限公司从 1994 年开始就在 AutoCAD 图形平台上开发了一系列建筑、暖通、电气和给水排水等专业软件，这些软件特别是建筑软件取得了极大的成功。近十年来，天正建筑软件版本不断升级和完善，受到中国设计师们的厚爱。在中国的建筑设计领域内，天正建筑软件的影响可以说无所不在。天正建筑软件早已成为全国建筑设计 CAD 事实上的行业标准。

　　天正建筑软件从 TArch 5.0 开始，告别了以往的基本图线堆砌，大量使用了"自定义建筑专业对象"，直接绘制出具有专业含义、经得起反复编辑修改的图形对象。天正软件在国内率先成为新一代数字建筑师爱不释手的得力工具。

3.1.2 天正软件学习帮助

　　T20 的学习文档包括使用手册、帮助文档和网站资源等。

　　❑　　使用手册

　　使用手册是软件发行时对正式用户提供的纸介质文档，其以书面文字形式，全面、详尽地介绍了 T20 的功能和使用方法。但一段时间内，纸介质手册无法随着软件升级而及时更新，联机帮助文件才是最新的学习资源。

❏　帮助文档

帮助文档是《T20 天正建筑软件使用手册》的电子版本，以 Windows 的 CHM 格式帮助文档的形式介绍了 T20 的功能和使用方法，如图 3-1 所示。这种文档形式更新比较及时，能随软件升级而更新，如 T20 版本以后如再发行升级补丁，将只提供帮助文档格式的手册。

图 3-1　帮助文档

❏　教学演示

教学演示是 T20 发行时提供的实时录制教学演示教程，其使用 Flash 动画文件格式存储和播放。

❏　日积月累

T20 启动时会提示有关软件使用的小诀窍。单击屏幕菜单栏中的"日积月累"命令，将弹出【日积月累】对话框，显示提示内容，如图 3-2 所示。

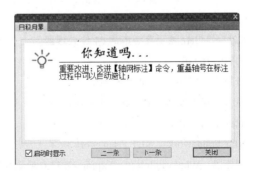

图 3-2　【日积月累】对话框

❏　自述文件

自述文件软件发行时以文本文件格式提供给用户参考的最新说明，如在 sys 文件夹下的 updhistory.txt

中提供升级的详细信息。

❑　常见问题

常见问题是在使用天正建筑软件经常会遇到的各种各样问题，软件以 MSWord 格式的 Faq.doc 文件提供解答（常称为 FAQ），如图 3-3 所示。

❑　其他帮助资源

通过访问北京天正软件工程有限公司的主页 www.tangent.com.cn，如图 3-4 所示，可获得 T20 及其产品的最新消息，包括软件升级和补充内容，下载试用软件、教学演示和用户图例等资源。此外，时效性最好的是天正软件特约论坛 www.abbs.com.cn，可与天正软件的研发团队一起交流经验。

图 3-3　解答文件

图 3-4　公司网站主页

3.1.3 软件与硬件配置环境

T20 软件完全基于 AutoCAD 软件的应用而开发，支持 32 位 AutoCAD 2010～2019 以及 64 位 AutoCAD 2010～2020 平台。其中，AutoCAD 2020 版本只支持使用 64 位系统的计算机，在安装软件的时候需要用户注意。

T20 运行的硬件要求主要取决于 AutoCAD 平台的需求。但由于工作环境及范围不同，用户硬件的配置也有所不同。以下为 AutoCAD 2020 的系统配置要求，供用户参考。

➢　CPU：3 GHz 或更高频率的 64 位处理器。

➢　内存：16 GB。

➢　分辨率：1920 × 1080 真彩色。

➢　显卡：建议使用与 DirectX 11 兼容的显卡。

➢　磁盘空间：6GB 可用硬盘空间。

➢　NET Framework：.NET Framework 版本 4.7 或更高版本。

➢　浏览器：Windows Internet Explorer® 11.0 或更高版本。

显示器屏幕的分辨率是非常重要的，应至少保证在 1920 × 1080 以上的分辨率环境下工作。如果达不到这个要求，长时间绘图很容易损伤视力。如果用户眼力不好，可在 Windows 的显示属性下设置较大的文字尺寸或更换更大的显示器尺寸。

从 AutoCAD 2004 开始，已不再支持 Windows 98 以下操作系统，因此该软件无法在 Windows 98 以下操作系统进行安装。

3.2 天正建筑的特点和新增功能

T20 版本支持 AutoCAD 2010～2020 多个图形平台的安装和运行，天正图形对象除了对象编辑功能，还可以用夹点拖动、特性编辑、在位编辑和动态输入等多种手段调整对象参数。本节将介绍天正软件的特点。

3.2.1 二维图形与三维图形设计同步

在建筑图中，通常有二维和三维图形。其中，二维图形常用于施工，三维图形则常用于制作建筑效果图，同时，三维图形还可以用来分析空间尺度、与设计团队交流、与甲方沟通，以及用于施工队伍施工前的交底。这些应用并不苛求视觉效果的完美，而更强调实时性与一致性。设计过程也是一个不断变更调整的过程，精致的效果图不可能做到全程跟随，而 TArch 提供的快速三维功能可以满足这些要求。对于竞标和完工等需要的精细三维效果图，天正建筑软件提供了用于输出三维模型的接口。

TArch 软件模型与平面图的绘制是同步的，不需要另外单独生成三维模型。图 3-5 所示为二维图形与三维图形设计同步的实例。

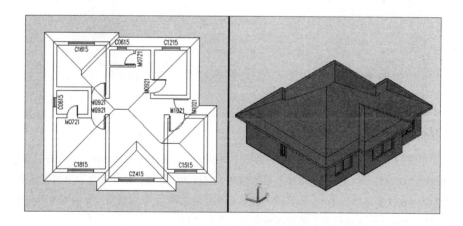

图 3-5　二维图形与三维图形设计同步

3.2.2 自定义对象技术

天正建筑软件开发了一系列自定义对象表示建筑专业构件，具有使用方便和通用性强的特点。例如，各种墙体构件具有完整的几何特征和材质特征，可以像 AutoCAD 的普通图形对象一样进行操作，可以用夹点随意拉伸改变几何形状，与门窗按相互关系智能联动，大大提高了编辑效率。

另外，天正建筑软件还具有旧图转换的文件接口，可将 TArch 3.0 以下版本的天正建筑软件绘制的图形文件转换为新的对象格式，方便老用户的快速升级，同时提供了图形文件导出命令的接口，可将新版本绘制的图形导出，以便于其他用途。

3.2.3 天正软件的其他特点

T20 除了具有以上特点外，还具有如下几个特点。

1. 方便的智能化菜单系统

T20 采用附带 256 色图标的新式屏幕菜单，菜单辅以图标、图文并茂、层次清晰及折叠结构使子菜单之间切换快捷。图 3-6 所示为 T20 软件的屏幕菜单。

强大的右键快捷菜单能够感知选择对象的类型，自动组成相关菜单，可以随意定制个性化菜单，适应用户习惯。利用快捷键可使绘图更快捷。例如，调用"绘制轴网"命令时，在命令行窗口中输入"HZZW"，就可启动命令，其功能等同于执行"轴网柱子" ｜ "绘制轴网"命令。

图 3-7 所示为在 T20 中选择墙体时的右键快捷菜单。

图 3-6　T20 屏幕菜单

图 3-7　T20 墙体快捷菜单

2. 提供参数设置对话框

在 T20 中执行命令，可以弹出相应的对话框。如执行"墙体" ｜ "绘制墙体"命令，弹出如图 3-8 所示的参数设置对话框，其中显示了墙体的相关信息，包括墙体宽度、墙体高度以及属性信息等。

在对话框中集成了两个选项卡，分别是"墙体"与"玻璃幕"。切换选项卡，对话框中的参数也随之改变。用户在对话框中设置参数后，即可在绘图区域中创建图形。

图 3-8　参数设置对话框

3. 先进的专业化标注系统

天正建筑软件专门针对建筑行业图样的尺寸标注开发了专业化的标注系统。轴号标注、尺寸标注、符号标注和文字标注都取代了传统的标注对象。另外，按照建筑制图规范的标注要求，对自定义尺寸标注对象提供了前所未有的灵活手段。由于专门为建筑行业设计，故在使用方便的同时简化了标注对象的结构，节省了内存，减少了命令的数量。

T20 按照建筑制作规范的规定，提供了自定义的专业符号标注对象，带有符合出图要求的专业夹点与比例信息。在编辑符号时，拖动夹点的行为也符合设计规范。符号对象的引入妥善地解决了 CAD 符号标注规范化的问题。

4. 全新设计文字表格功能

天正建筑软件的自定义文字对象可方便地创建和修改中西文混排文字，方便输入文字上下标和特殊字符。T20 还提供了"加圈"文字，方便表示轴号。

文字对象可分别调整中西文字体各自的宽高比例，修正 AutoCAD 所使用的两类字体（*.shx 与 *.ttf）中英文字高不等的问题，使中西文字混合标注符合国家制图标准的要求。此外天正文字还可以设定背景屏蔽，获得清晰的图面效果。

天正建筑软件的在位编辑文字可功能为整个图形中的文字编辑服务，双击待编辑的文本即可进入编辑状态，提供了前所未有的方便性。

天正表格使用了先进的表格对象，其交互界面类似 Excel 的电子表格编辑界面。表格对象具有层次结构，用户可以方便地调整表格的外观，制作符合用户需求的表格。T20 还提供了与 Excel 的数据双向交换功能，使工程制表同办公制表一样方便高效。

5. 强大的图库管理系统和图块功能

T20 的图库管理系统采用了先进的编程技术，支持贴附材质的多视图图块，支持同时打开多个图库的操作。在图块遮挡背景对象时，无须对背景对象进行裁剪。

图 3-9 所示为 T20 的【天正图库管理系统】对话框。

天正建筑软件的图库管理系统采用图库组 TKW 文件格式，同时管理多个图库，分类明晰的树状目录使整个图库结构一目了然。

类别区、名称区和预览区之间也可随意调整最佳可视大小及相对位置，支持拖放技术，最大限度地方便用户。

图库管理界面采用了平面化图标工具栏，符合流行软件的外观风格与使用习惯。

由于各个图库相互独立，系统图库和用户图库分别由系统和用户维护，因此便于版本升级。独特的图案填充功能为建筑节能设计提供了方便。

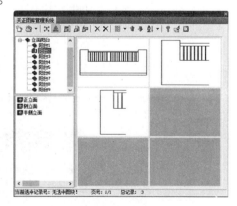

图 3-9 【天正图库管理系统】对话框

6. 与 AutoCAD 兼容的材质系统

T20 提供了与 AutoCAD 渲染器兼容的材质系统，包括全中文标识的材质库、具有材质预览功能的材质编辑和管理模块，为选择建筑渲染材质提供了便利。

7. 真实感的多视图图块

图库支持贴附材质的多视图图块，可在"完全二维"的显示模式下按二维样式显示，而在着色模式下显示附着的彩色材质。新的图库管理程序能预览多视图图块的真实效果。

8. 全面增强立剖面绘图功能

天正建筑软件随时可以从各层平面图获得三维信息，按楼层组合，消隐生成立面图与剖面图。由于生成的步骤得到了简化，故明显地提高了绘图效率。

9. 提供工程数据查询与面积计算

平面图绘制完毕后，可以获得各种构件的体积、重量和墙面面积等数据，作为分析的基础数据。天正建筑软件还提供了各种面积计算命令，除了计算房间净面积外，还可以按照规定计算住宅单元的套内建筑面积。另外，还提供了实时房间面积查询功能。

3.2.4 T20 的新增功能

T20 软件的新增功能如下：

❑ 支持 64 位 AutoCAD 2020 平台。

❑ 注释系统的新功能

➢ 第一道与第二道轴网尺寸增加了独立图层。

➢ 改进了"轴网标注"命令，重叠轴号在标注过程中可以自动避让。

➢ "添加轴线"命令从现有的命令行操作模式改为对话框操作模式，如图 3-10 所示。

图 3-10 【添加轴线】对话框

➢ "添补轴号"命令从现有的命令行操作模式改为对话框操作模式，如图 3-11 所示。

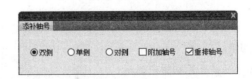

图 3-11 【添补轴号】对话框

➢ 改进了"文字样式"命令，修改对话框中字体下拉列表的宽度时，缺乏字体的文字样式名在下拉列表中以红色显示，如图 3-12 所示。

➢ 天正单行文字特性表中增加了背景屏蔽选项，如图 3-13 所示。

图 3-12 【文字样式】对话框

图 3-13 【单行文字】对话框

➢ 天正尺寸标注对象的尺寸界线可作为 trim 和 extend 的有效边界。

➢ 修改尺寸标注时,显示与尺寸关联的范围。选择第二道尺寸标注时,与尺寸标注相关的图形被包括在选框内,如图 3-14 所示。

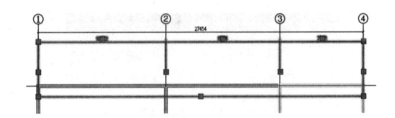

图 3-14 显示与尺寸标注关联的对象

➢ 在高级选项中增加了尺寸联动默认状态的设置。

➢ 改进"墙厚标注"命令,当轴线在墙体外侧时,增加了墙皮与轴线的尺寸标注。将墙厚标注位置修改到当前给定位置,增加了对墙体保温线的标注。

➢ "内门标注"命令改为对话框操作模式,增加了"轴线+垛宽"的定位形式,如图 3-15 所示。

图 3-15 【内门标注】对话框

➢ 改进了"楼梯标注"命令,可以根据点取到的楼梯位置来确定尺寸标注的起点位置。

➢ 改进了"连接尺寸"命令,支持修改过尺寸值的尺寸标注与相邻尺寸作连接尺寸的操作。

➢ 改进了表格的全屏编辑功能,增加了复制、剪切列的操作。

➢ 改进了"表列编辑"命令,增加了复制列的操作。

➢ 在高级选项中增加了对符号文字默认颜色的预设。

➢ 【箭头引注】对话框增加了独立的图层。

➢ 做法标注支持拖拽修改对话框的大小。

> 索引符号拆分为"指向索引"和"剖切索引"两个独立的命令,分别有与之对应的对话框,如图 3-16 和图 3-17 所示。在对话框中设置参数,即可创建索引符号。

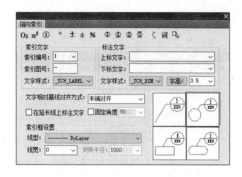

图 3-16 【指向索引】对话框

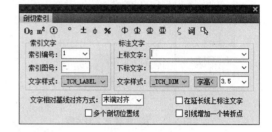

图 3-17 【剖切索引】对话框

> 【索引图名】对话框增加了图名标注及其对应的字高和文字样式设置,如图 3-18 所示。

> 在绘制"矩形""圆形"云线时,增加了动态预览,点取版次标志时提供了标志的预览显示。

图 3-18 【索引图名】对话框

❑ 其他功能的改进

> 新增了房间内最远点至疏散门距离的自动计算功能。

> 双分平行楼梯、三角楼梯和交叉楼梯增加了防火疏散半径的绘制。

> "单线变墙"命令增加了栏选轴线添加墙的形式。

> 门窗收藏界面添加"删除了收藏门窗"操作。

> 常用门窗库独立成为"门窗库"命令,可在【常用门窗库】对话框中选择门窗,如图 3-19 所示。

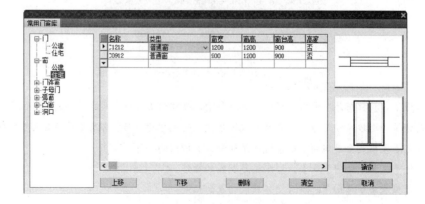

图 3-19 【常用门窗库】对话框

> 新增了"编号翻转"命令，用于对门窗编号进行翻转操作。

> 房间边界增加了独立图层，房间名称及面积标注支持设置不同的文字样式及字高。

> 屋顶轮廓增加了独立图层。

> 新增了"屋面排水"命令，用于生成屋顶分水线和坡度标注。可在【屋面排水】对话框中设置参数，如图 3-20 所示。

> "水平间距"命令改为对话框操作模式，支持四种间距定义类型，如图 3-21 所示。

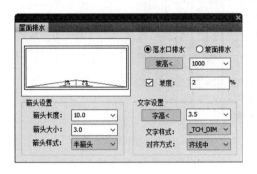

图 3-20 【屋面排水】对话框

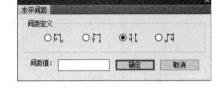

图 3-21 【水平间距】对话框

> "垂直间距"命令改为对话框操作模式，支持四种间距定义类型，如图 3-22 所示。

> 坐标网络的 XY 坐标数值改为始终不采用科学计数法。

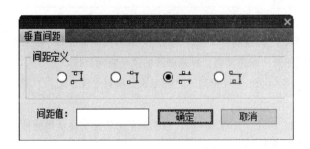

图 3-22 【垂直间距】对话框

3.3 T20 软件交互界面

T20 针对建筑设计的实际需要，对 AutoCAD 的交互界面进行了必要的扩充，建立了自己的菜单系统和快捷键，提供了折叠式屏幕菜单、便利的在位编辑框、与选取对象环境关联的右键菜单、图标工具栏，保留了 AutoCAD 所有的菜单项和图标，并保持了 AutoCAD 原有的界面体系。

T20 运行在 AutoCAD 之下，在 AutoCAD 的基础上添加了专门绘制建筑图形的折叠菜单和工具栏，调用命令的方法与 AutoCAD 完全相同。

T20 的工作界面如图 3-23 所示。

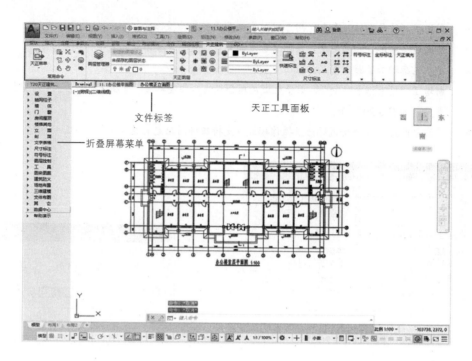

图 3-23 T20 工作界面

3.3.1 折叠式屏幕菜单

T20 的主要功能都列在"折叠式"三级结构的屏幕菜单上，单击上一级菜单可以展开下一级菜单，同级菜单互相关联，展开另外一级菜单时，原来展开的菜单自动合拢。

二级、三级菜单命令都以 256 色图标显示，图标设计具有专业含义，方便用户增强记忆及更快地确定命令在菜单中的位置。

由于屏幕的高度有限，展开较长的菜单时，有些菜单无法完全显示在屏幕上，此时可以上下滑动鼠标滚轮，向上或向下浏览菜单中的命令。

图 3-24 所示为 T20 屏幕菜单。

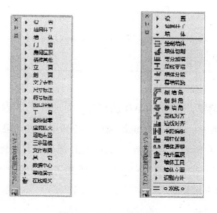

图 3-24 T20 屏幕菜单

2.7.3 编辑尺寸标注

当尺寸线与其他图形发生冲突时，可打断尺寸线以获得更好的标注效果。

执行"标注打断"命令的方法有以下几种：

➤ 功能区：在【注释】选项卡中单击【标注】面板中的【打断】按钮，如图 2-156 所示。

➤ 菜单栏：选择【标注】→【标注打断】命令，如图 2-157 所示。

➤ 命令行：DIMBREAK。

图 2-156　单击按钮

图 2-157　选择命令

执行上述任意一项操作，可进行标注打断，结果如图 2-158 所示。

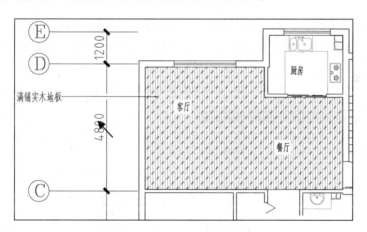

图 2-158　标注打断的结果

2.8　创建与编辑多重引线标注

通过创建多重引线标注，可以清楚地显示图形所表达的意义。多重引线标注由引线、引线箭头与标注文字组成。本节将介绍创建与编辑多重引线标注的方法。

2.8.1 设置多重引线样式

设置多重引线样式，可以在标注图形之前先设定引线标注的显示样式，包括引线、引线箭头与标注文字的样式。

设置多重引线样式的方法有以下几种：

➢ 功能区：在【默认】选项卡中单击【注释】面板中的【多重引线样式】按钮，如图 2-159所示。

➢ 菜单栏：选择【格式】→【多重引线样式】命令，如图 2-160 所示。

➢ 命令行：MLEADERSTYLE。

图 2-159　单击按钮

图 2-160　选择命令

执行上述任意一项操作，打开【多重引线样式管理器】对话框，如图 2-161 所示。单击【修改】按钮，弹出【修改多重引线样式】对话框。可通过设置各选项卡中的参数，重定义样式属性，如图 2-162所示。

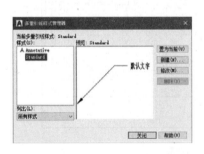

图 2-161　【多重引线样式管理器】对话框

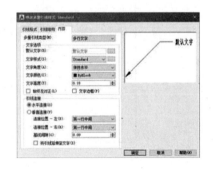

图 2-162　设置样式名称

2.8.2 创建多重引线标注

多重引线对象包括箭头、水平基线、引线或曲线以及多行文字或块。用户可以根据需要，自定义多重引线标注的样式。

创建多重引线标注的方法有以下几种：

➢ 功能区：在【默认】选项卡中单击【注释】面板上的【引线】按钮，如图 2-163 所示。

> 菜单栏：选择【标注】→【多重引线】命令，如图 2-164 所示。
> 命令行：MLEADER 或 MLE。

图 2-163 单击按钮

图 2-164 选择命令

执行上述任意一项操作，均可激活"多重引线"命令。为阳台标注坡度的结果如图 2-165 所示。

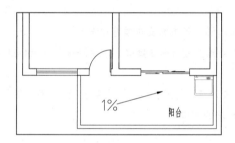

图 2-165 标注阳台坡度

2.8.3 编辑多重引线标注

选择多重引线标注，执行"添加引线"命令，可以新增多条引线，为更多的图形创建标注。

调用"添加引线"命令的方法有以下两种：

> 功能区 1：在【默认】选项卡中单击【注释】面板中的【添加引线】按钮，如图 2-166 所示。

> 功能区 2：在【注释】选项卡中单击【引线】面板中的【添加引线】按钮，如图 2-167 所示。

图 2-166 单击按钮

图 2-167 单击按钮

执行上述任意一项操作，均可激活"添加引线"命令。添加多重引线的结果如图 2-168 所示。

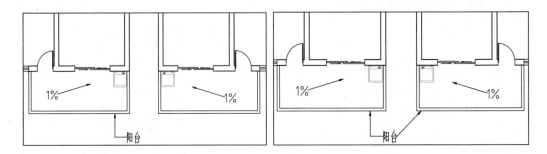

图 2-168　添加多重引线

2.9　本章小结

1．本章介绍了绘制基本图形、多边形及曲线等知识。

2．对绘制的复杂图形常常需要进行编辑修改，本章讲解了 AutoCAD 基本编辑命令及高级编辑命令的使用。

3．图形在绘制完成后，要对其进行尺寸标注及文字说明。本章介绍了标注样式的设置以及添加文字说明、尺寸标注、多重引线标注的方法。

2.10　思考与练习

1．利用多段线、直线等命令绘制如图 2-169 所示的足球场和跑道图形。

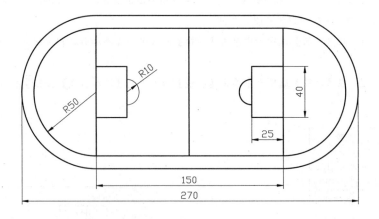

图 2-169　绘制足球场和跑道

2．使用本章所学的知识，绘制如图 2-170 所示的建筑平面图，并进行尺寸和轴号标注。

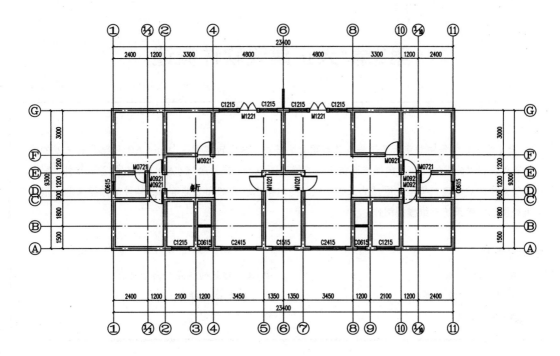

图 2-170　绘制建筑平面图

3.利用所学知识，调用多重引线命令，为阳台创建坡度标注，如图 2-171 所示。

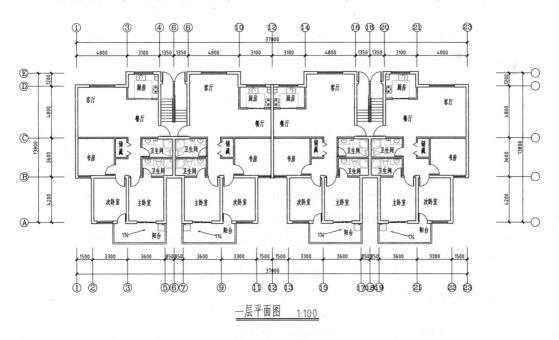

一层平面图　1:100

图 2-171　创建阳台坡度标注

第3章 天正建筑软件概述

● 本章导读

　　天正建筑软件是由北京天正工程软件有限公司开发、国内较早利用 AutoCAD 图形平台开发的建筑设计软件，它以先进的建筑对象概念服务于建筑施工图设计，成为建筑 CAD 正版化的首选软件，同时天正建筑对象创建的建筑模型已经成为天正电气、给水排水、日照和节能等系列软件的数据来源，很多三维渲染图也依赖天正三维模型制作。

● 本章重点

◈ 天正建筑概述　　　　　　　　　　◈ 天正建筑的特点和新增功能

◈ T20 软件交互界面　　　　　　　　◈ T20 的基本操作

◈ 本章小结　　　　　　　　　　　　◈ 思考与练习

3.1 天正建筑概述

　　天正建筑软件是目前使用非常广泛的建筑设计软件，并且是高校建筑专业学生的必修课。T20 作为最新开发的产品，使得天正软件功能更强大、内容更完善。

3.1.1 天正软件公司简介

　　北京天正工程软件有限公司从 1994 年开始就在 AutoCAD 图形平台上开发了一系列建筑、暖通、电气和给水排水等专业软件，这些软件特别是建筑软件取得了极大的成功。近十年来，天正建筑软件版本不断升级和完善，受到中国设计师们的厚爱。在中国的建筑设计领域内，天正建筑软件的影响可以说无所不在。天正建筑软件早已成为全国建筑设计 CAD 事实上的行业标准。

　　天正建筑软件从 TArch 5.0 开始，告别了以往的基本图线堆砌，大量使用了"自定义建筑专业对象"，直接绘制出具有专业含义、经得起反复编辑修改的图形对象。天正软件在国内率先成为新一代数字建筑师爱不释手的得力工具。

3.1.2 天正软件学习帮助

　　T20 的学习文档包括使用手册、帮助文档和网站资源等。

　　❑　　使用手册

　　使用手册是软件发行时对正式用户提供的纸介质文档，其以书面文字形式，全面、详尽地介绍了 T20 的功能和使用方法。但一段时间内，纸介质手册无法随着软件升级而及时更新，联机帮助文件才是最新的学习资源。

❑　　帮助文档

帮助文档是《T20 天正建筑软件使用手册》的电子版本，以 Windows 的 CHM 格式帮助文档的形式介绍了 T20 的功能和使用方法，如图 3-1 所示。这种文档形式更新比较及时，能随软件升级而更新，如 T20 版本以后如再发行升级补丁，将只提供帮助文档格式的手册。

图 3-1　帮助文档

❑　　教学演示

教学演示是 T20 发行时提供的实时录制教学演示教程，其使用 Flash 动画文件格式存储和播放。

❑　　日积月累

T20 启动时会提示有关软件使用的小诀窍。单击屏幕菜单栏中的"日积月累"命令，将弹出【日积月累】对话框，显示提示内容，如图 3-2 所示。

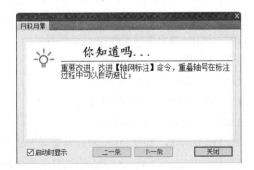

图 3-2　【日积月累】对话框

❑　　自述文件

自述文件软件发行时以文本文件格式提供给用户参考的最新说明，如在 sys 文件夹下的 updhistory.txt

中提供升级的详细信息。

❑ 常见问题

常见问题是在使用天正建筑软件经常会遇到的各种各样问题，软件以 MSWord 格式的 Faq.doc 文件提供解答（常称为 FAQ），如图 3-3 所示。

❑ 其他帮助资源

通过访问北京天正软件工程有限公司的主页 www.tangent.com.cn，如图 3-4 所示，可获得 T20 及其产品的最新消息，包括软件升级和补充内容，下载试用软件、教学演示和用户图例等资源。此外，时效性最好的是天正软件特约论坛 www.abbs.com.cn，可与天正软件的研发团队一起交流经验。

图 3-3　解答文件

图 3-4　公司网站主页

3.1.3 软件与硬件配置环境

T20 软件完全基于 AutoCAD 软件的应用而开发，支持 32 位 AutoCAD 2010～2019 以及 64 位 AutoCAD 2010～2020 平台。其中，AutoCAD 2020 版本只支持使用 64 位系统的计算机，在安装软件的时候需要用户注意。

T20 运行的硬件要求主要取决于 AutoCAD 平台的需求。但由于工作环境及范围不同，用户硬件的配置也有所不同。以下为 AutoCAD 2020 的系统配置要求，供用户参考。

➢ CPU：3 GHz 或更高频率的 64 位处理器。

➢ 内存：16 GB。

➢ 分辨率：1920 × 1080 真彩色。

➢ 显卡：建议使用与 DirectX 11 兼容的显卡。

➢ 磁盘空间：6GB 可用硬盘空间。

➢ NET Framework：.NET Framework 版本 4.7 或更高版本。

➢ 浏览器：Windows Internet Explorer® 11.0 或更高版本。

显示器屏幕的分辨率是非常重要的，应至少保证在 1920 × 1080 以上的分辨率环境下工作。如果达不到这个要求，长时间绘图很容易损伤视力。如果用户眼力不好，可在 Windows 的显示属性下设置较大的文字尺寸或更换更大的显示器尺寸。

从 AutoCAD 2004 开始，已不再支持 Windows 98 以下操作系统，因此该软件无法在 Windows 98 以下操作系统进行安装。

3.2 天正建筑的特点和新增功能

T20 版本支持 AutoCAD 2010~2020 多个图形平台的安装和运行,天正图形对象除了对象编辑功能,还可以用夹点拖动、特性编辑、在位编辑和动态输入等多种手段调整对象参数。本节将介绍天正软件的特点。

3.2.1 二维图形与三维图形设计同步

在建筑图中,通常有二维和三维图形。其中,二维图形常用于施工,三维图形则常用于制作建筑效果图,同时,三维图形还可以用来分析空间尺度、与设计团队交流、与甲方沟通,以及用于施工队伍施工前的交底。这些应用并不苛求视觉效果的完美,而更强调实时性与一致性。设计过程也是一个不断变更调整的过程,精致的效果图不可能做到全程跟随,而 TArch 提供的快速三维功能可以满足这些要求。对于竞标和完工等需要的精细三维效果图,天正建筑软件提供了用于输出三维模型的接口。

TArch 软件模型与平面图的绘制是同步的,不需要另外单独生成三维模型。图 3-5 所示为二维图形与三维图形设计同步的实例。

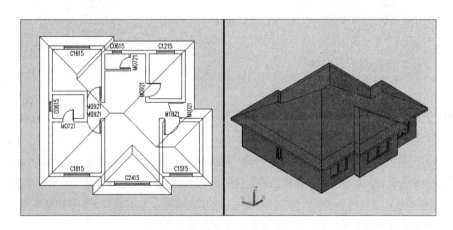

图 3-5 二维图形与三维图形设计同步

3.2.2 自定义对象技术

天正建筑软件开发了一系列自定义对象表示建筑专业构件,具有使用方便和通用性强的特点。例如,各种墙体构件具有完整的几何特征和材质特征,可以像 AutoCAD 的普通图形对象一样进行操作,可以用夹点随意拉伸改变几何形状,与门窗按相互关系智能联动,大大提高了编辑效率。

另外,天正建筑软件还具有旧图转换的文件接口,可将 TArch 3.0 以下版本的天正建筑软件绘制的图形文件转换为新的对象格式,方便老用户的快速升级,同时提供了图形文件导出命令的接口,可将新版本绘制的图形导出,以便于其他用途。

3.2.3 天正软件的其他特点

T20 除了具有以上特点外，还具有如下几个特点。

1. 方便的智能化菜单系统

T20 采用附带 256 色图标的新式屏幕菜单，菜单辅以图标、图文并茂、层次清晰及折叠结构使子菜单之间切换快捷。图 3-6 所示为 T20 软件的屏幕菜单。

强大的右键快捷菜单能够感知选择对象的类型，自动组成相关菜单，可以随意定制个性化菜单，适应用户习惯。利用快捷键可使绘图更快捷。例如，调用"绘制轴网"命令时，在命令行窗口中输入"HZZW"，就可启动命令，其功能等同于执行"轴网柱子" | "绘制轴网"命令。

图 3-7 所示为在 T20 中选择墙体时的右键快捷菜单。

图 3-6　T20 屏幕菜单　　　　　　　　　　　图 3-7　T20 墙体快捷菜单

2. 提供参数设置对话框

在 T20 中执行命令，可以弹出相应的对话框。如执行"墙体" | "绘制墙体"命令，弹出如图 3-8 所示的参数设置对话框，其中显示了墙体的相关信息，包括墙体宽度、墙体高度以及属性信息等。

在对话框中集成了两个选项卡，分别是"墙体"与"玻璃幕"。切换选项卡，对话框中的参数也随之改变。用户在对话框中设置参数后，即可在绘图区域中创建图形。

图 3-8　参数设置对话框

3．先进的专业化标注系统

天正建筑软件专门针对建筑行业图样的尺寸标注开发了专业化的标注系统。轴号标注、尺寸标注、符号标注和文字标注都取代了传统的标注对象。另外，按照建筑制图规范的标注要求，对自定义尺寸标注对象提供了前所未有的灵活手段。由于专门为建筑行业设计，故在使用方便的同时简化了标注对象的结构，节省了内存，减少了命令的数量。

T20 按照建筑制作规范的规定，提供了自定义的专业符号标注对象，带有符合出图要求的专业夹点与比例信息。在编辑符号时，拖动夹点的行为也符合设计规范。符号对象的引入妥善地解决了 CAD 符号标注规范化的问题。

4．全新设计文字表格功能

天正建筑软件的自定义文字对象可方便地创建和修改中西文混排文字，方便输入文字上下标和特殊字符。T20 还提供了"加圈"文字，方便表示轴号。

文字对象可分别调整中西文字体各自的宽高比例，修正 AutoCAD 所使用的两类字体（*.shx 与*.ttf）中英文字高不等的问题，使中西文字混合标注符合国家制图标准的要求。此外天正文字还可以设定背景屏蔽，获得清晰的图面效果。

天正建筑软件的在位编辑文字可功能为整个图形中的文字编辑服务，双击待编辑的文本即可进入编辑状态，提供了前所未有的方便性。

天正表格使用了先进的表格对象，其交互界面类似 Excel 的电子表格编辑界面。表格对象具有层次结构，用户可以方便地调整表格的外观，制作符合用户需求的表格。T20 还提供了与 Excel 的数据双向交换功能，使工程制表同办公制表一样方便高效。

5．强大的图库管理系统和图块功能

T20 的图库管理系统采用了先进的编程技术，支持贴附材质的多视图图块，支持同时打开多个图库的操作。在图块遮挡背景对象时，无须对背景对象进行裁剪。

图 3-9 所示为 T20 的【天正图库管理系统】对话框。

天正建筑软件的图库管理系统采用图库组 TKW 文件格式，同时管理多个图库，分类明晰的树状目录使整个图库结构一目了然。

类别区、名称区和预览区之间也可随意调整最佳可视大小及相对位置，支持拖放技术，最大限度地方便用户。

图库管理界面采用了平面化图标工具栏，符合流行软件的外观风格与使用习惯。

由于各个图库相互独立，系统图库和用户图库分别由系统和用户维护，因此便于版本升级。独特的图案填充功能为建筑节能设计提供了方便。

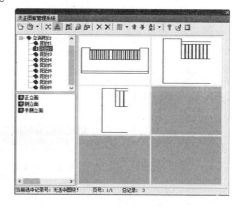

图 3-9 【天正图库管理系统】对话框

6．与 AutoCAD 兼容的材质系统

T20 提供了与 AutoCAD 渲染器兼容的材质系统，包括全中文标识的材质库、具有材质预览功能的材

质编辑和管理模块，为选择建筑渲染材质提供了便利。

7. 真实感的多视图图块

图库支持贴附材质的多视图图块，可在"完全二维"的显示模式下按二维样式显示，而在着色模式下显示附着的彩色材质。新的图库管理程序能预览多视图图块的真实效果。

8. 全面增强立剖面绘图功能

天正建筑软件随时可以从各层平面图获得三维信息，按楼层组合，消隐生成立面图与剖面图。由于生成的步骤得到了简化，故明显地提高了绘图效率。

9. 提供工程数据查询与面积计算

平面图绘制完毕后，可以获得各种构件的体积、重量和墙面面积等数据，作为分析的基础数据。天正建筑软件还提供了各种面积计算命令，除了计算房间净面积外，还可以按照规定计算住宅单元的套内建筑面积。另外，还提供了实时房间面积查询功能。

3.2.4 T20 的新增功能

T20 软件的新增功能如下：

❑ 支持 64 位 AutoCAD 2020 平台。

❑ 注释系统的新功能

➢ 第一道与第二道轴网尺寸增加了独立图层。

➢ 改进了"轴网标注"命令，重叠轴号在标注过程中可以自动避让。

➢ "添加轴线"命令从现有的命令行操作模式改为对话框操作模式，如图 3-10 所示。

图 3-10 【添加轴线】对话框

➢ "添补轴号"命令从现有的命令行操作模式改为对话框操作模式，如图 3-11 所示。

图 3-11 【添补轴号】对话框

➢ 改进了"文字样式"命令，修改对话框中字体下拉列表的宽度时，缺乏字体的文字样式名在下拉列表中以红色显示，如图 3-12 所示。

➢ 天正单行文字特性表中增加了背景屏蔽选项，如图 3-13 所示。

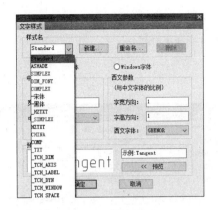

图 3-12　【文字样式】对话框

图 3-13　【单行文字】对话框

➢　天正尺寸标注对象的尺寸界线可作为 trim 和 extend 的有效边界。

➢　修改尺寸标注时，显示与尺寸关联的范围。选择第二道尺寸标注时，与尺寸标注相关的图形被包括在选框内，如图 3-14 所示。

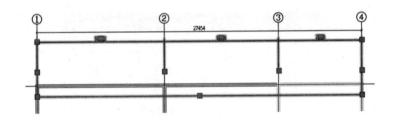

图 3-14　显示与尺寸标注关联的对象

➢　在高级选项中增加了尺寸联动默认状态的设置。

➢　改进"墙厚标注"命令，当轴线在墙体外侧时，增加了墙皮与轴线的尺寸标注。将墙厚标注位置修改到当前给定位置，增加了对墙体保温线的标注。

➢　"内门标注"命令改为对话框操作模式，增加了"轴线+垛宽"的定位形式，如图 3-15 所示。

图 3-15　【内门标注】对话框

➢　改进了"楼梯标注"命令，可以根据点取到的楼梯位置来确定尺寸标注的起点位置。

➢　改进了"连接尺寸"命令，支持修改过尺寸值的尺寸标注与相邻尺寸作连接尺寸的操作。

➢　改进了表格的全屏编辑功能，增加了复制、剪切列的操作。

➢　改进了"表列编辑"命令，增加了复制列的操作。

➢　在高级选项中增加了对符号文字默认颜色的预设。

➢　【箭头引注】对话框增加了独立的图层。

➢　做法标注支持拖拽修改对话框的大小。

➢ 索引符号拆分为"指向索引"和"剖切索引"两个独立的命令,分别有与之对应的对话框,如图 3-16 和图 3-17 所示。在对话框中设置参数,即可创建索引符号。

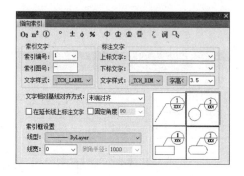

图 3-16 【指向索引】对话框　　　　　　　　　　　图 3-17 【剖切索引】对话框

➢ 【索引图名】对话框增加了图名标注及其对应的字高和文字样式设置,如图 3-18 所示。

➢ 在绘制"矩形""圆形"云线时,增加了动态预览,点取版次标志时提供了标志的预览显示。

图 3-18 【索引图名】对话框

❑ 其他功能的改进

➢ 新增了房间内最远点至疏散门距离的自动计算功能。

➢ 双分平行楼梯、三角楼梯和交叉楼梯增加了防火疏散半径的绘制。

➢ "单线变墙"命令增加了栏选轴线添加墙的形式。

➢ 门窗收藏界面添加"删除了收藏门窗"操作。

➢ 常用门窗库独立成为"门窗库"命令,可在【常用门窗库】对话框中选择门窗,如图 3-19 所示。

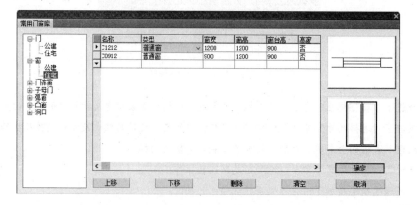

图 3-19 【常用门窗库】对话框

> ➤ 新增了"编号翻转"命令，用于对门窗编号进行翻转操作。
> ➤ 房间边界增加了独立图层，房间名称及面积标注支持设置不同的文字样式及字高。
> ➤ 屋顶轮廓增加了独立图层。
> ➤ 新增了"屋面排水"命令，用于生成屋顶分水线和坡度标注。可在【屋面排水】对话框中设置参数，如图 3-20 所示。
> ➤ "水平间距"命令改为对话框操作模式，支持四种间距定义类型，如图 3-21 所示。

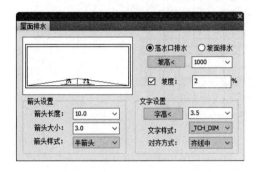

图 3-20　【屋面排水】对话框

图 3-21　【水平间距】对话框

> ➤ "垂直间距"命令改为对话框操作模式，支持四种间距定义类型，如图 3-22 所示。
> ➤ 坐标网络的 XY 坐标数值改为始终不采用科学计数法。

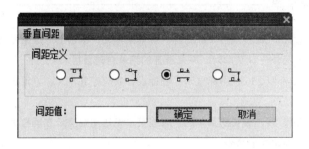

图 3-22　【垂直间距】对话框

3.3 T20 软件交互界面

　　T20 针对建筑设计的实际需要，对 AutoCAD 的交互界面进行了必要的扩充，建立了自己的菜单系统和快捷键，提供了折叠式屏幕菜单、便利的在位编辑框、与选取对象环境关联的右键菜单、图标工具栏，保留了 AutoCAD 所有的菜单项和图标，并保持了 AutoCAD 原有的界面体系。

　　T20 运行在 AutoCAD 之下，在 AutoCAD 的基础上添加了专门绘制建筑图形的折叠菜单和工具栏，调用命令的方法与 AutoCAD 完全相同。

　　T20 的工作界面如图 3-23 所示。

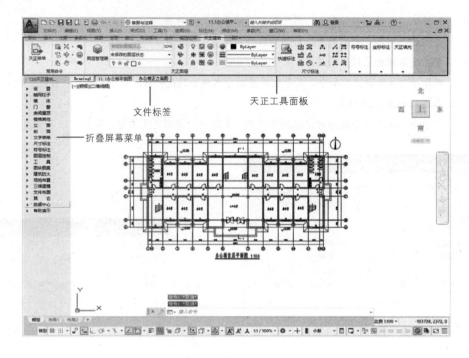

图 3-23　T20 工作界面

3.3.1　折叠式屏幕菜单

　　T20 的主要功能都列在"折叠式"三级结构的屏幕菜单上，单击上一级菜单可以展开下一级菜单，同级菜单互相关联，展开另外一级菜单时，原来展开的菜单自动合拢。

　　二级、三级菜单命令都以 256 色图标显示，图标设计具有专业含义，方便用户增强记忆及更快地确定命令在菜单中的位置。

　　由于屏幕的高度有限，展开较长的菜单时，有些菜单无法完全显示在屏幕上，此时可以上下滑动鼠标滚轮，向上或向下浏览菜单中的命令。

　　图 3-24 所示为 T20 屏幕菜单。

图 3-24　T20 屏幕菜单

单击屏幕菜单左上角的"特性"按钮 ※，弹出如图 3-25 所示的快捷菜单。选择菜单命令，可以"移动""关闭"或者"固定"屏幕菜单。

选择"透明度"选项，打开【透明度】对话框，如图 3-26 所示。向左或向右滑动蓝色滑块，可调整透明度，改变屏幕菜单在界面中的显示效果。

图 3-25　快捷菜单

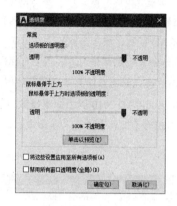

图 3-26　【透明度】对话框

> **技巧**
>
> 单击 TArch 菜单标题左上角的"关闭"按钮可以关闭菜单，使用热键 Ctrl+或"Tmnload"命令可以重新打开菜单。

3.3.2　动态输入

在使用 T20 中，绘制构件的过程中启用"动态输入"功能，可以实时浏览输入尺寸、文字等内容。

单击状态栏中的"动态输入"按钮 +，即可启用"动态输入"功能。在按钮上单击鼠标右键，选择"动态输入设置"选项，打开【草图设置】对话框。在"动态输入"选项卡中设置参数，如图 3-27 所示，可改变动态输入的表现形式。

在启用"动态输入"的同时，"动态提示"信息也显示在光标周围，实时提醒用户当前命令的进行状态，如图 3-28 所示。

图 3-27　【草图设置】对话框

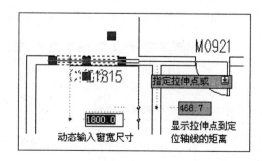

图 3-28　启用"动态输入"命令

3.3.3 快捷菜单

T20 提供了光标"选择预览"功能，光标移动到对象上方时对象即可亮显，表示执行选择时要选中的对象，同时智能感知该对象。此时单击鼠标右键即可激活相应的对象编辑菜单，使对象编辑更加快捷方便。当预览较大的图形时，由于占用系统内存过大会自动关闭此功能。

在 AutoCAD 绘图区域单击鼠标右键（简称右键单击），弹出快捷菜单，其内容是动态显示的，根据当前光标的预选对象确定菜单内容。当没有预选对象时，则弹出最常用的功能。当光标在菜单上移动时，AutoCAD 状态栏上会给出当前菜单项的简短使用说明。

T20 支持 AutoCAD 2010 以上版本提供的"鼠标右键慢击菜单"功能（右键快速单击相当于按 Enter 键）。用户可以执行【工具】|【选项】命令，在弹出的【选项】对话框中设置慢速单击的时间阈值，如图 3-29 所示。

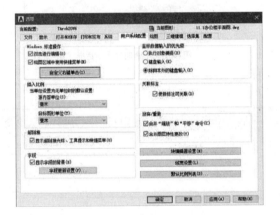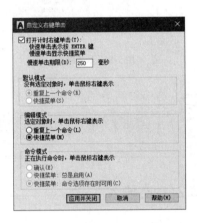

图 3-29　自定义右键单击时间

3.3.4 工具栏

天正工具栏默认位于界面右侧，其可把分属于多个子菜单的常用天正命令收纳其中，避免反复切换菜单。

T20 还提供了"常用快捷功能"工具栏，进一步提高了绘图效率。将光标移到图标上稍作停留，即可显示预览框，在其中显示了图标功能的文字说明，如图 3-30 所示。

图 3-30　显示预览框

工具栏图标菜单文件为 tch.mns 格式，保存在 SYS15、SYS16 与 SYS17 文件夹中。用户可以参考

AutoCAD 相关资料的说明，使用 AutoCAD 菜单语法自行编辑定制。

选择【工具】|【工具栏】|【天正快捷菜单】命令，在右侧弹出子菜单，如图 3-31 所示。在菜单中选择选项，可以将指定的工具栏显示在绘图区域中。

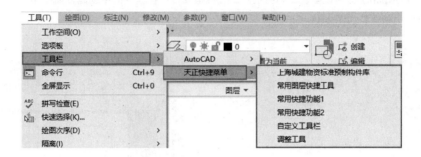

图 3-31　选择命令

此外，T20 还提供了一个自定义工具栏。用户执行【自定义】（ZDY）命令，选择"工具条"页面，即可在其中增删自定义工具栏的内容，而不必编辑任何文件。

3.3.5　定义热键

除了 AutoCAD 定义的热键外，天正建筑软件又补充了若干热键，从而为绘图提供了便利。表 3-1 列出了 T20 的常用热键。

表 3-1　T20 常用热键

热　键	功　能
F1	打开 AutoCAD 帮助文件
F2	在屏幕切换显示图形与文本
F3	对象捕捉
F4	三维对象捕捉
F5	转换至等轴测平面
F6	切换绝对坐标与相对坐标
F7	打开/关闭栅格显示
F8	打开/关闭正交功能
F9	打开/关闭捕捉功能
F10	打开/关闭极轴追踪
F11	打开/关闭对象追踪功能
F12	打开/关闭动态输入功能
Ctrl+ +	打开/关闭天正屏幕菜单
Ctrl+ –	打开/关闭文档标签
Shift+F12	墙和门窗拖动时的模数开关
Ctrl+ ~	打开/关闭工程管理界面

3.3.6 视口的控制

视口（Viewport）分为模型视口和图纸视口。模型视口在模型空间中创建，如图 3-32 所示。图纸视口在图纸空间中创建，如图 3-33 所示。

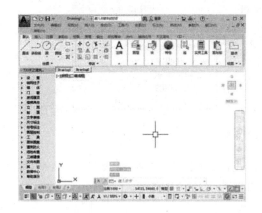

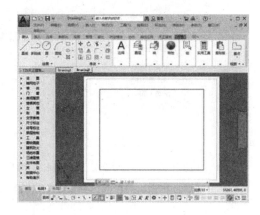

图 3-32　模型视口　　　　　　　　　　　　　　　图 3-33　图纸视口

为了方便用户从其他角度进行观察和设计，还可以设置多个视口。每一个视口可以包含平面、立面和三维等各不相同的视图，如图 3-34 所示。

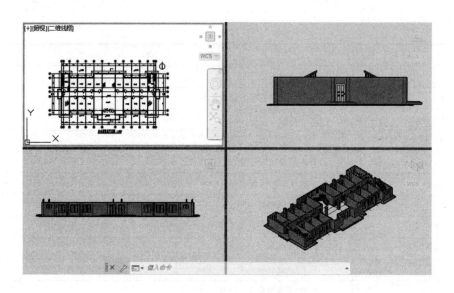

图 3-34　设置多个视口的效果

执行【视图】|【视口】命令，将在子菜单中显示配置视口的方式，如图 3-35 所示。在视口的左上角单击"视口控件"按钮[-]，在弹出的菜单中选择"视口配置列表"选项，在弹出的子菜单中也会显示配置视口的方式，如图 3-36 所示。

图 3-35　执行命令显示配置视口的方式　　　　图 3-36　选择选项显示配置视口的方式

控制视口的方法介绍如下：

➢ 新建视口：当光标移到当前视口的 4 条边界时，光标形状发生变化，此时按住鼠标左键拖动可以新建视口。

➢ 改变视口大小：当光标移到视口边界或对角点时，光标的形状会发生变化，此时按住鼠标左键拖曳可以更改视口的尺寸。若不需改变边界重合的其他视口，可以在拖曳时按住 Ctrl 键或 Shift 键。

➢ 删除视口：更改视口的大小，使它某个方向的边发生重合（或接近重合），此时视口将自动被删除。

3.3.7　文档标签的控制

在打开多个 DWG 文件的情况下，为方便在多个 DWG 文件之间切换，可使用 T20 提供的文档标签功能。在绘图区域上方显示了打开的每个图形文件名标签，单击标签即可将标签代表的图形切换为当前图形，如图 3-37 所示。

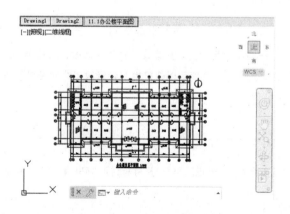

图 3-37　单击标签切换为当前图形

在标签上单击鼠标右键，弹出如图 3-38 所示的快捷菜单，选择其中的命令，可以执行关闭文档、整图导出、保存所有文档以及保存所有文档退出等操作。

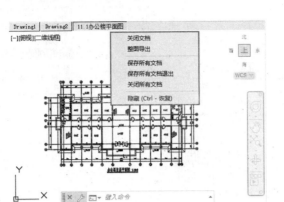

图 3-38　弹出快捷菜单

3.3.8 特性栏

特性栏是 AutoCAD 20XX 提供的用来编辑图形属性的交互界面。按 Ctrl + 1 组合键，打开特性栏，可编辑对象的多个特性，如图 3-39 所示。

图 3-39　特性栏

天正对象支持特性栏，一些不常用的特性只能在特性栏中修改，如楼梯的内部图层等。天正建筑软件的"对象选择"功能和"特性编辑"功能可以很好地配合修改多个对象的特性参数，而对象编辑只能一次编辑一个对象的特性。

3.3.9 功能区

T20 界面功能区由"常用命令""天正图层""尺寸标注""符号标注""坐标标注""天正填充"面板组成，如图 3-40 所示。

图 3-40　T20 界面功能区

在"常用命令"面板中包含"天正菜单""剪切""复制"等常用命令,如图 3-41 所示。单击按钮,调用命令,对图形执行编辑操作。

有些工具按钮右侧带有实心向下的三角形,如"范围"按钮 。单击三角形,将向下弹出子菜单,显示各类缩放图形的命令。

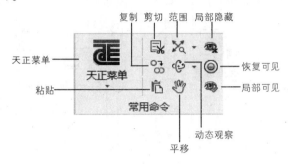

图 3-41 "常用命令"面板

在"天正图层"面板中包含了"图层管理器""锁定的图层淡入""图层状态"等命令,如图 3-42 所示。执行命令,可编辑天正图层,使用户规范化地管理图形。

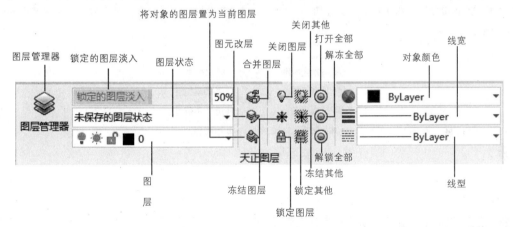

图 3-42 "天正图层"面板

在"尺寸标注"面板中包含了"两点标注""弦弧标注""增补尺寸"等命令,如图 3-43 所示。单击按钮,即可调用命令,在视图中创建尺寸标注。此外,还可以调用编辑尺寸的命令,如"取消尺寸""区分区间",编辑尺寸标注的显示效果。

图 3-43 "尺寸标注"面板

在"符号标注"面板中包含"指北针""单折断线""剖切符号"等命令，如图 3-44 所示。单击按钮，可激活命令，在视图中创建符号标注。

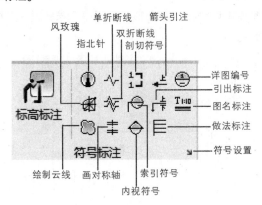

图 3-44 "符号标注"面板

在"坐标标注"面板中包含"设置坐标系""场地红线""坐标标注"命令，如图 3-45 所示，单击按钮，在视图中创建坐标标注。

在"天正填充"面板中包含"天正填充""线图案""图案加洞"等命令。单击按钮，在视图中创建填充图案。

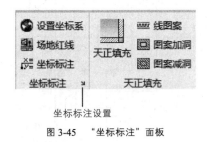

图 3-45 "坐标标注"面板

3.4 T20 的基本操作

在利用 T20 进行建筑设计之前，首先要了解设计的操作流程以及软件的基本操作。天正建筑软件的基本操作包括：设置基本参数，在【工程管理】选项板中执行"新建工程"及"编辑工程"等操作，在位编辑文字标注等。

3.4.1 利用 T20 开展建筑设计的流程

包括日照分析与节能设计在内的建筑设计流程图如图 3-46 所示。

T20 可支持建筑设计各个阶段的需求，无论是初期的方案设计还是最后阶段的施工图设计。设计图纸的详细程度（设计深度）取决于设计需求，由用户自行把握，不需要通过切换软件的菜单来选择。

T20 并没有先创建三维模型，后绘制施工图的要求。除了具有因果关系的步骤必须严格遵守外，操作步骤没有严格的顺序限制。

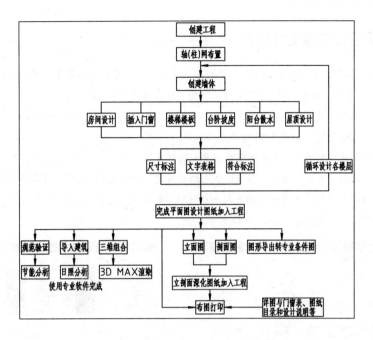

图 3-46　建筑设计的流程图

3.4.2　利用 T20 开展室内设计的流程

　　T20 还能满足室内设计的需求。一般室内设计只需要绘制本楼层的图纸，不必组合多个楼层。设计流程图相对比较简单，装修立面图实际上使用"生成剖面"命令生成。图 3-47 所示为室内设计的流程图。

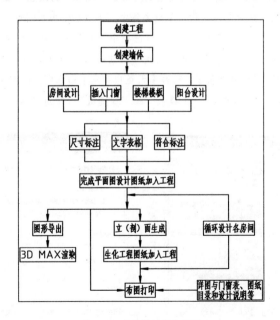

图 3-47　室内设计的流程图

3.4.3 选项设置与自定义界面

T20 为用户提供了初始设置功能，可通过单击【设置】│【天正选项】菜单命令，打开【天正选项】对话框，其中包含了"基本设定""加粗填充"和"高级选项"3 个选项卡。

➤ 基本设定：设置软件的基本参数和命令的执行效果，用户可以根据工程的实际要求，对其中的内容进行设定，如图 3-48 所示。

➤ 加粗填充：专用于墙体与柱子的填充，提供了各种填充图案和线宽。提供了"标准"和"详图"两个级别，由用户通过"当前比例"给出界定。当前比例大于设置的比例界限，就会从一种填充与加粗选择进入另一个填充与加粗选择，有效地满足了施工图中不同图纸类型填充与加粗详细程度不同的要求，如图 3-49 所示。

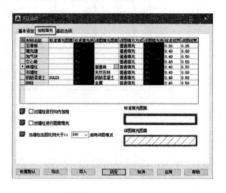

图 3-48　"基本设定"选项卡　　　　　　图 3-49　"加粗填充"选项卡

➤ 高级选项：控制天正建筑软件全局变量的用户自定义参数的设置界面，除了尺寸样式需专门设置外，这里定义的参数保存在初始参数文件中，不仅用于当前图形，对新建的文件也起作用。高级选项和选项是结合使用的，如在高级选项中设置了多种尺寸标注样式，在当前图形选项中根据当前单位和标注要求选用其中几种用于当前视图，如图 3-50 所示。

单击【设置】│【自定义】菜单命令，打开【天正自定义】对话框，如图 3-51 所示。该对话框包含了"屏幕菜单""操作配置""基本界面""工具条"和"快捷键"5 个选项卡。

图 3-50　"高级选项"选项卡　　　　　　图 3-51　"天正自定义"对话框

3.4.4 工程管理工具的使用方法

单击【文件布图】|【工程管理】菜单命令，打开【工程管理】对话框，如图 3-52 所示。

单击"名称"选项栏右侧的下拉按钮，打开"工程管理"菜单，如图 3-53 所示，其中包括"新建工程""打开工程""导入楼层表""导出楼层表""最近工程""保存工程"和"关闭工程" 7 个选项卡，用户可以在其中进行相应的操作。

"名称"选项栏下有"图纸""楼层"和"属性栏" 3 个选项栏，分别介绍如下：

➤ 图纸：显示当前工程的所有图纸，预设有平面图和立面图等多种图形类别。在任意图纸类别上右击，弹出快捷菜单，如图 3-54 所示，选择相应的选项可以对其进行相应的操作。

➤ 楼层：用于控制同一工程中的各个标准层平面图，允许不同的标准层存放于一个图形文件中。通过单击【在本层框选标准层范围】按钮 ▣，在本图中框选标准层的区域范围，再再在"层号"选项栏中输入"起始层号-结束层号"，将其定义为一个标准层。输入层高，双击左侧的空白框按钮，可以随时在本图预览框中查看所选择的标准层范围。对不在本图的标准层，可单击空白文件名右侧的按钮，在弹出的【选择标准层图形文件】对话框中选择图形文件。

➤ 属性：显示当前工程的属性。

图 3-52 【工程管理】对话框

图 3-53 "工程管理"菜单

图 3-54 快捷菜单

3.4.5 文字内容的在位编辑方法

T20 中的所有文字内容都能以"在位编辑"的方法执行编辑修改。对已添加标注文字的对象，可以直接双击文字标注，如各种符号标注。

双击图名标注，进入"在位编辑"模式，如图 3-55 所示。输入图纸名称，按 Enter 键确认，即可完成修改，结果如图 3-56 所示。

天正图名标注输入 1:100

图 3-55 进入"在位编辑"模式

办公楼一层平面图 1:100

图 3-56 修改文字标注

对还未添加标注文字的对象，可在该对象上单击鼠标右键，在弹出的快捷菜单中选择"在位编辑"命令，进入"在位编辑"模式。

选择没有编号的门窗对象，在右键快捷菜单中选择"在位编辑"命令，如图 3-57 所示，输入编号，按 Enter 键即可。选择轴号或表格对象，双击轴号或单元格，也可进入在"在位编辑"，如图 3-58 所示。

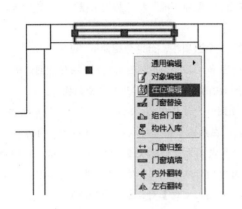

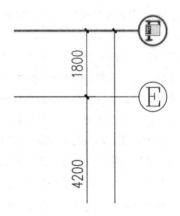

图 3-57　选择"在位编辑"命令　　　　　　　　图 3-58　双击对象进入"在位编辑"模式

在执行"在位编辑"操作时，按 Esc 键可退出命令。单击编辑框外的任何位置，或在编辑单行文字时按 Enter 键，即可结束编辑操作。对于存在多个字段的对象，可以通过按 Tab 键切换当前的编辑字段，如切换表格的单元、轴号的各圈号和坐标的 xy 值等。

3.4.6　门窗与尺寸标注的智能联动

T20 提供了门窗编辑与门窗尺寸标注的联动功能。在编辑门窗的宽度时，门窗移动、夹点改宽、对象编辑、特性编辑（Ctrl＋1）和格式刷特性匹配，当门窗宽度发生变化时，尺寸标注将随门窗的改变联动更新。

选择窗，激活夹点，输入拉伸距离，如将距离指定为 1500，如图 3-59 所示，按 Enter 键结束操作，此时发现窗的宽度更改为 1500，同时窗的尺寸标注也同步更新，如图 3-60 所示。

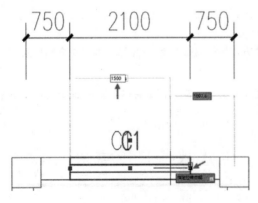

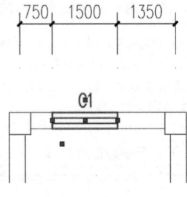

图 3-59　输入拉伸距离　　　　　　　　　　　图 3-60　联动修改的结果

3.5 本章小结

1. 介绍了天正建筑软件 T20 有关的帮助文档与技术支持的途径，以及软硬件的配置环境。

2. 介绍了天正建筑软件的特点以及 T20 的新增功能。

3. 介绍了天正建筑软件的基本操作，包括开展建筑设计和室内设计的流程等。

4. 介绍了 T20 先进的用户交互界面，包括注释对象（如文字、标注和表格等）的在位编辑，对象定位的动态输入。

5. 高效的对象选择预览技术，使得光标经过对象时可亮显对象。在右键快捷菜单中选择命令，不必事先选择对象。

6. 初学者常常在无意间关闭绘图或编辑工具栏，单击【工具】|【工具栏】命令，在子菜单中选择选项，即可重新打开工具栏。

3.6 思考与练习

1. 安装 AutoCAD 2020，然后安装天正建筑软件 T20，也可以到天正公司网站（http：//www.tangent.com.cn）下载进行安装。

2. 到网站（http：//www.tangent.com.cn）上浏览、收集与建筑有关资料，并参加相关的论坛讨论。

3. 利用天正建筑软件 T20 自带的帮助文件进行学习（帮助文档的内容是很全面的）。

第4章 轴网与柱子

● **本章导读**

轴网是由两组或多组轴线与轴号、尺寸标注组成的平面网格，是布置建筑物单体和墙柱构件的依据。柱子在建筑设计中主要起到结构支撑作用，有些柱子在建筑中也可用于装饰作用。本章将介绍轴网与柱子的基本知识，并通过实例说明利用 T20 绘制轴网与柱子的方法。

● **本章重点**

◈ 创建轴网　　　　　　　　　　　◈ 编辑轴网

◈ 创建柱子　　　　　　　　　　　◈ 编辑柱子

◈ 实战演练——绘制并标注轴网　　◈ 实战演练——创建并编辑柱子

◈ 本章小结　　　　　　　　　　　◈ 思考与练习

4.1 创建轴网

轴网用来为布置墙、柱、墩和屋架等承重构件提供参考。在平面图上绘制轴线并编号，主要目的是方便在施工时定位放线。轴线是用细点画线绘制而成的，平面图上的横向轴线和纵向轴线构成轴线网。

4.1.1 轴网基本概念

轴网是由两组或多组轴线与轴号、尺寸标注组成的平面网格，完整的轴网应由轴线、轴号以及尺寸标注三个相对独立的系统所构成。

1. 轴线系统

轴线系统是由众多轴线构成的，包括 LINE、ARC 和 CIRCLE 等。由于轴线的操作要求灵活多变，为了在操作中不受到各项限制，所以轴网系统没有做成自定义对象，而是把位于轴线图层上的 AutoCAD 的基本图形对象（包括直线、圆和圆弧等）识别为轴线对象，以便于修改轴线对象。

天正建筑软件默认将轴线图层命名为"DOTE"，可以通过图层菜单中的"图层管理"命令来修改默认的图层样式。

轴线在软件中默认使用的线型为细实线，这是为了在绘图过程中方便进行捕捉，用户在出图前应改为规范要求的点画线，方法是单击【轴网柱子】|【轴改线型】菜单命令。

2. 轴号系统

轴号是按照《房屋建筑制图统一标准》（GB/T 50001—2017）的规范编制的带比例的自定义专业对象。

轴号系统可为建筑设计人员在设计过程中提供便利，更可为施工人员看图提供方便。轴号在轴线两端成对出现，也可只在一端出现。

可通过对象编辑单独控制个别轴号或某一段的显示，轴号的大小与编号方式必须符合现行制图规范的要求，保证出图后圆的直径是 8mm。

轴号对象预设可用于编辑的夹点，拖动夹点可以编辑轴号，包括轴号偏移、改变单轴引线长度、轴号横向移动、改变单侧引线长度和轴号横移等。

3．尺寸标注系统

尺寸标注系统由自定义设置的多个尺寸标注对象构成。在标注轴线时，软件自动生成"AXIS"图层，尺寸标注位于该图层之上。除了图层不同外，与其他类型的尺寸标注没有区别。

4.1.2 创建轴网

轴网包括直线轴网和弧线轴网。绘制轴网的方法如下：

➢ 单击【轴网柱子】|【绘制轴网】菜单命令，如图 4-1 所示，创建标准的直线轴网或弧线轴网。

➢ 根据已有平面布置图中的墙体，单击【轴网柱子】|【墙生轴网】菜单命令，如图 4-2 所示，在墙体的基础上生成轴网。

➢ 直接在"DOTE"图层上绘制直线、圆、圆弧，轴网标注命令均识别为轴线。

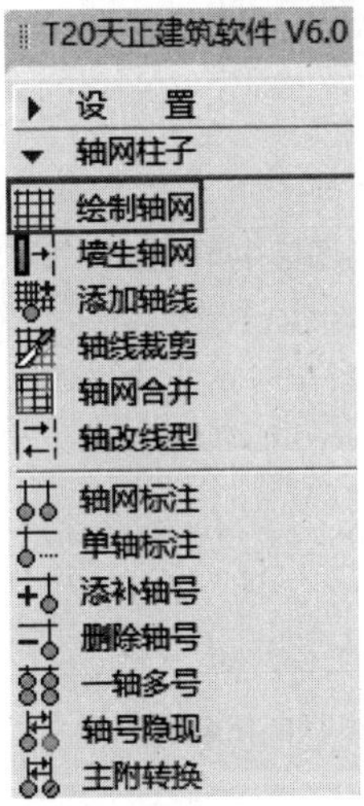

图 4-1 单击"绘制轴网"命令　　　　图 4-2 单击"墙生轴网"命令

➢ 在工具栏上单击"绘制轴网"按钮，如图 4-3 所示，在视图中创建轴网。

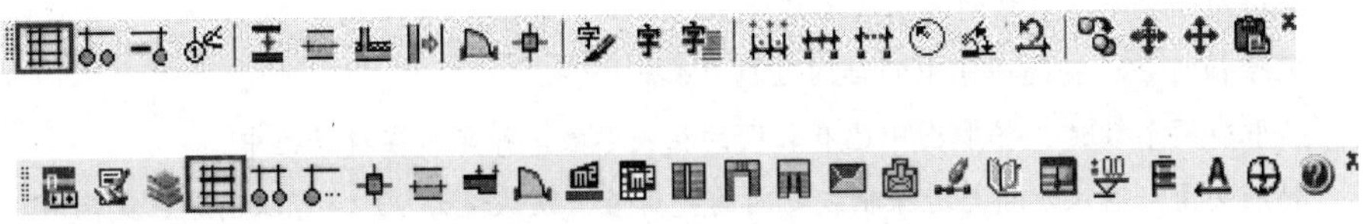

图 4-3 单击"绘制轴网"按钮

接下来介绍绘制轴网的方法。

1. 绘制直线轴网

直线轴网是指建筑轴网中的横向和纵向轴线都是直线，不包含弧线。直线轴网用于正交轴网、斜交轴网或单向轴网中。

单击【轴网柱子】|【绘制轴网】菜单命令，弹出【绘制轴网】对话框，如图 4-4 所示。

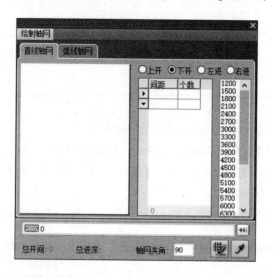

图 4-4 【绘制轴网】对话框

选择"直线轴网"选项卡，输入"间距""个数"等参数值，在绘图区中单击基点即可创建直线轴网。

"直线轴网"选项卡各选项介绍如下：

➤ 上开：在轴网上方进行轴网标注的房间开间尺寸。

➤ 下开：在轴网下方进行轴网标注的房间开间尺寸。

➤ 左进：在轴网左侧进行轴网标注的房间进深尺寸。

➤ 右进：在轴网右侧进行轴网标注的房间进深尺寸。

➤ 间距：开间或进深的尺寸。

➤ 个数："间距"选项中数据的重复次数，可单击右方数据栏或下拉列表获得，也可以直接输入数据。

➤ 键入：输入一组尺寸数据，用空格或英文逗号隔开。

➤ 恢复上次：把上次绘制轴网的参数恢复到对话框中。

➤ 总开间：显示当前轴网的总开间尺寸。

➤ 总进深：显示当前轴网的总进深尺寸。

➤ 删除轴网：将选择集中的轴网过滤出来删除。

➤ 拾取轴网参数：拾取图中已有轴网的相关参数，并显示在对话框中。

➤ 轴网夹角：输入开间与进深轴线之间的夹角值，默认值为 90°，可以创建正交轴网。

在 T20 屏幕菜单中单击【轴网柱子】|【绘制轴网】菜单命令，打开【绘制轴网】对话框。直线轴网数据见表 4-1。

表 4-1　直线轴网数据

上开间	4×3000，2×1200，900，2400
下开间	4×3000，1800，2400，1500
进深	3600，3000

在对话框中选择"上开"选项，设置"间距""个数"值，如图 4-5 所示。然后选择"下开"选项，设置参数，如图 4-6 所示。

图 4-5　设置"上开"参数

图 4-6　设置"下开"参数

选择"左进"选项，设置参数，如图 4-7 所示。将光标移至绘图区域，命令行提示如下：

命令：TRectAxis

请选择插入点[旋转 90 度(A)/切换插入点(T)/左右翻转(S)/上下翻转(D)/改转角(R)]

在合适的位置单击鼠标左键，创建轴网，结果如图 4-8 所示。

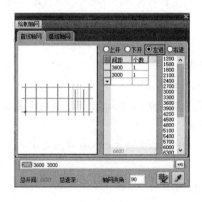

图 4-7　设置"左进"参数

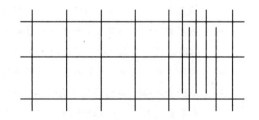

图 4-8　创建轴网

2．绘制弧线轴网

弧线轴网是由多条同心圆弧线和不经过圆心的径向直线组成的轴线网，常与直线轴网相结合，两类轴网共用两端径向轴线。

单击【轴网柱子】|【绘制轴网】菜单命令，弹出【绘制轴网】对话框，选择"弧线轴网"选项卡，

选择【夹角】选项，设置"夹角"参数后可在对话框中预览结果，如图 4-9 所示。选择【进深】选项，设置"进深"参数，结果如图 4-10 所示。

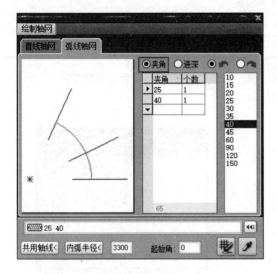

图 4-9 设置"夹角"参数

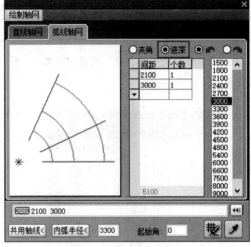

图 4-10 设置"进深"参数

"弧线轴网"选项卡各选项中解释如下：

> "夹角"选项：由起始角开始计算，按旋转方向排列的轴线开间序列，单位为"°"。

> "进深"选项：轴网径向并由圆心起延伸到外圆的轴线尺寸序列，单位为 mm。

> 间距：进深的尺寸。可单击右方数值栏或下拉列表获得，也可以直接输入数值，单位为 mm。

> "夹角"文本框：开间轴线之间的夹角值。可以从下拉列表中获得常用数据，也可以直接输入，单位为"°"。

> 个数：栏中数据的重复次数。可单击右方数值栏或下拉列表获得，也可以直接输入数值。

> 逆时针 ⊙▓ ：径向轴线的旋转方向。

> 顺时针 ⊙▓ ：径向轴线的旋转方向。

> 键入 ▓▓▓ ：输入一组尺寸，用空格或英文逗号隔开。

> 恢复上次 ◀◀ ：把上次绘制弧线轴网的参数恢复到对话框中。

> 共用轴线：在与其他轴网共用一条轴线时，从图上指定该径向轴线，不需要再重复绘出。点取时通过拖动弧线轴网确定与其他轴网连接的方向。

> 内弧半径：从圆心开始计算的内环轴线半径，可从图上取两点获得，也可以为 0。

> 删除轴网 ▓ ：将选择集中的轴网过滤出来删除。

> 拾取轴网参数 ✎ ：拾取图中已有轴网的相关参数。

> 起始角：X 轴正方向与起始径向轴线的夹角（按旋转方向定）。

弧线轴网数据见表 4-2。

在对话框中选择"夹角"选项，设置参数，如图 4-11 所示。然后选择"进深"选项，设置参数，如图 4-12 所示。

表 4-2　弧线轴网数据

夹角（角度）	30，25×2，45
进深（尺寸）	3600，1500，1800

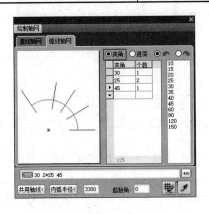

图 4-11　设置"夹角"参数

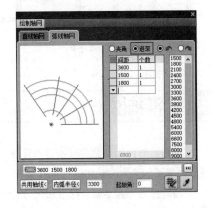

图 4-12　设置"进深"参数

将光标移至绘图区域，命令行提示如下：

命令：TArcAxis

请选择插入点[旋转 90 度(A)/切换插入点(T)/左右翻转(S)/上下翻转(D)/改转角(R)]

指定插入点，创建弧线轴网，结果如图 4-13 所示。

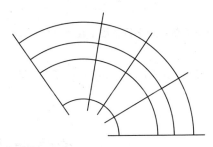

图 4-13　创建弧线轴网

4.1.3　墙生轴网

在建筑方案的设计过程中，设计师绘制的设计图不可能一次达到满意的程度，往往需要反复修改，如添加墙体、删除墙体、修改开间及进深尺寸等。此时使用专用轴线定位有时并不方便。为此天正建筑软件提供了"墙生轴网"功能，可以在参考栅格点上放置墙体。待平面方案确定后，再用"墙生轴网"功能生成轴网。

单击【轴网柱子】|【墙生轴网】菜单命令，命令行提示如下：

命令：TWall2Axis

请选取要从中生成轴网的墙体:指定对角点:找到 27 个

选择墙体，如图 4-14 所示。按 Enter 键确认选择，生成轴网，结果如图 4-15 所示。

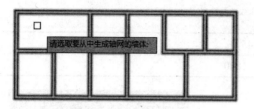

图4-14 选择墙体

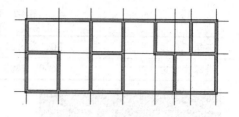

图4-15 生成轴网

4.2 编辑轴网

　　绘制轴网后，还需要对轴网进行标注与编辑。T20提供了专业的轴网标注与编辑功能。通过"轴网标注"功能可快速地对轴网进行尺寸和文字标注。

　　"轴网标注"包括轴号标注和尺寸标注。轴号应按制图规范的要求，使用数字、大写字母、小写字母、双字母和双字母间隔数字符等方式标注，这样标注的轴号可适应各种复杂分区轴网。注意，字母I、O、Z不用于轴号。

　　一次生成的轴网通常不能满足设计需求，还需要对其修改。T20提供了编辑轴网的工具，包括在轴网中添加轴线、轴线载剪、轴网合并和轴改线型等。

4.2.1 轴网标注

　　"轴网标注"是指对始末轴线间的一组平行轴线（直线轴网与弧形轴网之间的进深）或者径向轴线（圆弧轴线的夹角）添加轴号和尺寸标注。

　　选择【轴网柱子】│【轴网标注】菜单命令，如图4-16所示。弹出【轴网标注】对话框，设置参数如图4-17所示。

图4-16 选择命令

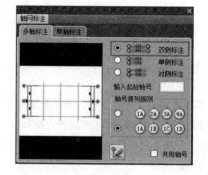

图4-17 【轴网标注】对话框

　　将光标移动至绘图区域中，命令行提示如下：

命令: TMultAxisDim

　　请选择起始轴线<退出>: 　　　　//如图4-18所示

请选择终止轴线<退出>:　　　　　//如图 4-19 所示

请选择不需要标注的轴线:　　　　//此时按 Enter 键，如图 4-20 所示

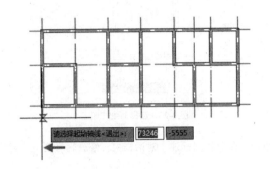

图 4-18　选择起始轴线

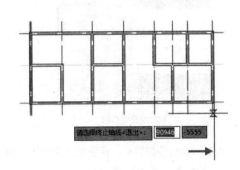

图 4-19　选择终止轴线

执行上述操作后，即可在起始轴线与终止轴线之间创建轴网标注，结果如图 4-21 所示。如果有特别的需要，用户可在【轴网标注】对话框中的"输入起始轴号"选项中设置起始轴号。

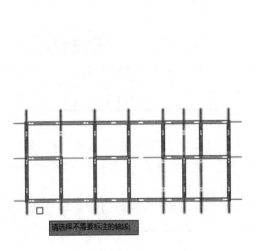

图 4-20　选择不需要标注的轴线

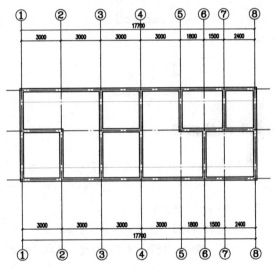

图 4-21　轴网标注

4.2.2　单轴标注

执行"单轴标注"命令，可对单条轴线添加轴号标注，不与已有的轴号系统和尺寸标注系统相关联。

"单轴标注"命令常用于立面、剖面与详图等个别存在的轴线标注中，不适用于一般的平面轴网标注。

单击【轴网柱子】|【单轴标注】菜单命令，在弹出的【轴网标注】对话框中设置参数，如图 4-22 所示。在绘图区域中选择待标注的轴线，如图 4-23 所示。

图 4-22　设置参数

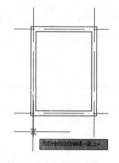

图 4-23　选择轴线

为指定的轴线添加轴号，标注的结果如图 4-24 所示。在【轴网标注】对话框中，修改轴号为 A，更改轴号标注的结果如图 4-25 所示。

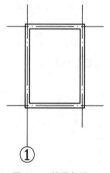

图 4-24　轴号标注

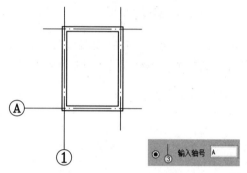

图 4-25　更改轴号标注

4.2.3　添加轴线

"添加轴线"命令通常在"轴网标注"命令完成之后才执行，执行"添加轴线"命令，可以参考已有的轴线，在其任意一侧添加一根新轴线。同时根据实际情况添加新的轴号，把新轴线和新轴号一起融入已有的轴号标注系统中。

单击【轴网柱子】|【添加轴线】菜单命令，如图 4-26 所示。打开【添加轴线】对话框，如图 4-27 所示。选择"双侧"为添加轴号的位置，选择"附加轴号"选项，表示在新增轴线上添加轴号标注。

图 4-26　单击命令

图 4-27　【添加轴线】对话框

将光标移动至绘图区域，命令行提示如下：

命令: TInsAxis

选择参考轴线 <退出>:   //如图 4-28 所示

距参考轴线的距离<退出>: 1500   //输入距离值

添加轴线并同步创建轴号标注，结果如图 4-29 所示。

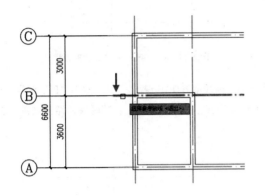

图 4-28 选择轴线

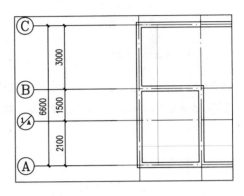

图 4-29 添加轴线

4.2.4 轴线裁剪

执行"轴线裁剪"命令，可以裁剪多余的轴线。单击【轴网柱子】｜【轴线裁剪】菜单命令，如图 4-30 所示。

将光标移动至绘图区域中，命令行提示如下：

命令: TClipAxis

矩形的第一个角点或 [多边形裁剪(P)/轴线取齐(F)]<退出>:   //如图 4-31 所示

另一个角点<退出>:   //如图 4-32 所示

依次指定对角点，以"矩形"的方式裁剪轴线，结果如图 4-33 所示。

图 4-30 单击命令

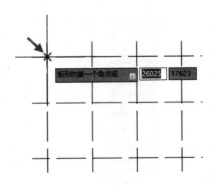

图 4-31 指定角点

图 4-32　指定对角点

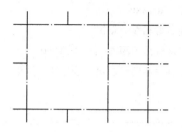

图 4-33　以"矩形"的方式裁剪轴线

在命令行提示"矩形的第一个角点或 [多边形裁剪(P)/轴线取齐(F)]<退出>:"时，输入"P"，选择"多边形裁剪"选项。在轴网上绘制多边形裁剪框，如图 4-34 所示。按 Enter 键，裁剪轴线，结果如图 4-35 所示。

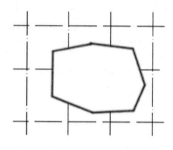

图 4-34　绘制多边形裁剪框

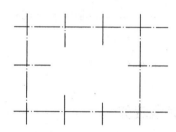

图 4-35　以"多边形"的方式裁剪轴线

4.2.5 轴网合并

执行"轴网合并"命令，可以将多组轴网合并为一组轴线，同时将重合的轴线清理。单击【轴网柱子】|【轴网合并】菜单命令，如图 4-36 所示。

将光标移动至绘图区域中，命令行提示如下：

命令：TMergeAxis

请选择需合并对齐的轴线<退出>:　　　　//如图 4-37 所示

图 4-36　单击命令

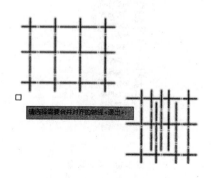

图 4-37　选择轴线

请选择对齐边界<退出>:　　　　//如图 4-38 所示
水平轴线向左延伸至指定的边界，如图 4-39 所示。

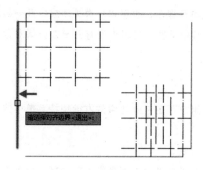

图 4-38　选择边界

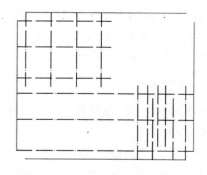

图 4-39　延伸轴线

重复执行"指定边界"的操作，合并轴网，结果如图 4-40 所示。

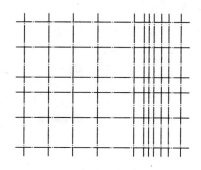

图 4-40　合并轴网

4.2.6　轴改线型

根据《房屋建筑制图统一标准》要求，轴线要使用"点画线"来表示。执行"轴改线型"命令，可以将轴线由"细实线"改为"点画线"。

单击【轴网柱子】|【轴改线型】菜单命令，软件将立即转换轴网的线型，轴网在"点画线"和"细实线"之间切换。但因为"点画线"不方便捕捉和编辑对象，所以在绘图过程中经常使用"细实线"，如图 4-41 所示，只有在输出图纸的时候才切换成"点画线"，如图 4-42 所示。

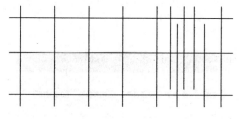

图 4-41　细实线

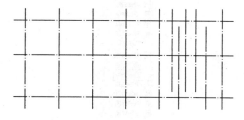

图 4-42　点画线

4.2.7 轴号编辑

轴号标注系统中的任何一个轴号都可设置为双侧显示或单侧显示，也可以一次关闭或打开一侧的轴号，上下开间（进深）没有必要各自建立一组轴号，要关闭其中某些轴号时也没有必要去分解对象后删除轴号，可以通过执行编辑命令来实现。

1. 对象编辑

添加轴号标注后，需要临时变更轴号的名称及方向等，用户可在 T20 提供的右键快捷菜单中选择命令来更改轴号。

接下来以"单轴变号"命令为例说明对象编辑的步骤和方法。

将光标移至附加轴号上，单击鼠标右键，在弹出的快捷菜单中单击"对象编辑"选项。接着在命令行中输入 N，选择"单轴变号"选项。

在附加轴号的附近单击鼠标左键，输入新的轴号为 2，按 Enter 键结束操作，按 Esc 键退出命令。"单轴变号"的操作步骤和结果如图 4-43 所示。

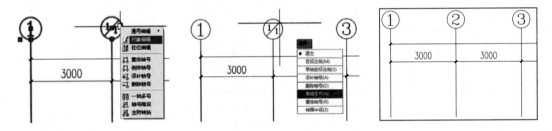

图 4-43　单轴变号

2. 添补轴号

执行"添补轴号"命令，可以在矩形、弧形或圆形轴网中的新增轴线添加轴号，使得新增轴号成为原有轴号系统的一部分，也适用于增添或修改轴线后进行轴号标注。

单击【轴网柱子】|【添补轴号】菜单命令，如图 4-44 所示。打开【添补轴号】对话框，设置参数如图 4-45 所示。

图 4-44　单击命令

图 4-45　【添补轴号】对话框

将光标移动至绘图区域中，命令行提示如下：

命令：TAddLabel

请选择轴号对象<退出>：　　　　　　　　　//如图 4-46 所示

请点取新轴号的位置或 [参考点(R)]<退出>：　　//如图 4-47 所示

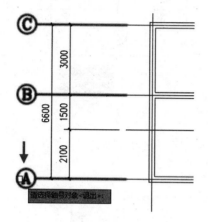

图 4-46　选择轴号

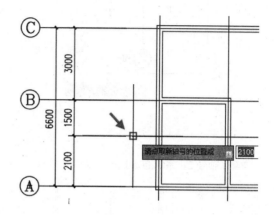

图 4-47　指定位置

以 A 轴为基础，创建附加轴号，结果如图 4-48 所示。

在【添补轴号】对话框中取消选择"附加轴号"选项，添加轴号的结果如图 4-49 所示。应该保持选择"重排轴号"选项，以便系统在添加轴号后自动重排轴号标注。

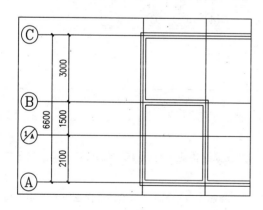

图 4-48　创建附加轴号

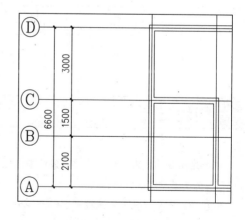

图 4-49　添补轴号

3. 删除轴号

执行"删除轴号"命令，可以在建筑平面图中删除选中的轴号，还可根据需要决定是否重排轴号。

单击【轴网柱子】|【删除轴号】菜单命令，命令行提示如下：

命令：TDelLabel

请框选轴号对象<退出>：　　　　　　　　　//如图 4-50 所示

是否重排轴号?[是(Y)/否(N)]<Y>: Y　　　　//如图 4-51 所示

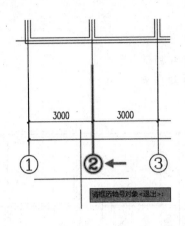

图 4-50　选择轴号

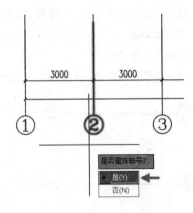

图 4-51　选择"是"选项

删除轴号 2，系统自动执行重排轴号的操作，结果如图 4-52 所示。

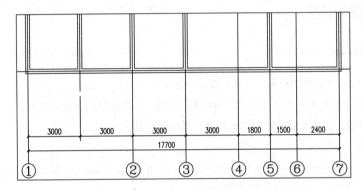

图 4-52　删除轴号

4.3 创建柱子

柱子是房屋的承重构件，在建筑设计中，柱子的起到支撑结构的作用，或者提供装饰功能。柱子按用途可分为构造柱和装饰柱两种。

T20 用自定义对象来表示柱子。标准柱用"底标高""柱高""柱截面"描述柱子在三维空间中的位置和形状。构造柱为砖混结构或框架结构，只有截面形状，没有提供三维数据，因此只用于施工图设计。

建筑物中的柱子形状多种多样，T20 将其划分为标准柱、角柱和构造柱 3 种，用户可以根据实际需要选择创建柱子的类型。

4.3.1 柱子的基本概念

柱子按形状可分为标准柱及异形柱。标准柱的常用截面包括矩形、圆形、多边形等，可通过执行"标准柱"命令生成。异形柱可通过执行"异形柱"命令生成，或者由任意形状柱和其他封闭的曲线通过"布尔运算"获取。

柱子与墙体相交时，是按照墙柱之间的材料等级关系来决定是柱自动打断墙体还是墙体穿过柱子。如果墙体和柱子材料相同，那么墙体会被打断，同时墙体会与柱子连成一体。

柱子的填充方式由柱子的当前比例来决定。如果柱子的当前比例大于预设的详图模式比例，则柱子和墙的填充图案按详图填充图案填充。如果柱子的当前比例小于预设的详图模式比例，则柱子和墙的填充图案按标准填充图案填充。

利用 T20 直接生成的柱子在实践操作当中往往需要变动。软件提供了夹点功能和对象编辑功能。对于柱子的整体属性，可以进行批量修改，使用"替换"方法可以达到目的。另外，利用 AutoCAD 里的各种编辑命令也可以对柱子进行修改。

4.3.2 创建标准柱

标准柱是具有均匀断面形状的竖直构件，其三维空间的位置和形状主要由底标高（指构件底部相对于坐标原点的高度）、柱高和柱截面参数来决定。

柱的二维样式除了由截面确定的形状外，还受到柱子材料的影响。可通过编辑柱子材料的参数，控制柱的加粗、填充及墙柱连接的方式。

可在轴线的交点或任何位置插入矩形柱、圆形柱或多边形柱。多边形柱包括常用的三、五、六、八、十二边形柱断面。在非轴线交点处插入柱子时，基准方向总是沿着当前坐标系的方向。如果当前坐标系是 UCS，柱子的基准方向为 UCS 的 x 轴方向，则不需另行设置。

单击【轴网柱子】|【标准柱】菜单命令，弹出【标准柱】对话框，如图 4-53 所示，标准柱的参数包括材料、截面类型、截面尺寸和转角等，设置参数后指定基点，即可在视图中创建标准柱。

图 4-53 【标准柱】对话框

【标准柱】对话框中的各选项介绍如下：

➤ 形状（矩形、圆形、多边形）：指柱子截面的类型。

➤ 调整十字光标插入点：可通过标尺上的滑块调整十字光标插入点的位置，也可以单击上下/左右镜像按钮镜像。

> 纵向/横向：输入参数，设置柱子尺寸。参数因柱子形状的不同而不同。

> 材料：从下拉列表中选择材料，如图 4-54 所示。墙柱的连接方式由两者的材料决定，已有材料包括砖、耐火砖、石材、毛石、钢筋砼、混凝土和金属，默认为钢筋砼。

> 柱图案填充 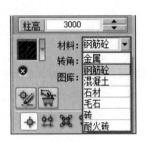：在【柱子填充】对话框中选择材料，如图 4-55 所示，为柱子创建填充图案。

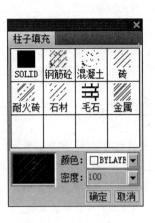

图 4-54 选择材料

图 4-55 【柱子填充】对话框

> 转角：偏心转角是指其旋转角度在矩形轴网中以 x 轴为基准线，在弧形、圆形轴网中以环向弧线为基准线，逆时针方向为正，顺时针方向为负。单击选项右侧的下拉箭头，可以在列表中选择角度值，如图 4-56 所示。

> 标准构件库：是指从天正构件库中选取柱的类型。单击可以打开【天正构件库】对话框，选择需要的柱形状，如图 4-57 所示。

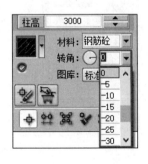

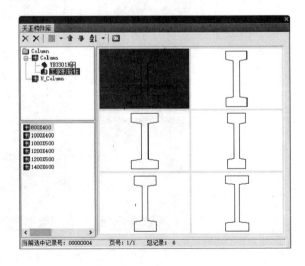

图 4-56 选择角度值

图 4-57 【天正构件库】对话框

> 删除柱子 ：将选择集中的柱子过滤出来删除。

> 编辑柱子 ：批量编辑天正柱子对象。

在【标准柱】对话框下方，提供了创建标准柱的 6 种方式，接下来分别介绍其方法。

➤ **点选插入柱子**: 点取位置插入柱子。优先选择在轴线交点插入柱子,如果未捕捉到轴线交点,
则在点取位置插入柱子。"点选插入柱子"方式的操作步骤和结果如图 4-58~图 4-60 所示。

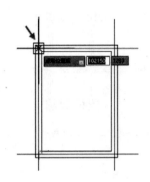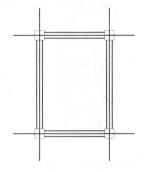

图 4-58 "点选"插入方式　　　图 4-59 点取插入点　　　图 4-60 插入标准柱

➤ **沿一根轴线布置柱子**: 在选定的轴线与其他轴线的交点处插入柱子。"沿一根轴线布置柱子"
方式的操作步骤和结果如图 4-61~图 4-63 所示。

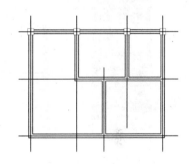

图 4-61 选择插入方式　　　图 4-62 选择轴线　　　图 4-63 沿轴线插入标准柱

➤ **矩形区域布置**: 依次指定对角点,可在矩形区域内的所有轴线交点处插入柱子。"矩形区域布
置"方式的操作步骤和结果如图 4-64~图 4-66 所示。

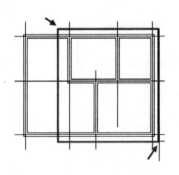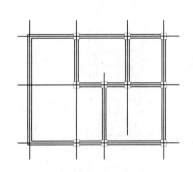

图 4-64 选择插入方式　　　图 4-65 指定区域　　　图 4-66 在矩形区域内插入标准柱

> 替换图中已插入柱子：重定义柱子参数，替换已有的柱子。可以逐个替换，也可以以成批替换。"替换图中已插入柱子"方式的操作步骤和结果如图 4-67~图 4-69 所示。

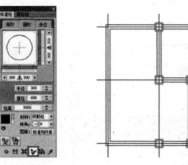
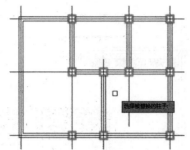
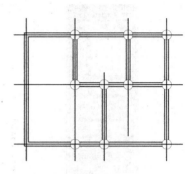

图 4-67 选择插入方式   图 4-68 选择柱子   图 4-69 替换柱子

> 选择 PLine 线创建异形柱：在闭合多段线的基础上生成异形柱。多段线生成异形柱后，自动修剪与墙体连接的部分。"选择 PLine 线创建异形柱"方式的操作步骤和结果如图 4-70~图 4-72 所示。

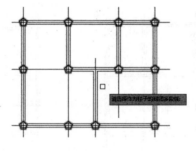
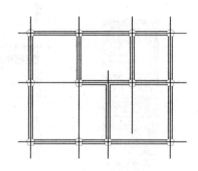

图 4-70 选择插入方式   图 4-71 选择多段线   图 4-72 生成柱子并修剪墙线

> 在图中拾取柱子形状或已有柱子：将已有的闭合多段线或柱子作为当前标准柱读入对话框，然后指定基点插入柱子。操作步骤和结果如图 4-73~图 4-75 所示。

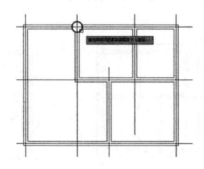
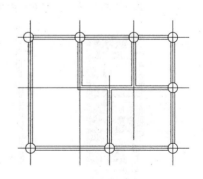

图 4-73 选择插入方式   图 4-74 选择柱子   图 4-75 在其他位置插入柱子

4.3.3 创建角柱

在建筑框架结构的设计中，常在墙角处运用 L 形或 T 形角柱来增大室内使用面积或为建筑物增大受力面积。

在墙角处插入角柱，可改变各肢长度及各分肢的宽度，宽度默认居中，高度为当前层高。选择角柱，激活夹点可调整边长尺寸。

单击【轴网柱子】|【角柱】菜单命令，在墙转角上单击指定基点，弹出【转角柱参数】对话框。设置角柱的材料和尺寸后单击"确定"按钮，即可创建角柱。创建角柱的操作步骤和结果图 4-76~图 4-78 如所示。

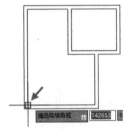

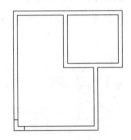

图 4-76　选取墙角　　　　　　　　图 4-77　设置参数　　　　　　　　图 4-78　创建角柱

4.3.4 创建构造柱

在多层房屋的规定部位，按构造配筋和先砌墙后浇灌混凝土柱的施工顺序制成的混凝土柱通常称为混凝土构造柱，简称构造柱。

执行"构造柱"命令，可在墙角内或墙角交点处插入构造柱。使用"构造柱"命令绘制的构造柱是专门用于施工图设计的，对三维模型不起作用。所以利用"构造柱"命令绘制的构造柱不符合标准，不能使用对象编辑功能。

单击【轴网柱子】|【构造柱】菜单命令，单击墙角内的一点，打开【构造柱参数】对话框，设置参数并单击"确定"按钮，即可在墙内角插入构造柱。图 4-79~图 4-81 所示为插入构造柱的操作步骤和方法。

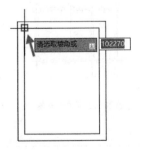
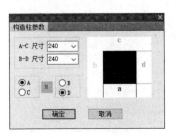
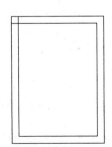

图 4-79　选取墙角　　　　　　　　图 4-80　设置参数　　　　　　　　图 4-81　创建构造柱

4.4 编辑柱子

创建柱子后，有时还需要对柱子的参数（如柱子的材料、尺寸、偏心角、转角和位置等）进行编辑。本节介绍柱子的编辑功能。

4.4.1 柱子的对象编辑

如果需要修改柱子的参数，用户只需在相应的柱子上单击鼠标右键，在弹出的快捷菜单中选择"对象编辑"命令，然后在弹出的【标准柱】对话框中根据需要修改各项参数即可。柱子对象编辑的操作步骤和结果如图 4-82~图 4-84 所示。

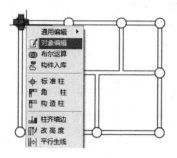

图 4-82 选择命令

图 4-83 修改"直径"值

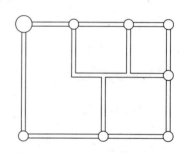

图 4-84 修改圆柱直径的结果

4.4.2 柱子的特性编辑

柱子的特性编辑是利用 AutoCAD 的对象编辑表，通过修改对象的专业特性修改柱子的参数。选中要编辑的柱子，按下快捷键 Ctrl + 1，在打开的【特性】对话框中修改柱子的参数，如"直径"值，柱子可随之更新，操作步骤如图 4-85~图 4-87 所示。

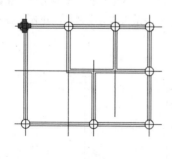

图 4-85 选择柱子

图 4-86 修改参数

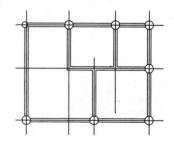

图 4-87 修改柱子直径的结果

4.4.3 柱齐墙边

执行"柱齐墙边"命令，可以将柱子边与墙边对齐。可选取多个柱子执行"柱齐墙边"的操作，前提是各柱子都位于同一段墙上，且柱子尺寸相同。

单击【轴网柱子】|【柱齐墙边】菜单命令，在绘图区域中指定墙边，选择要对齐的柱子后按 Enter 键，再指定柱边，即可完成"柱齐墙边"操作。

"柱齐墙边"命令的操作步骤和结果如图 4-88~图 4-91 所示。

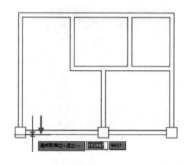

图 4-88　点取墙边

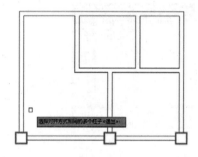

图 4-89　选择柱子

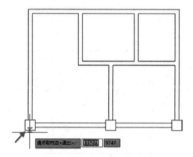

图 4-90　点取柱边

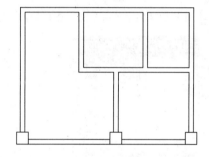

图 4-91　柱齐墙边

4.5　实战演练——绘制并标注轴网

本章已介绍了绘制轴网和标注轴网的知识，本节将通过绘制并标注别墅轴网来巩固本章所学内容。绘制并标注的别墅轴网如图 4-92 所示。

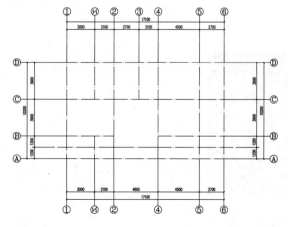

图 4-92　绘制并标注别墅轴网

01 绘制轴网。启动 T20，单击【轴网柱子】|【绘制轴网】菜单命令，在弹出的【绘制轴网】对话框中设置轴网的"上开"参数，如图 4-93 所示。

02 选择"下开"选项，设置参数，如图 4-94 所示。

图 4-93 设置"上开"参数

图 4-94 设置"下开"参数

03 选择"左进"选项，设置参数，如图 4-95 所示。

04 在绘图区域中单击基点，创建轴网，结果如图 4-96 所示。

图 4-95 设置"左进"参数

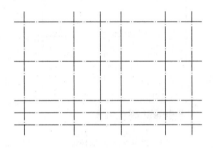
图 4-96 创建轴网

05 轴号标注。单击【轴网柱子】|【轴网标注】菜单命令，在弹出的【轴网标注】对话框中设置参数，如图 4-97 所示。

06 在绘图区域中依次指定起始轴线和终止轴线，按 Enter 键结束操作，标注轴网的结果如图 4-98 所示。

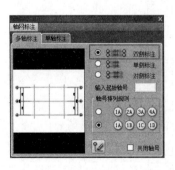
图 4-97 【轴网标注】对话框

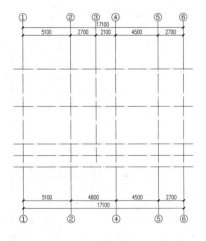
图 4-98 标注轴网

07 在【轴网标注】对话框中修改"输入起始轴号"选项值为 A，如图 4-99 所示。

08 在绘图区域中依次选择起始、终止轴线进行标注，结果如图 4-100 所示。

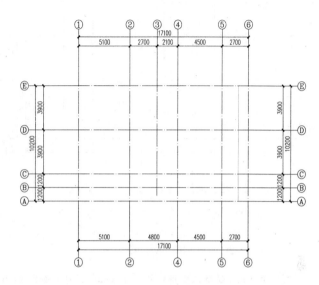

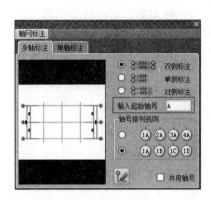

图 4-99　设置起始轴号　　　　　　　　　　　　图 4-100　标注轴网

09 添加附加轴线。单击【轴网柱子】|【添加轴线】菜单命令，打开【添加轴线】对话框，选择"双侧""附加轴号"选项，如图 4-101 所示。

10 在绘图区域中单击 1 号轴线，向右移动光标，确定附加轴线的偏移方向，输入偏移距离值 3000，按 Enter 键结束操作。添加附加轴线的结果如图 4-102 所示。

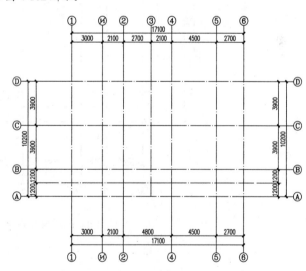

图 4-101　【添加轴线】对话框　　　　　　　　　图 4-102　添加附加轴线

11 轴线裁剪。单击【轴网柱子】|【轴线裁剪】菜单命令，选定矩形区域内的轴线进行修剪。单击 AutoCAD 修改工具栏中的"ERASE"（删除）按钮 ，删除多余的轴线，结果如图 4-103 所示。

12 删除轴号。单击【轴网柱子】|【删除轴号】菜单命令，在绘图区域中选择轴号 B，如图 4-104 所示。

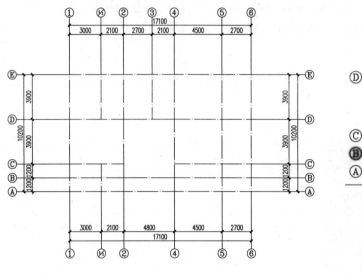

图 4-103 轴线裁剪

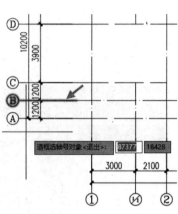

图 4-104 选择轴号

13 按 Enter 键确认重排轴号，删除轴号的结果如图 4-105 所示。

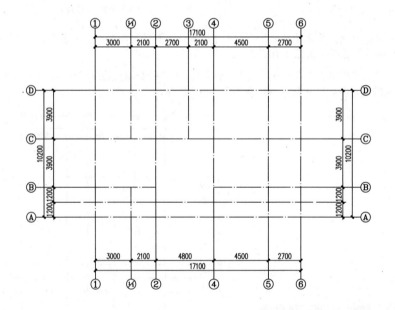

图 4-105 删除轴号并重排

4.6 实战演练——创建并编辑柱子

本章已介绍了创建与编辑柱子的方法，本节将通过介绍绘制某建筑柱网图的方法，帮助读者巩固所学知识，创建并编辑的柱子如图 4-106 所示。

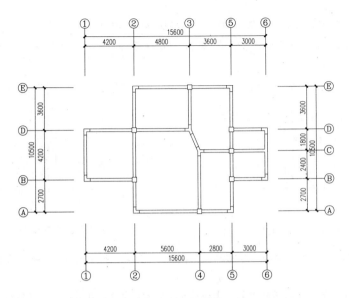

图 4-106　创建并编辑柱子

01　绘制轴网。启动 T20，单击【轴网柱子】|【绘制轴网】菜单命令，在弹出的【绘制轴网】对话框中设置"上开"参数，如图 4-107 所示。

02　选择"下开"选项，设置参数，如图 4-108 所示。

图 4-107　设置"上开"参数

图 4-108　设置"下开"参数

03　选择"左进"选项，设置参数，如图 4-109 所示。

04　选择"右进"选项，设置参数，如图 4-110 所示。

图 4-109　设置"左进"参数

图 4-110　设置"右进"参数

[05] 在绘图区域中指定基点，创建轴网，结果如图 4-111 所示。

[06] 将 "TODE" 图层设置为当前图层。执行 "L"（直线）命令，绘制轴线，结果如图 4-112 所示。

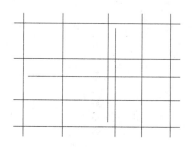

图 4-111　创建轴网

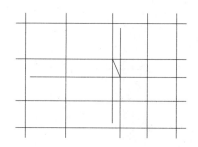

图 4-112　绘制轴线

[07] 执行 "TR"（修剪）命令，修剪轴线。执行 "E"（删除）命令，删除多余的轴线，结果如图 4-113 所示。

[08] 轴号标注。单击【轴网柱子】|【轴网标注】菜单命令，在弹出的【轴网标注】对话框中设置参数，如图 4-114 所示。

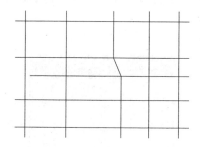

图 4-113　修剪轴线

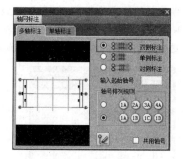

图 4-114　设置参数

[09] 在绘图区域依次指定起始轴线和终止轴线，标注轴网，结果如图 4-115 所示。

[10] 在【轴网标注】对话框中修改 "输入起始轴号" 选项值为 A，如图 4-116 所示。

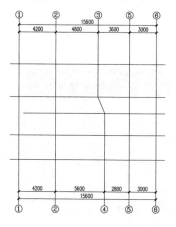

图 4-115　标注轴网

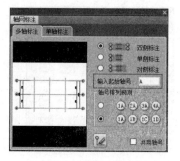

图 4-116　设置起始轴号

11 在纵向上依次单击选择起始、终止轴线，标注轴网，结果如图 4-117 所示。

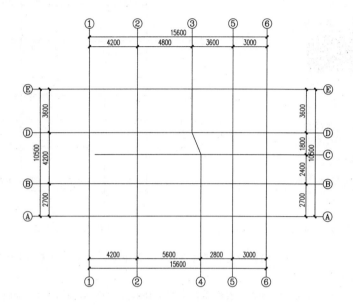

图 4-117　完成轴网标注

12 绘制墙体。单击【墙体】|【绘制墙体】菜单命令，在弹出的【墙体】对话框中设置参数，如图 4-118 所示。

13 在绘图区中依次指定墙体的起点和下一点，绘制外墙，结果如图 4-119 所示。

图 4-118　设置参数

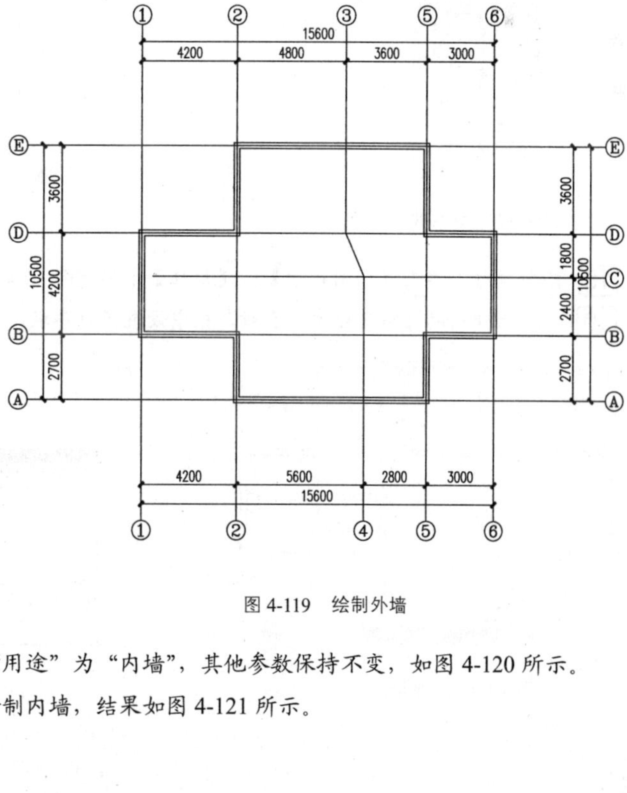

图 4-119　绘制外墙

14 在【墙体】对话框中选择"用途"为"内墙"，其他参数保持不变，如图 4-120 所示。

15 依次指定起点、下一点，绘制内墙，结果如图 4-121 所示。

图 4-120　选择墙体类型

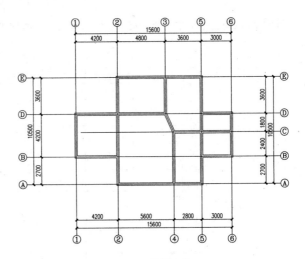

图 4-121　绘制内墙

16　绘制标准柱。单击【轴网柱子】|【标准柱】菜单命令，在弹出的【标准柱】对话框中设置参数，如图 4-122 所示。

17　选择"点选插入柱子"方式，在绘图区中指定插入点创建标准柱，结果如图 4-123 所示。

图 4-122　设置参数

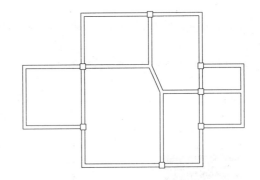

图 4-123　创建标准柱

18　绘制角柱。单击【轴网柱子】|【角柱】菜单命令，选取墙内角，如图 4-124 所示。

19　在稍后弹出的【转角柱参数】对话框中设置角柱参数，如图 4-125 所示。

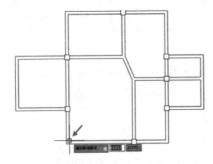

图 4-124　选取墙内角

图 4-125　设置参数

[20] 单击"确定"按钮，完成角柱的创建，结果如图 4-126 所示。

[21] 重复上述操作，继续点取墙角，创建其他角柱，结果如图 4-127 所示。

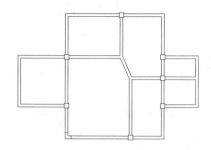

图 4-126 创建角柱

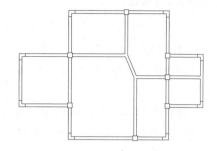

图 4-127 完成角柱的创建

[22] 绘制异形柱。执行 PL "多段线"命令，绘制异形柱的平面轮廓线，如图 4-128 所示。

[23] 单击【轴网柱子】|【标准柱】菜单命令，在弹出的【标准柱】对话框中选择"选择 PLine 线创建异形柱"方式 ，如图 4-129 所示。

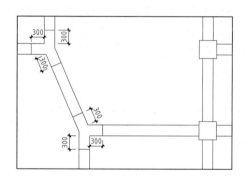

图 4-128 绘制异形柱的平面轮廓线

图 4-129 选择插入方式

[24] 在绘图区域中选择作为柱子的封闭多段线，命令行提示"所选 PLine 线转化为柱子"，表示已成功生成异形柱，结果如图 4-130 所示。

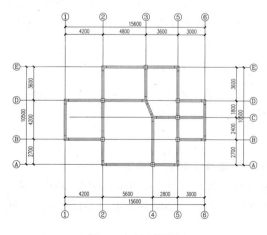

图 4-130 创建异形柱

4.7 本章小结

1. 本章介绍了创建直线轴网与弧线轴网、标注与编辑轴网、编辑轴号方法。

2. 本章介绍了柱子对象的特点，创建标准柱、角柱、构造柱和异形柱的方法，编辑柱子的位置和形状的方法。

3. 创建轴网是建筑绘图的基础，输入轴网数据的方法有很多种，也很灵活。初学者在输入轴网数据时，应选择适当的输入方法，避免发生错误。

4. 利用 T20 提供的"轴网标注"命令，可以快速地选取轴线创建标注，并可自定义起始轴号。

5. 在修剪不规则的轴网时，"轴线剪裁"命令非常有用。指定对角点，绘制矩形选框，即可轻松地裁剪矩形区域内的轴线。还可通过夹点编辑选中的轴线。

6. 轴线的默认线型是"细实线"，这样可方便用户在绘图过程中捕捉基点，但在出图前应该将轴网的线型改为《建筑制图规范》中要求使用的"点画线"。

7. 天正尺寸也可修改或调整，如修改尺寸标注的样式或位置。可在【标注样式管理器】对话框中修改标注样式。选择尺寸，激活"移动"命令，可以调整位置。双击标注文字，可以更改参数值。

8. 在插入柱子时，灵活运用"对角捕捉"功能，可使用户快速拾取放置基点。

9. T20 增强了"布尔运算"功能，插入柱子时，可自动剪裁与墙体遮挡的部分。双击柱子，打开参数对话框，修改参数可更改柱子的样式。

4.8 思考与练习

一、填空题

1. 完整的轴网是由两组或多组_____、_____和_____三个相对独立的系统构成的_____。

2. "直线轴网"命令用于绘制_____、_____或_____。

3. _____由一组同心弧线和不经过圆心的径向直线组成，常与直线轴网组合使用。

4. 通过执行_____命令可对始末轴线间的一组平行轴线或者径向轴线进行轴号和尺寸标注。

5. 异形柱通过执行_____命令来创建。

二、问答题

1. 天正软件中"绘制轴网"的作用是什么？解释"开间"和"进深"的含义。

2. 利用天正软件绘制柱子应注意哪些问题？

三、操作题

1. 练习绘制如图 4-131 所示的直线轴网，参数如下：

上开间：3600、3000、4200、3600；下开间：3600、1800、3600、1800、3600；

左进深：1200、3300、2700、2400、3000；右进深：1200、2700、2100、3600、3000；

夹角：75°。

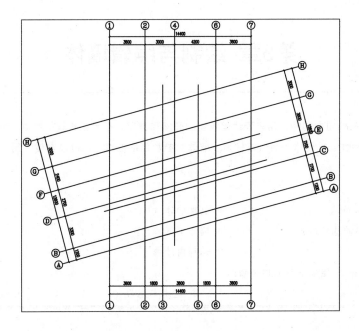

图 4-131　练习图

2. 收集有关建筑图纸，绘制轴网，动手绘制各种建筑图的轴网。

3. 对轴网进行"添加附加轴线"和"轴线裁剪"操作，裁剪没有为绘制墙体提供参考的轴线。

4. 执行"标准柱""角柱""构造柱"命令，动手练习创建各种类型的柱子。使用柱子编辑功能编辑柱子。

5. 收集有关信息，参加房交会和房博会，了解房地产市场，收集各房地产公司的宣传材料，特别是房屋建筑图，对其进行研究、分析和对比，并提出自己的看法，尝试绘制相应的轴网。

第5章 绘制与编辑墙体

● **本章导读**

　　墙体是建筑物的重要构件，用来表达建筑物的开间和进深。在天正建筑软件中，可以实现墙角的自动剪裁，按材料特性连接墙体，组合墙柱等。墙体的参数包括位置、高度及宽度、用途及材料、防火等级等。

● **本章重点**

◇ 墙的基本知识　　　　　　　◆ 创建墙体
◇ 编辑墙体的基本工具　　　　◆ 墙体工具
◇ 墙体立面　　　　　　　　　◆ 识别内外墙
◇ 实战演练——绘制别墅墙体平面图
◇ 本章小结　　　　　　　　　◆ 思考与练习

5.1 墙的基本知识

　　墙是 T20 的核心对象之一，也是划分房间的依据。本节将介绍墙基线的概念、墙体材料以及墙体的用途和特征。

5.1.1 墙基线的概念

　　"墙基线"指墙体的定位线，一般位于墙体内部，与轴线重合，有时也位于墙体外部。在 T20 中绘制墙体是以基线作为参考，通过定义左右宽度来确定墙宽。要注意的是，墙基线只是一个逻辑概念，打印输出时不会出现在图纸上。

　　墙基线同时也是墙内门窗的测量基准。例如，墙体的长度实际上是指该墙体基线的长度，弧窗的宽度是指弧窗在墙基线上占用的长度。

　　墙体的相关操作都以基线为依据，包括墙体的连接、相交、延伸和剪裁等。彼此连接的墙体应准确连接它们的基线。

　　T20 不允许墙基线重合，如果在绘制过程中重合墙体，命令行会提示"不能与已有墙重叠"。如果在"复制"的过程中重合墙体，会弹出【发现重合的墙体】对话框，要求用户选择删除重合墙体部分，如图 5-1 所示。

图 5-1　【发现重合的墙体】对话框

一般情况下不需要显示基线。选中墙，会在墙线中显示三个夹点，如图 5-2 所示。三个夹点的连线就是墙基线的所在位置，如图 5-3 所示。

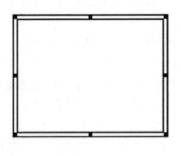 

图 5-2　显示夹点　　　　　　　　　　　　　　　　图 5-3　显示墙基线

如果需要判断墙体是否准确连接，可以单击【墙体】｜【单线/双线/单双线】菜单命令切换墙的显示方式。切换为"单双线"模式时将显示墙体的基线。图 5-4～图 5-6 所示为显示墙体基线的结果。

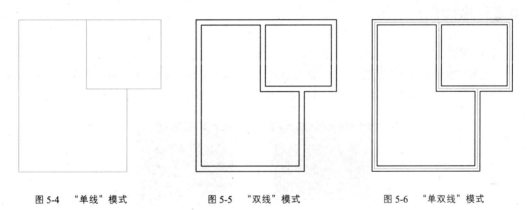

图 5-4　"单线"模式　　　　　　图 5-5　"双线"模式　　　　　　图 5-6　"单双线"模式

5.1.2　墙材料

墙的材料按照优先级别，依次可分为钢筋混凝土墙、石墙、砖墙、填充墙、玻璃幕墙等，处在最前面的墙被打断，优先清理墙角。材料相同的墙在平面图上显示为墙角自动连接的状态。

5.1.3　墙的用途与特征

在 T20 中，墙包括内墙、外墙、分户、虚墙、矮墙和卫生隔断 6 种，其用途与特征介绍如下：

➤　内墙：位于外墙内的墙体。

➤　外墙：围护建筑物，区分室内、室外界限的构件。

➤　分户：两户之间的分隔墙，即两户共用的墙体。

➤　虚墙：模拟空间分隔，方便计算房间的面积。

➤　矮墙：在水平剖切线以下的可见墙体（如女儿墙），不会参与"加粗"和"填充"操作。"矮墙"的优先级别低于其他所有类型的墙体。"矮墙"之间的优先级别由墙高决定，不受墙材料的控制。

> 卫生隔断: 指卫生间洁具隔断使用的墙体或隔板, 不参与 "加粗" "填充" 与 "房间面积计算" 操作。

女儿墙是屋顶外围的矮墙, 可以防止栏杆或其他物件坠落, 保护人们的安全, 还可避免防水层渗水及防止屋顶雨水漫流。

女儿墙的高度依据建筑技术规范来确定, 建筑物在二层楼以下不得低于 1m, 三层楼以上不得低于 1.1m, 十层楼以上不得低于 1.2m。

另外, 女儿墙高度不得超过 1.5m, 这是为了避免建筑物在兴建时刻意加高女儿墙, 日后发生搭盖违章建筑的情况。

5.2 创建墙体

在 T20 的屏幕菜单中提供了创建墙体的工具。本节将介绍墙体工具的功能和使用方法。

5.2.1 绘制墙体

1. 墙体

利用 T20 绘制建筑平面图时, 所创建的绝大部分墙体都是通过执行 "绘制墙体" 命令来实现的。单击【墙体】|【绘制墙体】菜单命令, 弹出【墙体】对话框, 如图 5-7 所示。

图 5-7 【墙体】对话框

【墙体】对话框中的各控件介绍如下:

> 墙基线位置 (滑块可调整位置): 有左、中、右和交换 4 种控制方式, 其中左和右是指设定当前墙宽以后, 全部向左偏或全部向右偏。单击 "左", "左宽" 的值为墙宽, "右宽" 的值为 0, 如图 5-8 所示。反之亦然, 如图 5-9 所示。单击 "中", 指平均分配墙体总宽, 如图 5-10 所示。"交换" 是指 "左宽" 和 "右宽" 的数据对调。

图 5-8 "左宽"为墙宽

图 5-9 "右宽"为墙宽

图 5-10 平均分配墙宽

➢ 左保温/右保温：单击"左保温"和"右保温"按钮，并设置厚度，在绘制墙体的同时，可以同时生成保温层，如图 5-11 所示。

图 5-11 为墙体添加保温层

➢ 墙高：表示当前墙体的高度。可直接输入参数，或者单击向上、向下实心箭头调整参数大小。

➢ 底高：表示墙体底部的位置。默认值为 0，墙底边与地平线重合。输入正值，墙底边在地平线之上。输入负值，墙底边在地平线之下。

➢ 墙体填充：单击 ，按钮显示为 时，激活"填充"功能。单击填充图案后的下拉按钮，打开【墙体填充】对话框，从中可选择墙体的填充图案，如图 5-12 所示。

➢ 保温图案：在【保温材料】对话框中显示的保温层填充图案如图 5-13 所示。

图 5-12 【墙体填充】对话框

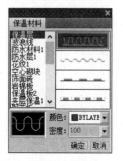

图 5-13 【保温材料】对话框

➢ 材料: 在下拉列表中显示了各种墙材料, 如图 5-14 所示。

➢ 用途: 在下拉列表中显示了墙的用途, 如图 5-15 所示。

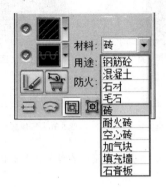

图 5-14 墙材料

图 5-15 墙用途

➢ 防火: 在下拉列表中显示了墙体防火的等级, 如图 5-16 所示。

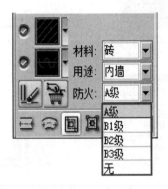

图 5-16 墙的防火等级

➢ 删除墙体按钮: 删除选中的墙体。

➢ 编辑墙体按钮: 批量编辑天正墙体对象。

➢ "直墙"按钮: 该按钮位于【墙体】对话框底部, 单击该按钮, 可在绘图区中绘制直线墙体, 如图 5-17 所示。

➢ "弧墙"按钮: 单击该按钮, 可绘制弧墙, 如图 5-18 所示。

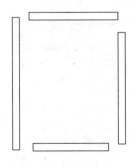

图 5-17 直墙

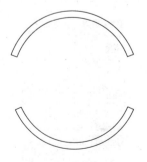

图 5-18 弧墙

> ➢ "回形墙"按钮 ▣：单击该按钮，可绘制矩形墙体。
> ➢ "替换图中已插入的墙体"按钮 ▣：单击该按钮，可替换图中已创建的墙体。
> ➢ "拾取墙参数"按钮 ✐：单击该按钮，可拾取已有墙体的参数来绘制其他墙体，避免重复设置墙体参数。
> ➢ "自动捕捉"按钮 ✛：单击该按钮，绘制墙体时可自动捕捉轴线交点。
> ➢ "模数开关"按钮 Ｍ：单击该按钮，墙的拖动长度可按"自定义/操作设置"页面中的模数变化。

启动"绘制墙体"命令，默认绘制直墙。在轴线交点上单击鼠标左键，指定直墙的起点，向下移动光标，指定直墙的下一点。指定两点即可创建一段直墙。重复指定点，可创建多段彼此相接的直墙。

直墙的绘制步骤和结果如图 5-19~图 5-22 所示。

图 5-19　选择"直墙"绘制方式

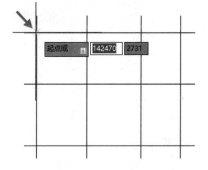

图 5-20　指定起点

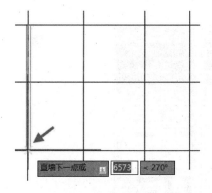

图 5-21　指定下一点

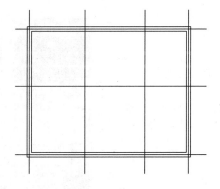

图 5-22　绘制直墙

在【墙体】对话框中单击"弧墙"按钮 ☎，依次指定墙的起点、终点和圆弧上的一点即可绘制弧墙。操作步骤和结果如图 5-23~图 5-27 所示。

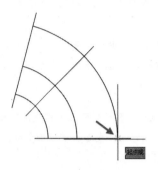

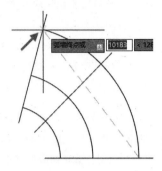

图 5-23　单击"弧墙"按钮　　　　　图 5-24　指定起点　　　　　　图 5-25　指定终点

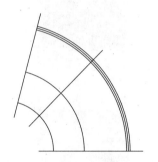

图 5-26　指定弧上一点　　　　　　　　　　图 5-27　绘制弧墙

2．玻璃幕墙

在 T20 中，玻璃幕墙被单独划分出来，具有独立的参数界面，可以设置立柱、横梁的生成规则。单击【墙体】|【绘制墙体】菜单命令，弹出【墙体】对话框，选择"玻璃幕"选项卡，如图 5-28 所示。设置幕墙参数后，在绘图区域中指定起点和下一点，即可完成绘制玻璃幕墙的操作。

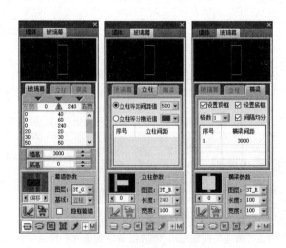

图 5-28　"玻璃幕"选项卡

5.2.2 墙体切割

执行"墙体切割"命令，可通过指定点快速地打断墙体。单击【墙体】|【墙体切割】菜单命令，根据命令行的提示选择要打断的墙，即可在指定点打断墙体。墙体切割的操作步骤和结果如图 5-29~图 5-31 所示。

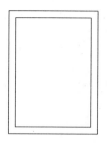

图 5-29　绘制墙体

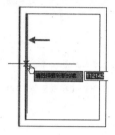

图 5-30　选择墙体

图 5-31　打断墙体

5.2.3 等分加墙

执行"等分加墙"命令，选择参照墙体，弹出【等分加墙】对话框，设置新增墙体的数目、墙宽、材料、用途，接着选择作为边界的墙体，可以在两段墙体之间新增墙体。经常使用该命令将一个房间划分为若干面积相等的小房间。

单击【墙体】|【等分加墙】菜单命令，创建等分加墙的操作步骤和结果如图 5-32~图 5-35 所示。

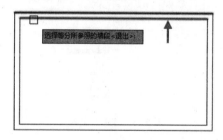

图 5-32　选择参照墙

图 5-33　在【等分加墙】对话框中设置参数

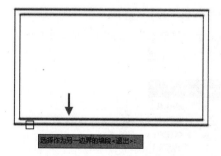

图 5-34　选择作为边界的墙

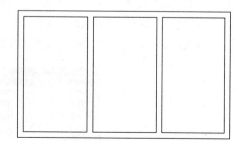

图 5-35　等分加墙

5.2.4 单线变墙

执行"单线变墙"命令，可以在直线、圆和圆弧的基础上生成墙体，也可以选择轴网生成墙体。

单击【墙体】|【单线变墙】菜单命令，弹出【单线变墙】对话框，如图 5-36 所示。

图 5-36 【单线变墙】对话框

对话框中的各控件介绍如下：

➢ 外侧宽：设置外墙的外侧轮廓线与基准线的距离。

➢ 内侧宽：设置外墙的内侧轮廓线与基准线的距离。

➢ 内墙宽：设置内墙的宽度。

➢ 高度：在列表中选择参数，如图 5-37 所示，设置墙体高度。

➢ 底高：设置墙体底边的位置。默认值为 0，墙体底边与地平线重合。输入正值，墙体底边在地平线之上。输入负值，墙体底边在地平线之下。

➢ 材料：在列表中选择墙材料，如图 5-38 所示。

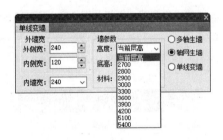

图 5-37 "高度"列表

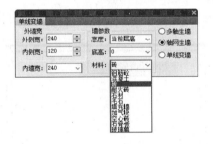

图 5-38 "材料"列表

➢ 多轴生墙：选择该选项，可选择多根轴线生成墙体。

➢ 轴网生墙：选择该选项，可以选择轴网创建墙体，只能选取轴线对象执行操作。

➢ 单线变墙：选择该选项，在直线、圆和圆弧等图形的基础上生成墙体。

➢ 保留基线：选择"单线变墙"选项，即可在下方显示"保留基线"选项，如图 5-39 所示。该选项表示在"单线生墙"操作中是否保留原有的基线，一般不选。

图 5-39 激活"保留基线"选项

创建"单线变墙"的操作步骤和结果如图 5-40~图 5-42 所示。

图 5-40 选择"单线变墙"选项

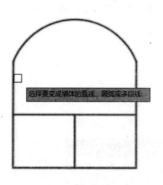

图 5-41 选择单线

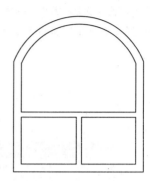

图 5-42 单线变墙

5.2.5 墙体分段

执行"墙体分段"命令，可将墙按指定的两点分段，两点之间的墙将根据指定的材料和墙宽被重新定义。

单击【墙体】|【墙体分段】菜单命令，弹出【墙体分段设置】对话框，在该对话框中设置墙体参数，再根据命令行的提示选择要分段的墙，接着指定分段的起点和终点，即可完成"墙体分段"操作。

创建"墙体分段"的操作步骤和结果如图 5-43~图 5-46 所示。

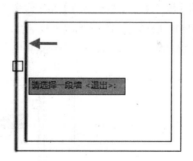

图 5-44 选择墙体

图 5-43 在【墙体分段设置】对话框中设置参数

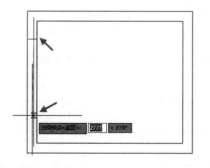

图 5-45 指定起点和终点

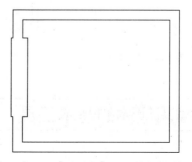

图 5-46 墙体分段

在【墙体分段设置】对话框中展开"保温层"选项，可选择"左侧保温""右侧保温""墙端保温"选项，还可设置保温层的厚度，如图 5-47 所示。选择墙体，并指定起点和终点，在分段的同时可以创建保温层，结果如图 5-48 所示。

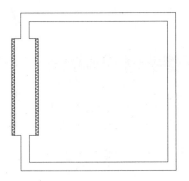

图 5-47　设置参数　　　　　　　　　　　图 5-48　为分段后的墙体添加保温层

5.2.6　幕墙转换

执行"幕墙转换"命令，可以把基本墙体转换为幕墙。执行"墙体分段"命令或者编辑墙体的特性，也可以将墙体转换为幕墙，但仅用于绘图而不能满足节能分析要求。"幕墙转换"命令可以把包括示意幕墙在内的墙转换为玻璃幕墙，用于节能分析。

单击【墙体】|【幕墙转换】菜单命令，根据命令行提示，选择要转换为玻璃幕墙的墙体，转换后的玻璃幕墙将按照当前所设定的样式显示。

"幕墙转换"命令的操作步骤和结果如图 5-49~图 5-51 所示。

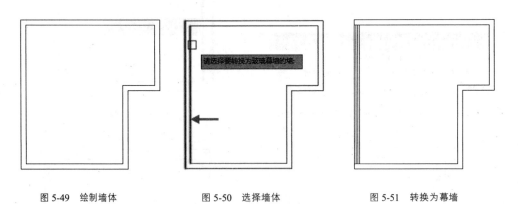

图 5-49　绘制墙体　　　　　　　图 5-50　选择墙体　　　　　　　图 5-51　转换为幕墙

5.3　编辑墙体的基本工具

T20 提供了多种编辑墙体的基本工具，包括倒墙角、倒斜角、修墙角、基线对齐、边线对齐、净距偏移、墙柱保温、墙体造型和墙齐屋顶等。本节将分别介绍这些工具的用法。

5.3.1 倒墙角

执行"倒墙角"命令，选择两段墙，使之以指定的圆角半径进行连接。

单击【墙体】│【倒墙角】菜单命令，根据命令行的提示，设定圆角半径，接着依次选择两段墙体生成圆墙角。

图 5-52~图 5-54 所示为执行"倒墙角"命令的操作步骤和结果。

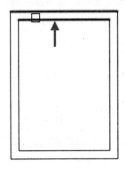

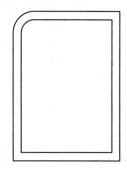

图 5-52　选择墙体　　　　　图 5-53　选择另一段墙体　　　　　图 5-54　倒墙角

5.3.2 倒斜角

执行"倒斜角"命令，选择两段墙体，使之以指定的倒角连接。

单击【墙体】│【倒斜角】菜单命令，命令行提示如下：

命令: DXJ

选择第一段直墙或 [设距离(D)，当前距离 1=0，距离 2=0]<退出>: D

指定第一个倒角距离<0>:500

指定第二个倒角距离<0>:500

选择第一段直墙或 [设距离(D)，当前距离 1=500，距离 2=500]<退出>:　　　　　//如图 5-55 所示

选择另一段直墙<退出>:　　　　　//如图 5-56 所示

执行"倒斜角"命令的结果如图 5-57 所示。

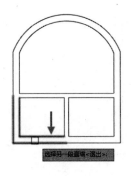
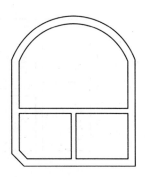

图 5-55　选择墙体　　　　　图 5-56　选择另一段墙体　　　　　图 5-57　倒斜角

5.3.3 修墙角

执行"修墙角"命令，修剪多余的墙线，连接两段交叉的墙体。

墙体连接处有时会出现未按要求打断的情况，此时执行"修墙角"命令，选择墙角可以轻松修剪墙体。也可以更新墙体、墙体造型、柱子，以及维护各种自动裁剪关系，如柱子裁剪楼梯，凸窗一侧撞墙等情况。

单击【墙体】|【修墙角】菜单命令，选择需要修剪的墙角、柱子或墙体造型，按 Enter 键即可完成"修墙角"的操作。

图 5-58~图 5-60 所示为执行"修墙角"命令的操作步骤和结果。

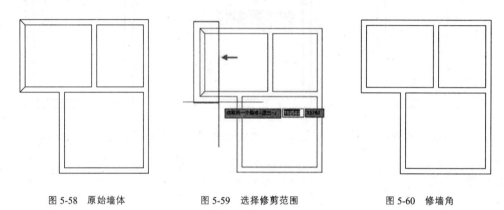

图 5-58　原始墙体　　　　图 5-59　选择修剪范围　　　　图 5-60　修墙角

5.3.4 基线对齐

执行"基线对齐"命令，可以纠正墙线编辑过程中的错误，包括由于基线未对齐或未精确对齐而导致的墙体显示错误，或者搜索房间出错。在存在短墙且由其造成墙体显示不正确的情况下，可以删除短墙并连接剩余墙体。

单击【墙体】|【基线对齐】菜单命令，根据命令行提示，选取墙基线的新基点，接着选择要对齐的墙体，即可完成"基线对齐"的操作。

如图 5-61~图 5-64 所示为执行"基线对齐"命令的操作步骤和结果。

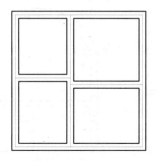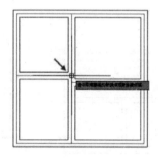

图 5-61　显示墙基线　　　　　　　　　图 5-62　指定点

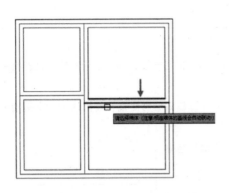

图 5-63　选择墙体

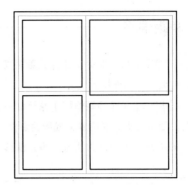

图 5-64　基线对齐

5.3.5　边线对齐

　　"边线对齐"命令通常用于处理墙体与某些特定位置的对齐，如对齐墙边与柱边。

　　单击【墙体】│【边线对齐】菜单命令，首先选择墙边应通过的点，然后选择要对齐的一段墙，此时弹出【请您确认】对话框，单击"是"按钮，即可完成"边线对齐"操作。

　　如图 5-65~图 5-68 所示为执行"边线对齐"命令的操作步骤和结果。

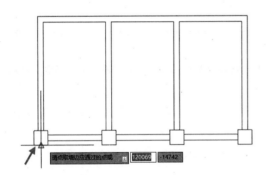

图 5-65　点取墙边应通过的点

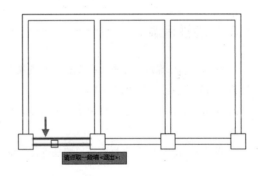

图 5-66　选择墙体

图 5-67　单击"是"按钮

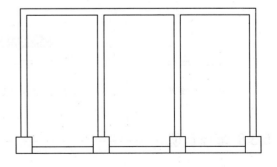

图 5-68　边线对齐

5.3.6 净距偏移

执行"净距偏移"命令，通过设置距离，可将选择的墙体向指定一侧偏移生成新墙体，且新绘制的墙体与已有墙体自动连接。

单击【墙体】|【净距偏移】菜单命令，根据命令行提示，输入偏移距离，在内墙线上单击指定偏移的方向，即可在指定的位置生成新的墙体。

图 5-69~图 5-71 所示为执行"净距偏移"命令的操作步骤和结果。

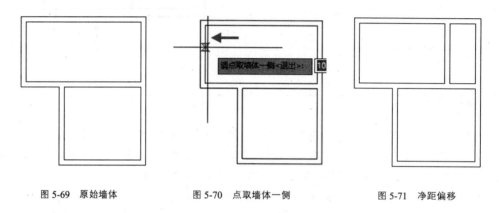

图 5-69　原始墙体　　　　图 5-70　点取墙体一侧　　　　图 5-71　净距偏移

5.3.7 墙柱保温

执行"墙柱保温"命令，可以在已有的墙段上加入或删除保温层。当保温层遇到门时，保温层自动打断。遇到窗时，自动增加窗厚。

单击【墙体】|【墙柱保温】菜单命令，根据命令行提示，依次指定创建保温层的位置，即可添加保温层。

图 5-72~图 5-74 所示为执行"墙柱保温"命令的操作步骤和结果。

图 5-72　原始墙体　　　　图 5-73　指定创建保温层的位置　　　　图 5-74　创建保温层

5.3.8 墙体造型

执行"墙体造型"命令，可以根据闭合多段线生成与墙体有关的造型。常见的墙体造型包括墙垛、壁炉和烟道等，常与墙体连在一起。墙体造型与其关联的墙高一致，可以双击进行修改。

单击【墙体】|【墙体造型】菜单命令，根据命令行提示，选择"外凸造型"选项，输入"P"，选择"点取图中曲线"选项，然后选择需要生成墙体造型的多段线，即可生成墙体造型。

图 5-75~图 5-77 所示为执行"墙体造型"命令的操作步骤和结果。

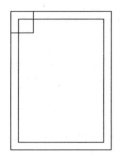

图 5-75　原始墙体

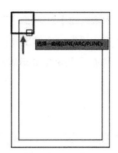

图 5-76　选择曲线

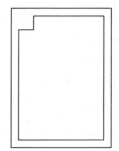

图 5-77　创建墙体造型

5.3.9　墙齐屋顶

执行"墙齐屋顶"命令，可以向上延伸墙体，使之与坡屋顶相接。

单击【墙体】|【墙齐屋顶】菜单命令，根据命令行的提示，依次选择屋顶和墙体，即可完成"墙齐屋顶"的操作。

图 5-78~图 5-81 所示为执行"墙齐屋顶"命令的操作步骤和结果。

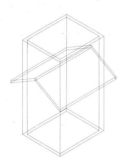

图 5-78　原始图

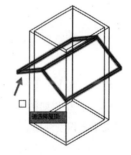

图 5-79　选择屋顶

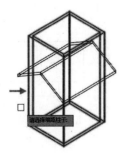

图 5-80　选择墙体

图 5-81　墙齐屋顶

5.4 墙体工具

创建墙体后，双击墙体，稍后弹出【墙体编辑】对话框，可在该对话框中直接修改选中墙体的参数。如果用户需要同时修改多段墙体，可使用 T20 提供的墙体工具批量修改墙体。

单击【墙体】|【墙体工具】命令，将在子菜单中显示编辑工具，用户可选择工具编辑墙体参数。

工具的含义介绍如下：

1. 改墙厚

单击【墙体】|【墙体工具】|【改墙厚】菜单命令，选择墙体，输入新的墙宽，按 Enter 键结束操作，结果如图 5-82~图 5-84 所示。该命令按照墙基线居中的规则批量修改墙厚，但不适合修改偏心墙的厚度。

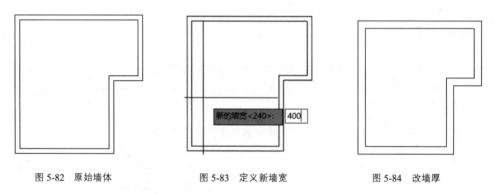

图 5-82 原始墙体	图 5-83 定义新墙宽	图 5-84 改墙厚

新的墙宽<240>：400

2. 改外墙厚

单击【墙体】|【墙体工具】|【改外墙厚】菜单命令，选择外墙，依次指定"内侧宽""外侧宽"参数值，按 Enter 键结束操作，结果如图 5-85~图 5-87 所示。

注意，执行命令前应事先识别外墙，否则无法找到外墙进行修改。

图 5-85 原始墙体	图 5-86 选择外墙	图 5-87 改外墙厚

3. 改高度

单击【墙体】|【墙体工具】|【改高度】菜单命令，可批量修改选中的墙柱及其造型的高度和底高。修改底高时，门窗的底高度可以和墙柱的底高联动修改。

4．改外墙高

单击【墙体】|【墙体工具】|【改外墙高】菜单命令，可修改外墙高度。注意，执行命令前应事先识别外墙，否则无法找到外墙进行修改处理。

5．平行生线

单击【墙体】|【墙体工具】|【平行生线】菜单命令，单击墙体边线，输入距离参数，按 Enter 键结束操作，此时会创建一条与墙体平行的线段，如图 5-88~图 5-90 所示。

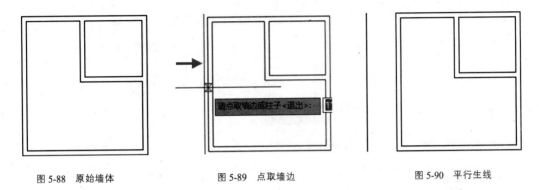

图 5-88　原始墙体　　　　　　　图 5-89　点取墙边　　　　　　　图 5-90　平行生线

6．墙端封口

单击【墙体】|【墙体工具】|【墙端封口】菜单命令，选择需处理的墙体对象，即可改变墙体对象自由端的二维显示形式。

使用该命令，可使得墙端在 "开口" 和 "封闭" 两种形式之间切换，如图 5-91 和图 5-92 所示。"墙端封口" 不影响墙体的三维结果，以及与其他墙体的相接结果。

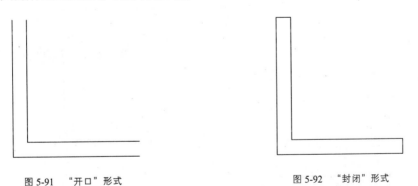

图 5-91　"开口" 形式　　　　　　图 5-92　"封闭" 形式

5.5　墙体立面

墙体立面工具不是在立面施工图上执行的命令，而是在绘制平面图时为立面图或三维建模做准备而设计的工具。

T20 提供的墙体立面工具包括墙面 UCS、异形立面和矩形立面 3 个工具。

1. 墙面 UCS

为了构造异型洞口或异型立面墙，"墙面 UCS"命令定义了一个基于所选墙面的 UCS 坐标系，其可在指定视口中将平面墙体转化为立面墙体显示。

单击【墙体】|【墙体立面】|【墙面 USC】菜单命令，根据命令行提示，点取墙体面的边缘，软件将自动转为立面显示。

图 5-93~图 5-95 所示为执行"墙面 UCS"命令的操作步骤和结果。

图 5-93　原始墙体

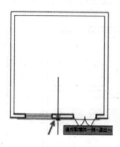
图 5-94　点取墙边

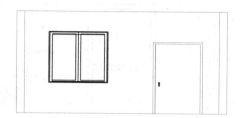
图 5-95　生成立面图

2. 异形立面

执行"异形立面"命令，可以构造不规则的立面墙体，并裁剪矩形墙，使之与坡屋顶相交。

执行命令之前，需要先绘制出异形轮廓线，这样才可沿轮廓线裁剪墙体，并删除不需要的图形。

单击【墙体】|【墙体立面】|【异形立面】菜单命令，根据命令行提示，依次选择不闭合多段线和墙体，按 Enter 键即可完成操作。

创建异形立面的操作步骤和结果如图 5-96~图 5-99 所示。

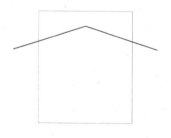
图 5-96　原始图形

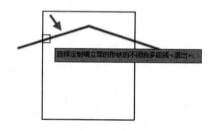
图 5-97　选择多段线

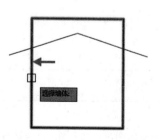
图 5-98　选择墙体

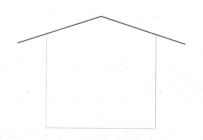
图 5-99　创建异形立面

3. 矩形立面

当墙体为异形时，执行"矩形立面"命令可将墙体由异形转换为矩形。

单击【墙体】|【墙体立面】|【矩形立面】菜单命令，根据命令行提示，选择异形墙并按 Enter 键确认，即可完成创建矩形墙体的操作，如图 5-100、图 5-101 所示。

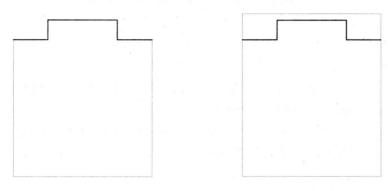

图 5-100　原始墙体　　　　　　　　　　　图 5-101　转换为矩形墙体

5.6　识别内外墙

T20 为用户提供了识别内外墙的工具。在建筑施工图中识别内外墙是为了更好地定义墙体类型。识别内外墙的工具包括识别内外、指定内墙、指定外墙和加亮外墙 4 个工具。

1. 识别内外

利用该工具可自动识别内、外墙，还可设置墙体的内外特征。在节能设计中要使用外墙的内外特征。

单击【墙体】|【识别内外】|【识别内外】菜单命令，选择墙体，按 Enter 键即可自动识别内外墙，外墙会以一个红色的虚线框显示，如图 5-102 所示。

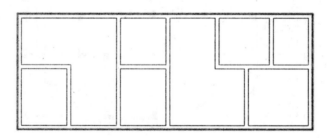

图 5-102　识别内外墙

2. 指定内墙

该工具可以将选定的墙体指定为内墙。单击【墙体】|【识别内外】|【指定内墙】菜单命令，选择墙体，如图 5-103 所示，按 Enter 键结束操作，选中的墙被指定为内墙。内墙在三维组合时不参与建模，可以减少渲染三维模型时系统内存的占用，从而提高渲染速度。

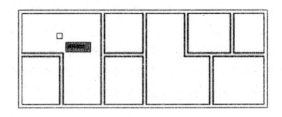

图 5-103　指定内墙

3．指定外墙

该工具可以将选定的墙指定为外墙。单击【墙体】│【识别内外】│【指定外墙】菜单命令，选择墙体，按 Enter 键结束选择，被选中的墙即被指定为外墙。

执行该命令还能指定墙体的内外特性用于节能计算，也可以把选中的玻璃幕墙两侧翻转，适用于设置了隐框或框料尺寸不对称的幕墙，调整幕墙的内外朝向。

4．加亮外墙

利用该工具可以加亮显示外墙。单击【墙体】│【识别内外】│【加亮外墙】菜单命令，当前图中所有外墙的外侧边线将以红色虚线亮显，方便用户了解哪些是外墙。来回滚动鼠标滚轮，可消除亮显的红色虚线。

5.7　实战演练——绘制别墅墙体平面图

本节将以实例的方式讲述绘制别墅墙体平面图的方法和步骤，绘制结果如图 5-104 所示。

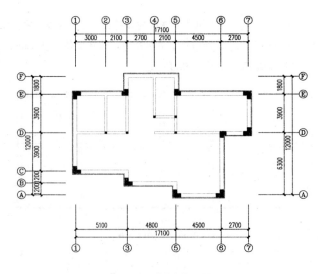

图 5-104　别墅墙体平面图

01 绘制轴网。启动 T20，单击【轴网柱子】│【绘制轴网】菜单命令，在弹出的【绘制轴网】对话框中选择"上开"选项，设置参数如图 5-105 所示。

02 选择"下开"选项，设置参数如图 5-106 所示。

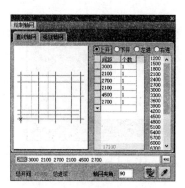

图 5-105 设置"上开"参数　　　　　　　　　　图 5-106 设置"下开"参数

[03] 选择"左进"选项，设置参数如图 5-107 所示。

[04] 选择"右进"选项，设置参数如图 5-108 所示。

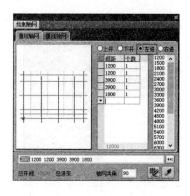

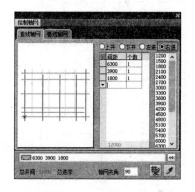

图 5-107 设置"左进"参数　　　　　　　　　　图 5-108 设置"右进"参数

[05] 在绘图区域中指定插入点，创建轴网，结果如图 5-109 所示。

[06] 执行"O"（偏移）命令，设置偏移距离为 2300，偏移轴线，如图 5-110 所示。

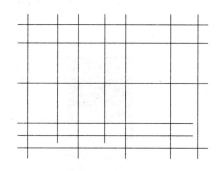

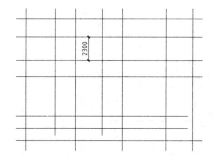

图 5-109 创建轴网　　　　　　　　　　　　　图 5-110 偏移轴线

[07] 调用"TR"（修剪）命令，修剪轴线，结果如图 5-111 所示。

[08] 轴号标注。单击【轴网柱子】|【轴网标注】菜单命令，在弹出的【轴网标注】对话框中设置参数，如图 5-112 所示。

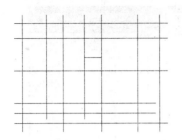

图 5-111 修剪轴线

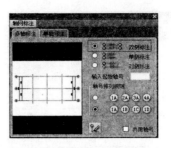

图 5-112 【轴网标注】对话框

09 分别选择起始轴线、终止轴线，标注轴网，结果如图 5-113 所示。

10 在【轴网标注】对话框中修改"输入起始轴号"选项值为 A，如图 5-114 所示。

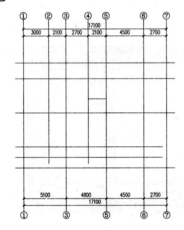

图 5-113 标注轴网

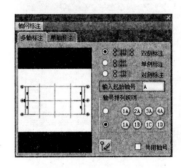

图 5-114 设置起始轴号

11 根据命令行的提示，依次选择起始轴线、终止轴线，标注轴网，结果如图 5-115 所示。

12 绘制外墙。单击【墙体】|【绘制墙体】菜单命令，在弹出的【墙体】对话框中设置参数，如图 5-116 所示。

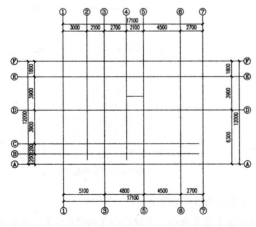

图 5-115 标注轴网

图 5-116 【墙体】对话框

[13] 在绘图区域中指定起点、下一点，绘制带外侧保温层的墙体，结果如图 5-117 所示。

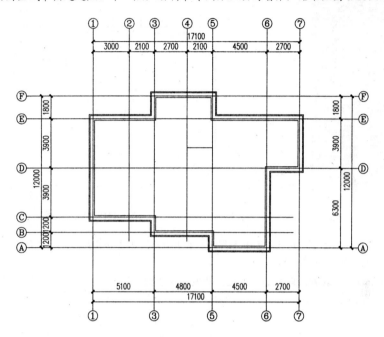

图 5-117 绘制外墙

[14] 绘制内墙。在【墙体】对话框中设置墙体参数，如图 5-118 所示。

[15] 根据命令行提示依次指定起点、下一点，绘制内墙，结果如图 5-119 所示。

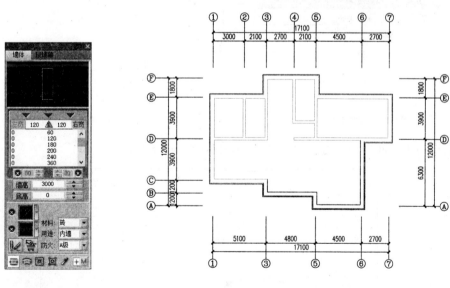

图 5-118 设置参数   图 5-119 绘制内墙

[16] 插入标准柱。单击【轴网柱子】|【标准柱】菜单命令，在弹出的【标准柱】对话框中设置参数，如图 5-120 所示。

[17] 根据命令行提示，在平面图中插入标准柱，结果如图 5-121 所示。

图 5-120 设置参数

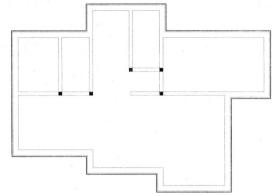

图 5-121 创建标准柱

[18] 插入角柱。单击【轴网柱子】|【角柱】菜单命令，单击墙角处一点，在弹出的【转角柱参数】对话框中设置参数，如图 5-122 所示。

[19] 单击 "确定" 按钮，即可插入角柱，结果如图 5-123 所示。

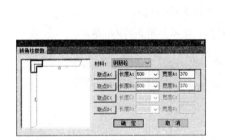

图 5-122 设置参数

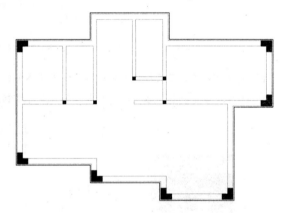

图 5-123 插入角柱

[20] 调用 "PL"（多段线）命令，绘制角柱轮廓线，如图 5-124 所示。

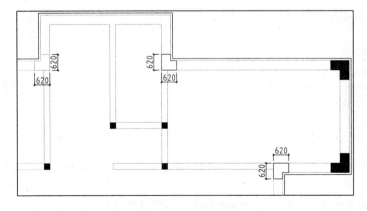

图 5-124 绘制角柱轮廓线

[21] 调用 "H"（图案填充）命令，进入 "图案填充创建" 选项卡，在 "图案" 面板中选择 SOLID 图案，如图 5-125 所示。

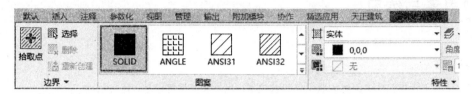

图 5-125　选择图案

[22] 拾取角柱轮廓线，填充图案，结果如图 5-126 所示。

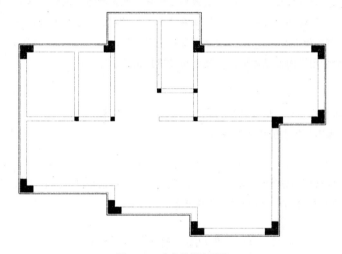

图 5-126　为角柱填充图案

5.8 本章小结

1. 本章介绍了墙基线的概念、墙的特点，墙材料、墙类型的优先级别关系，以及与其他对象的连接方式。

2. 本章介绍了执行 "绘制墙体" 命令绘制墙体的方法，可以绘制直墙和弧墙，或在单线和轴网的基础上转换生成墙体。也可以在墙线上指定点创建等分加墙。

4. 本章介绍了使用基本工具编辑墙体的方法，包括倒墙角、倒斜角、修墙角以及基线对齐等工具的使用方法。

5. T20 提供了专业的工具，方便用户编辑墙体，如改墙厚、改高度、改外墙高等。利用这些工具，可以快速地修改墙体的属性。

6. "墙体立面" 工具包括三种类型，分别是墙面 UCS、异形立面以及矩形立面。利用这些工具，可以修改立面墙的属性。

7. 为了帮助用户区分内外墙，T20 提供了识别内外墙的工具，如识别内外、指定内墙以及指定外墙等。利用这些工具，可以在视图中高亮显示内墙或者外墙，帮助用户识别不同类型的墙体。

5.9 思考与练习

一、填空题

1. 在天正建筑软件中创建的墙不仅包含位置、尺寸和高度等信息，还包括墙_____、_____和这样的内在属性。

2. _____命令用于在一段墙体的等分处垂直添加新墙，并使新墙延伸至指定的边界。

3. 利用_____命令可将直线、圆、圆弧和多段线转换为墙体，还可以基于轴网创建墙体。

4. _____命令与 AutoCAD 的"圆角"命令类似，可使用圆角连接两段墙体。

5. "修墙角"命令用于对_____的墙体相交处进行清理。

6. _____命令用于向上延伸墙体，使之与坡屋顶相接。

二、问答题

1. 什么是"墙基线"？"基线对齐"命令用于纠正哪些错误？

2. "墙体立面操作"的主要作用是什么？

三、操作题

1. 收集各房地产公司的宣传资料，特别是房屋建筑图，试着绘制轴网和墙体。

2. 练习绘制如图 5-127 所示的建筑户型平面图。

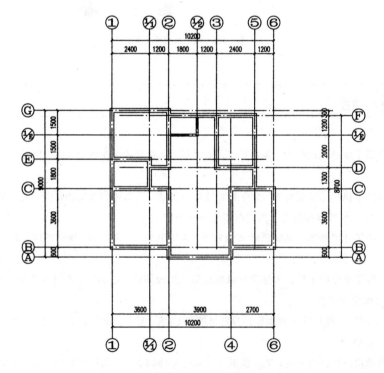

图 5-127 建筑户型平面图

第6章 门　窗

● **本章导读**

门窗是建筑物的重要构件，起着维护及装饰建筑的作用。在现代建筑中，无论是外墙还是内墙都装饰有不同尺寸、类型的门窗，为建筑物提供采光、通风。

本章将介绍门窗的基本知识及绘制、编辑方法。

● **本章重点**

◇ 创建门窗　　　　　　　　　　　◇ 编辑门窗和创建门窗表

◇ 实战演练——绘制别墅首层平面图　◇ 本章小结

◇ 思考与练习

6.1 创建普通门窗

T20 中的门窗是一种依附于墙体并自动在墙上开启洞口、带有编号的 AutoCAD 自定义对象。门窗和墙体可建立智能联动关系，门窗插入墙体，墙体的外观几何尺寸不变，但墙的粉刷面积和开洞面积已经及时更新以备查询。

门窗和其他自定义对象一样可以用 AutoCAD 工具和夹点编辑命令修改，并可通过电子表格检查和统计整个工程的门窗信息。

门窗依附在墙上，离开墙的门窗将失去意义。在【门】对话框和【窗】对话框中可以设置门窗的所有参数，包括编号、几何尺寸和定位参考距离等。

使用"门窗"命令可以在墙中插入普通门窗、门联窗、子母门、弧窗、凸窗和矩形洞等。普通门窗在二维视图和三维视图中都用图块来表示，用户可从门窗图库中挑选各种类型的门窗。

本节将介绍创建门窗的方法。

6.1.1 创建普通门 ——————————————————→

单击【门窗】|【门窗】菜单命令，弹出【门】对话框，如图 6-1 所示。该对话框在默认情况下显示"门"参数面板，在其中显示门的默认参数。

图 6-1　【门】对话框

单击【门】对话框左侧的平面样式预览区域，将打开【天正图库管理系统】对话框，可从中选择门的平面样式，如图 6-2 所示。单击【门】对话框右侧的立面样式预览区域，将打开【天正图库管理系统】对话框，可从中选择门的立面样式，如图 6-3 所示。

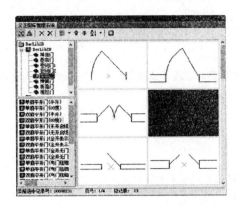

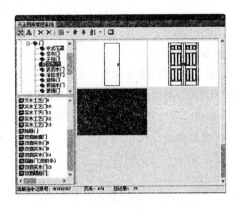

图 6-2 选择平面样式的门　　　　　　　　　　图 6-3 选择立面样式的门

在【门】对话框中设置门参数，包括"编号""门宽""门高"等，如图 6-4 所示。在墙体的合适位置单击指定插入点，即可插入门，如图 6-5 和图 6-6 所示。

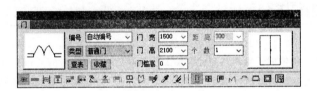

图 6-4 设置门的属性参数

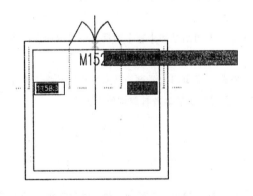

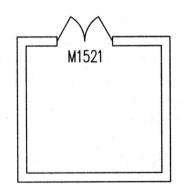

图 6-5 指定插入点　　　　　　　　　　　　图 6-6 插入门

在【门】对话框的下方显示工具按钮，单击按钮，选择插入门的方式。

插入门的方式介绍如下：

➤ 自由插入：单击按钮 ，可在墙的任意位置插入门。该方式速度快却不易精确定位，通常用于方案设计的初步阶段。以墙中线为分界内外移动鼠标指针，可控制门的内外开启方向，如图6-7 所示。单击墙，可确定门的位置和开启方向，也是插入门的默认方法。

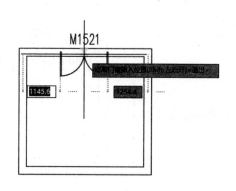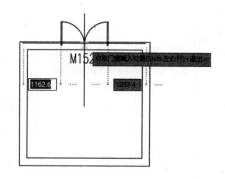

图 6-7　控制门的开启方向

➢ 沿墙顺序插入：单击按钮 ▤，以距离指定位置较近的墙边端点或基线为起点，在指定的位置插入门，如图 6-8~图 6-10 所示。此后顺着前进方向连续插入，插入过程中可以改变门类型和参数。在弧墙上顺序插入门时，门按照墙基线的弧长进行定位。

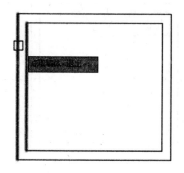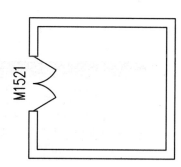

图 6-8　选择墙体　　　　　　　　图 6-9　指定点　　　　　　　　图 6-10　插入门

➢ 依据点取位置两侧的轴线进行等分插入：单击按钮 ▤，在墙上点取插入点，以两侧轴线为参考，在等分点插入门，如图 6-11~图 6-13 所示。

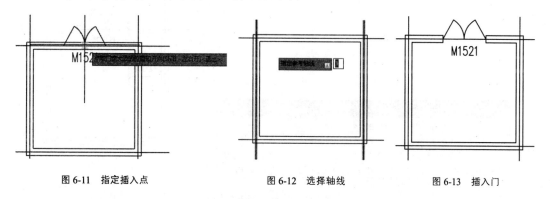

图 6-11　指定插入点　　　　　　图 6-12　选择轴线　　　　　　图 6-13　插入门

➢ 在点取的墙段上等分插入：单击按钮 ▤，在墙上插入门，使门两侧墙垛的长度相等，如图 6-14~图 6-16 所示。

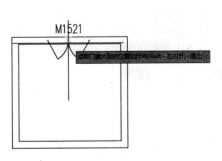

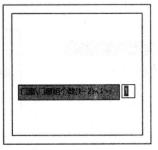

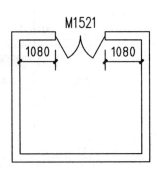

图 6-14 指定插入点 　　　图 6-15 指定门窗数 　　　图 6-16 插入门

➤ 　垛宽定距插入：单击按钮 ，激活【门】对话框中的"距离"文本框，在其中输入墙垛到门的距离，然后再在墙上单击即可插入门，如图 6-17 所示。

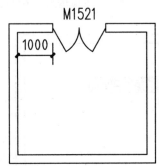

图 6-17 指定"垛宽"插入门

➤ 　轴线定距插入：单击按钮 ，激活【门】对话框中的"距离"文本框。在其中输入门左侧距离基线的距离，然后再在墙体上单击即可插入门，如图 6-18 所示。

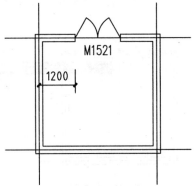

图 6-18 指定轴线间距插入门

➤ 　按角度插入弧墙上的门：单击按钮 ，指定角度，在弧墙上插入门，如图 6-19~图 6-21 所示。

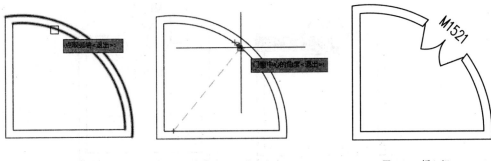

图 6-19　选择弧墙　　　　　图 6-20　指定角度　　　　　图 6-21　插入门

➤ 根据鼠标位置居中或定距插入：单击按钮 ，在"距离"文本框中输入距离，可根据鼠标的
位置以相应的距离插入门，如图 6-22 所示。当在墙上居中放置鼠标时，可以居中插入门。

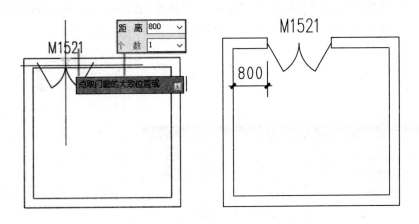

图 6-22　指定距离插入门

➤ 充满整个墙段插入门窗：单击按钮 ，可创建与墙体长度相同的门窗，如图 6-23 所示。

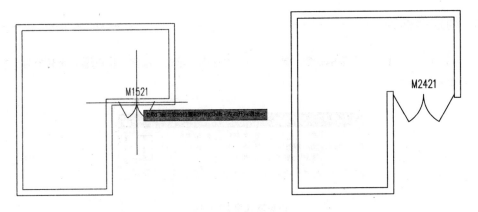

图 6-23　在整个墙段插入门

➤ 插入上层门：单击按钮 ，在门的上方再添加门。该方式常用来创建其他楼层的门。
➤ 在已有洞口插入多个门：单击按钮 ，选择图纸上的门，可以覆盖插入其他类型的门，如图
6-24 所示。

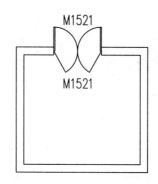

图 6-24　在已有洞口插入门

> 替换图中已经插入的门：单击按钮 ≡，可批量修改门参数，包括转换门类型，如图 6-25 所示。用【门】对话框内的当前参数作为目标参数，替换图中已插入的门，将在对话框右侧显示参数列表。如果用户不需要改变某一参数，可取消选择该项参数。

图 6-25　替换已有的门

> 拾取门参数：单击按钮 ✐，可拾取图中的门参数，方便用户插入相同参数的门。
> 删除门：单击按钮 ✐，单击图中的门，按空格键可将其删除。

6.1.2　创建普通窗

单击【门窗】|【门窗】菜单命令，弹出【门】对话框，单击 "插窗" 按钮 ⊞，将转换为【窗】对话框，如图 6-26 所示。

图 6-26　【窗】对话框

在【窗】对话框中，单击平面图预览区域，将打开【天正图库管理系统】对话框，可从中选择窗的平面样式，如图 6-27 所示。单击立面图预览区域，将打开【天正图库管理系统】对话框，可从中选择窗的立面样式，如图 6-28 所示。

图 6-27 选择窗的平面样式   图 6-28 选择窗的立面样式

在【门】对话框中设置窗的属性参数,如图 6-29 所示。然后在墙上指定基点,即可插入窗,如图 6-30 所示。

图 6-29 设置参数

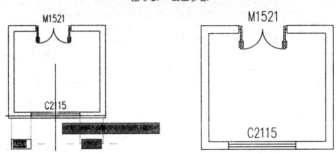

图 6-30 插入窗

6.1.3 创建门连窗

门连窗是门和窗的组合,在门窗表中将作为单个门窗被统计。其中,门的平面图例固定为单扇平开门。

单击【门窗】|【门窗】菜单命令,在弹出的【门】对话框中单击"插门连窗"按钮,将转换为【门连窗】对话框,如图 6-31 所示。

图 6-31 【门连窗】对话框

在【门连窗】对话框中单击门预览区域，将打开【天正图库管理系统】对话框，选择门样式，如图 6-32 所示。

单击窗预览区域，将打开【天正图库管理系统】对话框，选择窗样式，如图 6-33 所示。

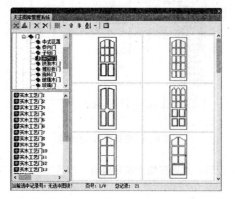

图 6-32　选择门样式

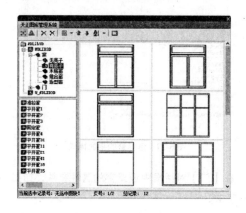

图 6-33　选择窗样式

在【门连窗】对话框中设置门连窗的属性参数，如图 6-34 所示。然后选择合适的插入方式，在墙上指定点，即可插入"门连窗"，如图 6-35 所示。

图 6-34　设置参数

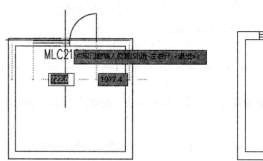
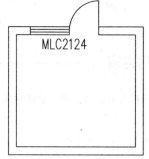

图 6-35　插入"门连窗"

6.1.4　创建子母门

子母门是两个平开门的组合，在门窗表中将作为单个门窗被统计。

单击【门窗】|【门窗】菜单命令，在弹出的【门】对话框中单击"插子母门"按钮，转换为【子

母门】对话框，如图 6-36 所示。

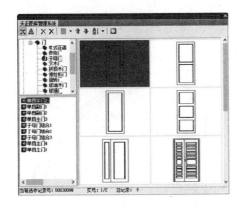

图 6-36 【子母门】对话框

单击【子母门】对话框中的"大门样式"预览区域，将打开【天正图库管理系统】对话框，选择大门样式，如图 6-37 所示。再单击"小门样式"预览区域，打开【天正图库管理系统】对话框，选择小门样式，如图 6-38 所示。

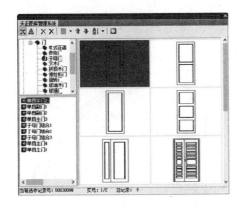

图 6-37 选择大门样式

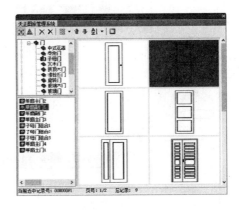

图 6-38 选择小门样式

在【子母门】对话框中设置子母门的参数，如图 6-39 所示。然后选择合适的插入方法，即可在墙上指定点，插入子母门的结果如图 6-40 所示。

图 6-39 设置参数

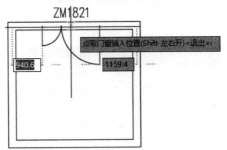

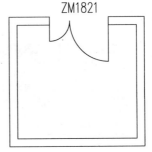

图 6-40 插入子母门

6.1.5 创建弧窗

弧窗是与弧墙具有相同曲率、半径的弧形玻璃窗，在平面图中用三线或四线表示。

单击【门窗】|【门窗】菜单命令，在弹出的【门】对话框中单击"插弧窗"按钮，转换为【弧窗】对话框。

在【弧窗】对话框中设置弧窗的属性参数，如图 6-41 所示。然后在弧墙上单击一点，即可插入弧窗，如图 6-42 所示。

图 6-41　设置参数

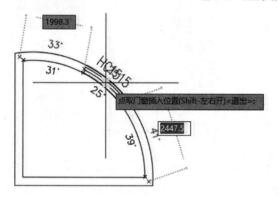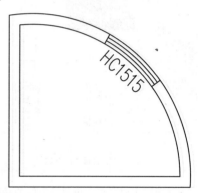

图 6-42　插入弧窗

6.1.6 创建凸窗

凸窗是墙体上凸出的窗体。在 T20 中，可以创建梯形、三角形、圆弧和矩形 4 种形状的凸窗。

单击【门窗】|【门窗】菜单命令，在弹出的【门】对话框下方单击"插凸窗"按钮，转换为【凸窗】对话框。

在【凸窗】对话框中设置凸窗的各项参数，如图 6-43 所示。然后在墙上指定插入位置，即可插入凸窗，如图 6-44 所示。

图 6-43　设置参数

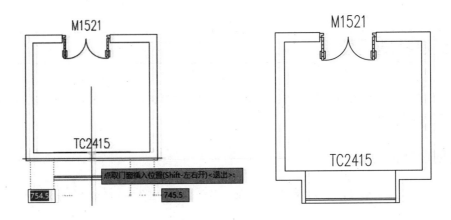

图 6-44　插入凸窗

6.1.7　创建洞口

在 T20 中，可以在墙体上创建矩形洞口和圆形洞口。

单击【门窗】|【门窗】菜单命令，在弹出的【门】对话框下方单击"插洞"按钮 ▣，转换为【洞口】对话框。

在【洞口】对话框中设置洞宽、洞高和底高等参数，并选择洞口的形式，如图 6-45 所示。然后在墙上单击指定位置，即可创建洞口，如图 6-46 所示。

图 6-45　设置参数

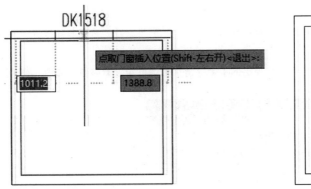
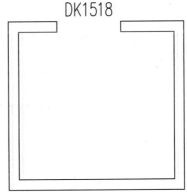

图 6-46　创建洞口

6.2 创建特殊门窗

T20 不但提供了创建普通门窗的工具，还提供了创建特殊门窗的工具，包括组合门窗、带形窗、转角窗和异形洞 4 个工具。

6.2.1 创建组合门窗

执行"组合门窗"命令，可以把两个或两个以上的普通门窗组合为一个对象，作为单个门窗对象被统计。

在组合门窗中，门窗的平面样式与立面样式都可以由用户单独控制。还可以执行"门窗入库"命令，把创建好的常用组合门窗存入构件库，在需要使用时从构件库中直接调用。

单击【门窗】|【组合门窗】菜单命令，选择门和窗，输入新编号，即可创建组合门窗，如图 6-47 所示。

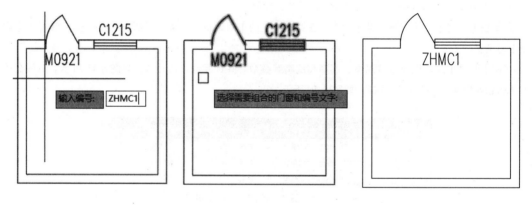

图 6-47 创建组合门窗

6.2.2 创建带形窗

带形窗指跨越多段墙体的多扇普通窗的组合，各扇窗共用一个编号。带形窗没有凸窗特性，窗宽与墙宽一致。

单击【门窗】|【带形窗】菜单命令，在弹出的【带形窗】对话框中设置参数，如图 6-48 所示。

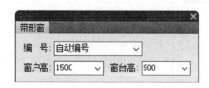

图 6-48 【带形窗】对话框

在墙上依次指定带形窗的起点和终点，然后选择带形窗经过的墙体，按 Enter 键即可完成带形窗的创建，如图 6-49 和图 6-50 所示。

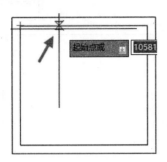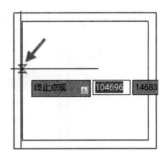

图 6-49　指定起点和终点

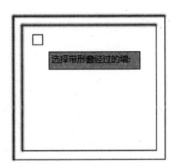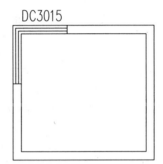

图 6-50　创建带形窗

6.2.3　创建转角窗

转角窗是指经过墙角的平窗或凸窗。转角窗在平面图中用三线或四线表示（当前出图比例小于 1：100 时用三线表示）。在三维视图中显示窗框和玻璃。转角凸窗还包含窗楣和窗台板，在创建的过程中可以自动裁剪，获得正确的平面样式。

单击【门窗】｜【转角窗】菜单命令，弹出【绘制角窗】对话框，如图 6-51 所示。选择"凸窗"选项，单击右侧的红色箭头 ，展开"凸窗"参数面板，如图 6-52 所示。

图 6-51　【绘制角窗】对话框　　　　　　图 6-52　"凸窗"参数面板

在【绘制角窗】对话框中设置参数，单击墙角，并输入两侧的转角距离，即可完成转角窗的创建，如图 6-53 所示。

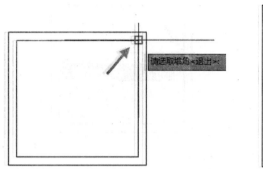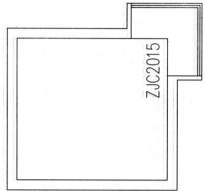

图 6-53　创建转角凸窗

6.2.4　创建异形洞

执行"异形洞"命令，可以在直墙上以闭合多段线为基础，生成任意形状的洞口，其平面图例与矩形洞口的平面图例相似。

执行操作之前，可以先在视图中设置视口的显示样式，同时显示两个或多个视口。例如显示平面视口和立面视口，可方便查看创建异形洞的效果。或者执行"墙面 UCS"命令，先把平面墙转化为立面墙，接着再绘制闭合多段线表示洞口轮廓线。然后调用"异性洞"命令创建异形洞口，并在三维视图中查看创建效果。

执行"异形洞"命令，点取墙体的一侧，如图 6-54 所示。接着选择墙面上的封闭多段线，如图 6-55 所示，然后打开【异形洞】对话框。

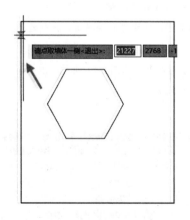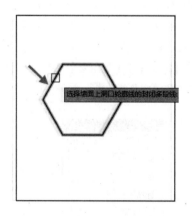

图 6-54　点取墙体的一侧　　　　　　　图 6-55　选择多段线

在【异形洞】对话框中设置洞口的编号，选择"穿透墙体"选项（此时"洞深"选项不可用），如图 6-56 所示。单击"表示方法"预览窗口，可以切换洞口的平面样式。

单击"确定"按钮，即可创建异形洞。转换至三维视图，观察创建异形洞口的效果，如图 6-57 所示。

图 6-56　【异形洞】对话框

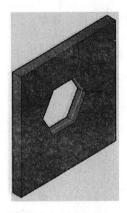

图 6-57　创建异形洞

6.3　门窗工具

T20 提供的门窗工具包括内外翻转和左右翻转等。本节将介绍门窗工具的使用方法。

6.3.1　内外翻转

执行"内外翻转"命令，可将选中的门窗以所在墙体的基线为中心镜像线进行内外翻转。

单击【门窗】|【内外翻转】菜单命令，选择门窗后按 Enter 键，即可完成内外翻转门窗的操作，如图 6-58 所示。执行该命令可以同时内外翻转多个选中的门窗。

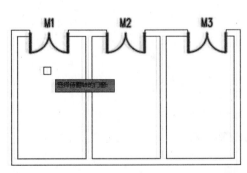
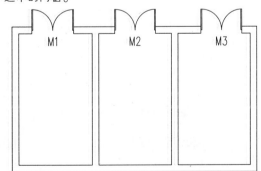

图 6-58　内外翻转

6.3.2　左右翻转

执行"左右翻转"命令，可将当前选中的门窗沿墙体方向进行左右翻转及改变门窗的开启方向。

单击【门窗】|【左右翻转】菜单命令，选择门窗后按 Enter 键，即可完成所选门窗左右翻转的操作，如图 6-59 所示。执行该命令可以同时对多个选中的门窗进行左右翻转。

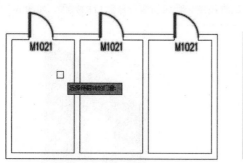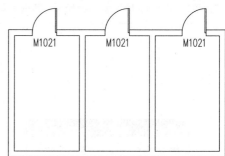

图 6-59　左右翻转

6.3.3 添加门窗套

执行"门窗套"命令，可以为所选的门窗添加门窗套，添加的门窗套将出现在门窗洞的四周。

单击【门窗】|【门窗工具】|【门窗套】菜单命令，在弹出的【门窗套】对话框中设置参数，如图 6-60 所示。在视图选择外墙上需要添加门窗套的窗并按 Enter 键，即可完成添加窗套的操作，如图 6-61 所示。在【门窗套】对话框中选择"消门窗套"选项，然后在视图中单击已添加门窗套的门窗，可以删除门窗套，不影响门窗的显示效果。

图 6-60　【门窗套】对话框

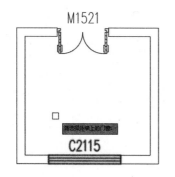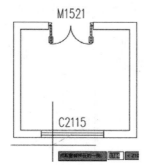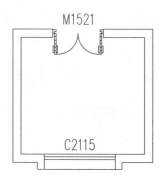

图 6-61　添加窗套

6.3.4 添加门口线

执行"门口线"命令，可以在门的一侧添加门口线。门口线是门的属性之一，所以门口线会自动跟随门的移动而移动。

单击【门窗】|【门窗工具】|【门口线】菜单命令，在弹出的【门口线】对话框中设置参数，如

图 6-62 所示。然后选择门，并确定添加门口线的一侧，即可完成添加门口线的操作，如图 6-63 所示。在【门口线】对话框的"偏移距离"选项中设置参数，调整门口线与门洞的间距，默认值为 0。

图 6-62 【门口线】对话框

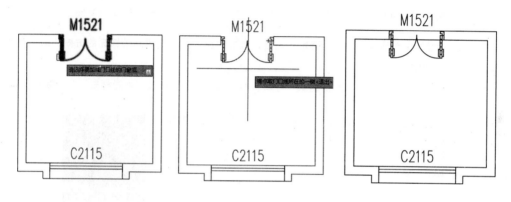

图 6-63 添加门口线

在【门口线】对话框中提供了"居中""单侧""双侧"3 种门口线方式供选择。其中方式绘制门口线的结果如图 6-64 所示，"单侧"方式绘制门口线的结果如图 6-65 所示。

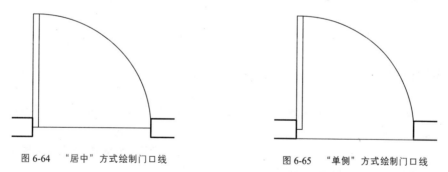

图 6-64 "居中"方式绘制门口线   图 6-65 "单侧"方式绘制门口线

6.3.5 添加装饰套

执行"加装饰套"命令，可以为门窗添加装饰套。如果不需要装饰套，可将其直接删除。

单击【门窗】|【门窗工具】|【加装饰套】菜单命令，弹出【门窗套设计】对话框，如图 6-66 所示。在"截面定义"选项组中选择"取自截面库"选项，单击右侧的"选择断面形状"按钮 ，打开【天正图库管理系统】对话框，选择门窗套线，如图 6-67 所示。

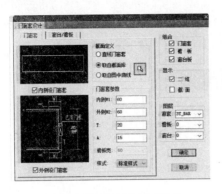

图 6-66 【门窗套设计】对话框

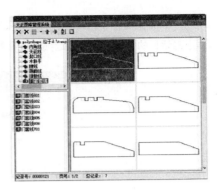

图 6-67 选择门窗套线

在【门窗套设计】对话框中单击"确定"按钮，选择门窗，并指定添加装饰套的方向，即可完成添加装饰套的操作，如图 6-68 所示。

为了更加直观地查看添加装饰套的结果，可以切换至三维视图，更改"视觉样式"为"概念"模式。

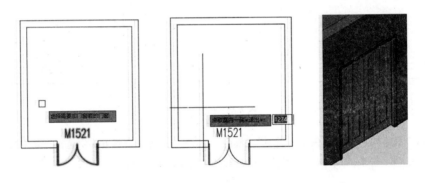

图 6-68 添加装饰门套

6.3.6 窗棂展开

执行"窗棂展开"命令，可以把平面窗按立面尺寸展开，用户可以在窗立面图上用直线或圆弧添加窗棂分格线。

执行该命令后，选择平面窗，接着在视图中指定展开位置，即可得到窗的立面轮廓。执行 L "直线"命令，绘制窗棂分隔线，结果如图 6-69 所示。

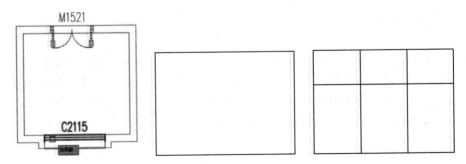

图 6-69 窗棂展开

6.3.7 窗棂映射

执行"窗棂映射"命令，可以把窗立面图上的窗棂分格线按默认尺寸映射到目标窗上，并在目标窗上更新为用户定义的窗棂分格效果。

单击【门窗】|【门窗工具】|【窗棂映射】菜单命令，选择待映射的窗，如图 6-70 所示。接着在窗棂展开图中选择直线，如图 6-71 所示。

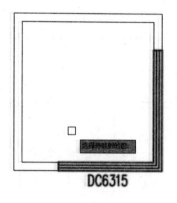

图 6-70　选择窗

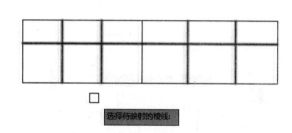

图 6-71　选择直线

在窗棂展开图中指定基点，如图 6-72 所示。按 Enter 键结束操作，即可完成窗棂映射的操作，结果如图 6-73 所示。

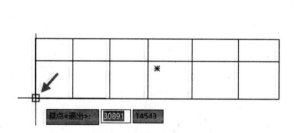

图 6-72　指定基点

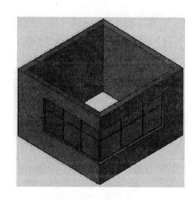

图 6-73　窗棂映射

6.4 门窗编号和门窗表

在默认情况下创建门窗时，在【门】对话框和【窗】对话框中会要求用户输入门窗编号或选择自动编号。利用门窗编号可以方便地对门窗进行统计、检查和修改等操作。

本节将讲解编辑门窗编号和创建门窗表的方法。

6.4.1 门窗编号

执行"门窗编号"命令，可以生成或者修改门窗编号。

单击【门窗】|【门窗编号】菜单命令，先选择要修改编号的门窗的范围，再选择要修改编号的门窗，即可为门窗添加编号。值得注意的是，每次只能为同一种类型的门窗添加编号。

执行该命令后，根据命令行的提示，选择待修改门窗编号的范围，如图 6-74 所示。单击选择单扇门，此时相同属性的单扇门同时被选中，如图 6-75 所示。

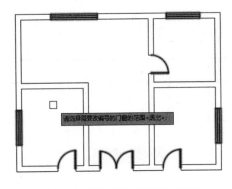

图 6-74 选择待修改门窗编号的范围

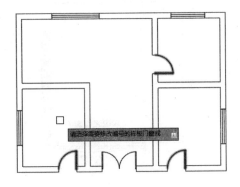

图 6-75 选择单扇门

系统会默认为单扇门创建一个编号，用户也可自定义门编号，结果如图 6-76 所示。重复操作，继续选择待编号的门窗，结果如图 6-77 所示。

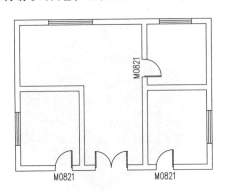

图 6-76 创建门编号

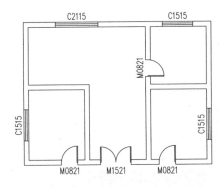

图 6-77 修改门窗编号

6.4.2 门窗检查

执行"门窗检查"命令，可以检查视图中的门窗数据是否合理。

单击【门窗】|【门窗检查】菜单命令，弹出【门窗检查】对话框，其中显示了各类门窗的参数，以及检查门窗是否发生冲突，如图 6-78 所示。

单击【门窗检查】对话框左上角的"设置"按钮，打开【设置】对话框，选择选项，设置检查内容，如图 6-79 所示。单击"确定"按钮，即可在【门窗检查】对话框中按照所设定的值显示门窗参数。

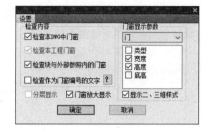

图 6-78 【门窗检查】对话框   图 6-79 【设置】对话框

6.4.3 门窗表和门窗总表

门窗表用于统计图纸中指定门窗的属性参数，包括类型、设计编号、洞口尺寸、数量等。

门窗总表用于统计本工程中多张图纸中的门窗信息，检查后生成门窗总表。

单击【门窗】|【门窗表】菜单命令，选择门窗，如图 6-80 所示。按 Enter 键，点取放置门窗表的位置，如图 6-81 所示。

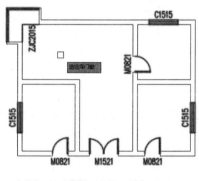

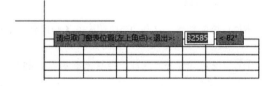

图 6-80 选择门窗   图 6-81 点取放置门窗表的位置

创建门窗表的结果如图 6-82 所示。选择门窗表，将显示夹点。激活夹点，可以调整表格的列宽或者移动表格。

门窗表

类型	设计编号	洞口尺寸(mm)	数量	图集名称	页次	选用型号	备注
普通门	M0821	800X2100	3				
	M1521	1500X2100	1				
普通窗	C1515	1500X1500	3				
转角窗	ZJC2015	(1000+1000)X1500	1				

图 6-82 门窗表

6.5 实战演练——绘制别墅首层平面图

本节将根据本章所介绍的门窗知识以及前面章节所介绍的知识，绘制别墅的首层平面图，包括轴网、轴网标注、墙体和门窗，结果如图 6-83 所示。

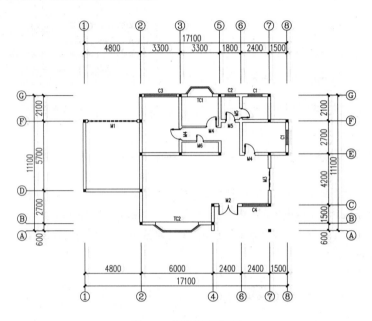

图 6-83　别墅首层平面图

1. 绘制轴网

[01]　绘制轴网。启动 T20，，单击【轴网柱子】|【绘制轴网】菜单命令，在弹出的【绘制轴网】对话框中设置"上开"参数，如图 6-84 所示。

[02]　选择"下开"选项，设置参数如图 6-85 所示。

图 6-84　设置"上开"参数

图 6-85　设置"下开"参数

[03]　选择"左进"选项，设置参数如图 6-86 所示。

04 选择"右进"选项，设置参数如图 6-87 所示。

图 6-86 设置"左进"参数

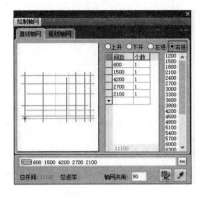

图 6-87 设置"右进"参数

05 在绘图区域中指定基点，创建轴网，结果如图 6-88 所示。

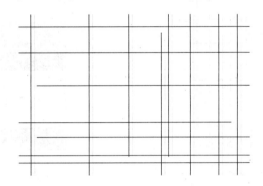

图 6-88 创建轴网

06 执行 "O"（偏移）命令，设置偏移距离，偏移轴线，如图 6-89 所示。

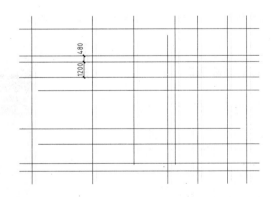

图 6-89 偏移轴线

07 执行 "TR"（修剪）命令，修剪轴线，如图 6-90 所示。

08 轴网标注。单击【轴网柱子】|【轴网标注】菜单命令，在弹出的【轴网标注】对话框中设置参数，如图 6-91 所示。

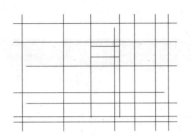

图 6-90 修剪轴线

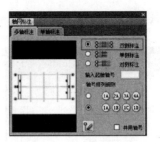

图 6-91 设置参数

09 根据命令行的提示，依次选择起始轴线、终止轴线，标注轴网，结果如图 6-92 所示。

10 在【轴网标注】对话框中设置"输入起始轴号"选项值为"A"，如图 6-93 所示。

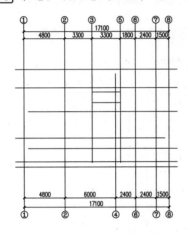

图 6-92 标注轴网

图 6-93 设置起始轴号

11 选择起始、终止轴线，创建垂直方向上的轴网标注，结果如图 6-94 所示。

2. 绘制墙柱

01 绘制墙体。单击【墙体】|【绘制墙体】菜单命令，在弹出的【墙体】对话框中设置参数，如图 6-95 所示。

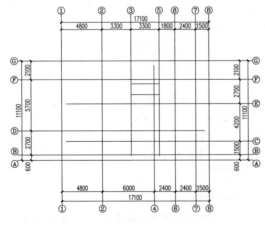

图 6-94 标注轴网

图 6-95 设置参数

02 根据命令行提示，指定起点和下一点，绘制外墙的结果如图 6-96 所示。

03 在【墙体】对话框中将"用途"选项值改为"内墙"，其他参数保持不变，如图 6-97 所示。

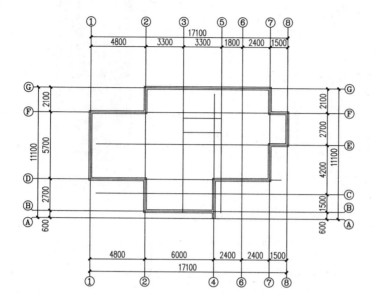

图 6-96 绘制外墙

图 6-97 设置参数

04 指定起点、下一点，绘制内墙，结果如图 6-98 所示。

05 在【墙体】对话框中修改墙宽为 120，"用途"为"内墙"不变，如图 6-99 所示。

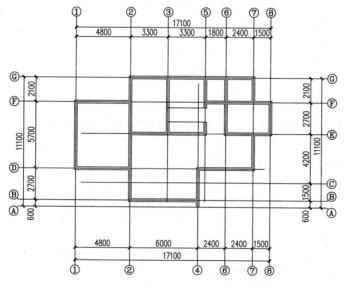

图 6-98 绘制内墙

图 6-99 设置参数

06 根据命令行提示，依次指定起点和下一点，绘制隔墙，结果如图 6-100 所示。

07 绘制柱子。单击【轴网柱子】|【标准柱】菜单命令，在弹出的【标准柱】对话框中设置参数，如图 6-101 所示。

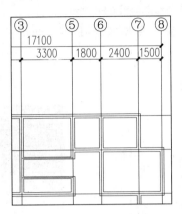

图 6-100　绘制隔墙

图 6-101　设置参数

08　根据命令行提示，指定基点插入柱子，结果如图 6-102 所示。

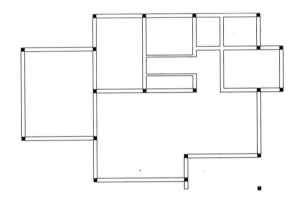

图 6-102　插入柱子

3．绘制窗

01　绘制普通窗。单击【门窗】|【门窗】菜单命令，在弹出的【窗】对话框中设置参数，如图 6-103 所示。

02　在墙体上点取基点，插入 C1，结果如图 6-104 所示。

图 6-103　设置参数

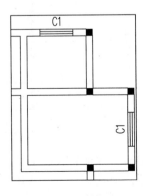

图 6-104　插入 C1

03 在【窗】对话框中修改窗参数，将"编号"设置为"C2"，如图 6-105 所示。

04 在墙体上插入 C2，结果如图 6-106 所示。

图 6-105 修改参数

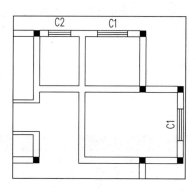

图 6-106 插入 C2

05 在【窗】对话框中修改窗参数，将"编号"设置为"C3"，如图 6-107 所示。

06 在墙体上插入 C3，结果如图 6-108 所示。

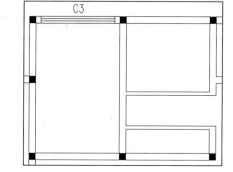

图 6-108 插入 C3

图 6-107 修改参数

07 在【窗】对话框中修改窗参数，将"编号"设置为"C4"，如图 6-109 所示。

08 在墙体上插入 C4，结果如图 6-110 所示。

图 6-109 设置参数

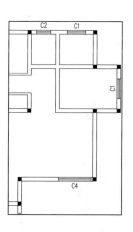

图 6-110 插入 C4

09 绘制凸窗。单击【门窗】|【门窗】菜单命令，在【窗】对话框中单击"插凸窗"按钮□，转换为【凸窗】对话框，设置参数如图 6-111 所示。

10 根据命令行提示，在墙体上指定基点插入 TC1，结果如图 6-112 所示。

图 6-111　设置参数

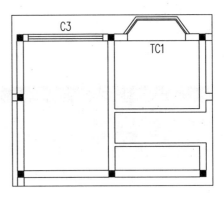

图 6-112　插入 TC1

11 在【凸窗】对话框中设置 TC2 的参数，如图 6-113 所示。

图 6-113　设置参数

12 在点取的墙段上等分插入 TC2，结果如图 6-114 所示。

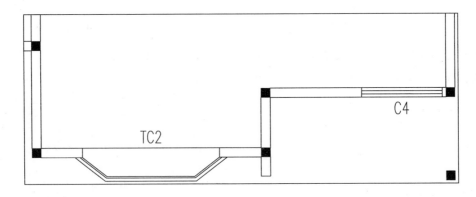

图 6-114　插入 TC2

4．绘制门

01 绘制车库门。单击【门窗】|【门窗】菜单命令，弹出【门】对话框，单击左侧的平面门预览区，打开【天正图库管理系统】对话框，选择平面卷帘门，如图 6-115 所示。

02 在【门】对话框中单击右侧的立面门预览区，打开【天正图库管理系统】对话框，选择立面卷帘门，如图 6-116 所示。

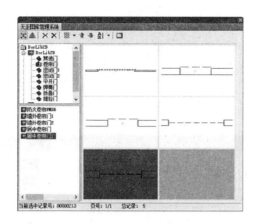

图 6-115 选择平面卷帘门

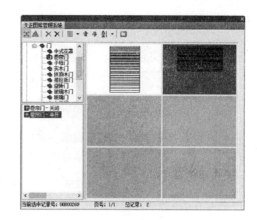

图 6-116 选择立面卷帘门

03 在【门】对话框中设置"编号""门宽""门高"等参数,如图 6-117 所示。

图 6-117 设置参数

04 在指定的墙上等分插入卷帘门 M1,如图 6-118 所示。

05 绘制入口门。在【门】对话框中单击左侧的平面门预览区,打开【天正图库管理系统】对话框,选择平面门,如图 6-119 所示。

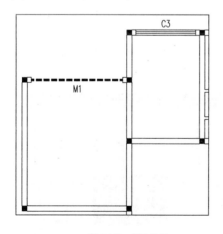

图 6-118 插入 M1

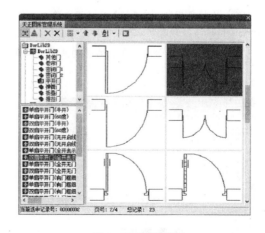

图 6-119 选择平面门

06 在【门】对话框中单击右侧的立面门预览区,打开【天正图库管理系统】对话框,选择立面门,如图 6-120 所示。

07 在【门】对话框中设置"编号""门宽""门高"参数,单击"自由插入"按钮 ⬚ ,选择插入方式,如图 6-121 所示。

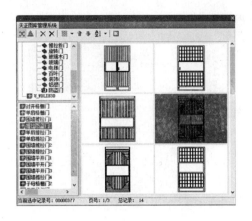

图 6-120 选择立面门

图 6-121 设置参数

08 在指定的墙上插入 M2，结果如图 6-122 所示。

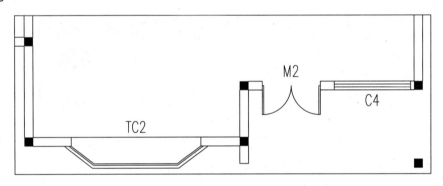

图 6-122 插入 M2

09 绘制餐厅门。在【门】对话框中单击左侧的平面门预览区，打开【天正图库管理系统】对话框，选择平面推拉门，如图 6-123 所示。

10 在【门】对话框中单击右侧的立面门预览区，打开【天正图库管理系统】对话框，选择立面推拉门，如图 6-124 所示。

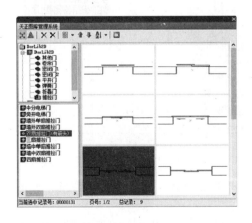

图 6-123 选择平面推拉门

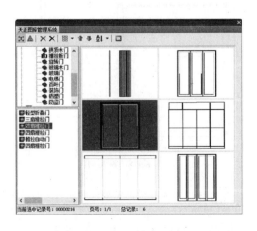

图 6-124 选择立面推拉门

11 在【门】对话框设置"编号""门宽"等参数，如图6-125所示。

12 在点取的墙上等分插入M3，结果如图6-126所示。

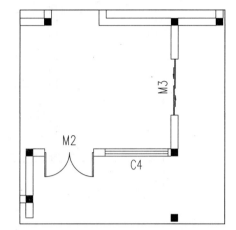

图 6-125　设置参数　　　　　　　　　　　　　　　　　　图 6-126　插入 M3

13 绘制别墅内部的平开门。在【门】对话框中单击左侧的平面门预览区，打开【天正图库管理系统】对话框，选择平面门，如图6-127所示。

14 在【门】对话框中单击右侧的立面门预览区，打开【天正图库管理系统】对话框，选择立面门，如图6-128所示。

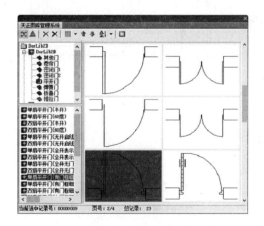

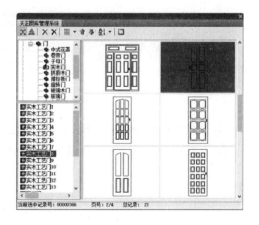

图 6-127　选择平面门　　　　　　　　　　　　　　　　　图 6-128　选择立面门

15 在【门】对话框中设置"编号"为"M4"，修改其他参数，如图6-129所示。

图 6-129　设置参数

⑯ 在墙上点取基点，插入 M4，结果如图 6-130 所示。

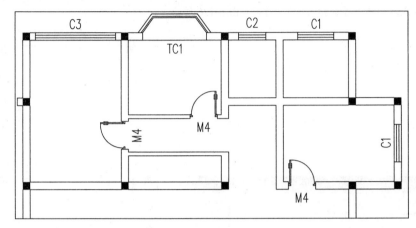

图 6-130　插入 M4

⑰ 在【门】对话框中修改参数，如图 6-131 所示。

⑱ 在点取的墙上插入 M5，结果如图 6-132 所示。

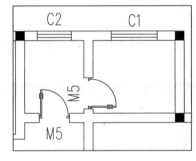

图 6-131　设置参数

图 6-132　插入 M5

⑲ 在【门】对话框中修改参数，如图 6-133 所示。

⑳ 在点取的墙上插入 M6，结果如图 6-134 所示。

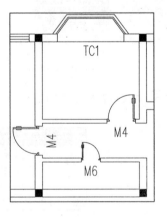

图 6-133　设置参数

图 6-134　插入 M6

21 全部绘制完成的结果如图 6-135 所示。

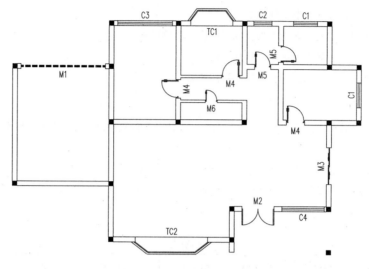

图 6-135　全部绘制完成的结果

6.6 本章小结

2. 本章介绍了创建和编辑各类门窗的方法。

3. 编辑门窗的方法包括夹点编辑与批量编辑。本章介绍了门窗编辑工具的使用方法，包括修改门窗参数，添加门口线及添加门窗套等。

4. 本章介绍了创建门窗编号和门窗表的方法。执行"门窗编号"命令，可以为门窗添加编号。执行"门窗总表"命令，可以在工程中提取各楼层的门窗编号，创建整个工程的门窗总表。

5. 天正洞口属于自定义对象，可与墙体建立智能联动关系。洞口插入墙体后，墙体的外观几何尺寸不变，但墙体对象的粉刷面积和开洞面积会自动更新，以备查询。

6. 可以利用夹点编辑门窗，如翻转门窗的开启方向。选中门窗，单击鼠标右键，在弹出的快捷菜单中选择相应的命令，即可进入对象编辑。

6.7 思考与练习

一、 填空题

1. 插入门窗的方式包括自由插入、＿＿＿＿＿＿、＿＿＿＿＿＿、＿＿＿＿＿＿、
＿＿＿＿＿＿、＿＿＿＿＿＿、＿＿＿＿＿＿、＿＿＿＿＿＿和充满整个墙段插入门窗。

2. 通过"门窗"命令可绘制门窗的样式包括普通门、＿＿＿＿＿、＿＿＿＿＿、＿＿＿＿＿、
＿＿＿＿＿、＿＿＿＿＿、＿＿＿＿＿和矩形洞。

3. 门窗表具有＿＿＿＿＿和＿＿＿＿＿两种样式。

二、 问答题

    1. 激活夹点可以修改门窗的哪些参数？

    2. 矩形洞和异形洞有何区别？如何绘制矩形洞和异形洞？

    3. 门窗表和门窗总表有何区别？如何创建？

    4. 门窗套和装饰套有何区别？如何创建门窗套和装饰套？

三、 操作题

    1. 利用各种方式插入门窗，并进行比较分析，总结出各自的特点，以掌握在各种不同的绘图环境中创建门窗的方法。

    2. 选择门窗，执行左右翻转、内外翻转和对象编辑等操作。

    3. 以图 6-136 所示的门窗表为依据，为图 6-137 所示的平面图添加门窗。并执行"门窗表"命令，创建门窗表。

门窗表

类别	设计编号	洞口尺寸(mm) 宽度	洞口尺寸(mm) 高度	数量	图集名称	页次	选用型号	备注
门	M0721	700	2100	2				
	M0921	900	2100	6				
	M1021	1000	2100	2				
	M1221	1200	2100	2				
门连窗	MC2421	2400	2100	2				
窗	C0615	600	1500	4				
	C1215	1200	1500	6				
	C1515	1500	1500	1				
	C2415	2400	1500	2				
凸窗	TC1815	1800	1500	2				
转角窗	ZJC	(1500+1200)	1500	1				
	ZJC	(1200+1500)	1500	1				
墙洞		800	2100	6				

图 6-136　门窗表

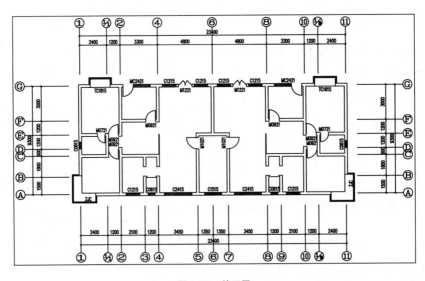

图 6-137　练习图

第7章 创建室内外设施

● **本章导读**

　　室内外构件是附属于建筑并依附建筑而存在的。室内构件主要包括楼梯、电梯、扶手和栏杆等，室外构件包括阳台、台阶、坡道和散水等。本章将介绍室内外设施的概念和作用，并通过实例讲述创建室内外设施的方法。

● **本章重点**

◇ 创建室内设施　　　　　　　　　　◇ 创建室外设施
◇ 实战演练——创建别墅的室内外设施　　◇ 本章小结
◇ 思考与练习

7.1 创建室内设施

　　室内设施是建筑设计的重要组成部分，包括楼梯、电梯、扶手和栏杆等。

　　楼梯是建筑物的竖向构件，供人和物上下楼层以及疏散人流之用。因此对楼梯的设计要求是具有足够的通行能力（即保证楼梯有足够的宽度和合适的坡度），保证通行安全，保证楼梯有足够的强度、刚度，并具有防火、防烟和防滑等功能。另外，楼梯造型应该美观大方，以增强建筑物内部的观赏效果。

　　由于社会发展迅速，城市用地紧张，高层建筑成为城市建设的主流。为了节省体力，提高速度，需要在建筑中设置电梯。

　　在高层建筑中，电梯是主要的垂直交通工具。本节将主要介绍楼梯、电梯及其附属构件的创建方法。

7.1.1 创建单跑楼梯

　　楼梯是联系上下层的垂直交通设施。单跑楼梯是指连接上下楼层并且中途不改变方向的梯段。单跑楼梯又可分为直线梯段、圆弧梯段和任意梯段 3 种。

1. 直线梯段

　　直线梯段是最简单的一种梯段，一般用在层高较低的建筑物中。直线梯段可单独使用，也可以与其他类型的梯段组合使用。

　　单击【楼梯其他】|【直线梯段】菜单命令，在弹出的【直线梯段】对话框中设置参数，在绘图区域中指定直线梯段的插入位置，即可创建直线梯段，如图 7-1 所示。

图 7-1　创建直线梯段

【直线梯段】对话框中各选项介绍如下：

➤ 起始高度：以楼层地面为基点，指定梯段的起始高度，默认值为 0。

➤ 梯段 高度：直线梯段的总高度。

➤ 梯段宽：梯段水平方向上的宽度。

➤ 梯段长度：梯段垂直方向上的长度。

➤ 踏步高度：梯段台阶的高度。设置梯段高度后，系统经过计算，确定踏步高度的精确值。

➤ 踏步宽度：梯段踏步的宽度。

➤ 踏步数目：梯段踏步的总数。可以直接输入数值，也可以单击右侧的向上、向下箭头，增加或减少踏步数。

➤ 左边梁/右边梁：选择选项，可为直线梯段添加左边梁，如图 7-2 所示，或添加右边梁，如图 7-3 所示。

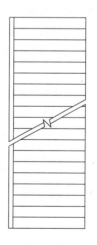

图 7-2　添加左边梁

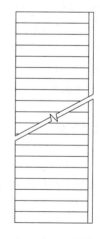

图 7-3　添加右边梁

➤ 需要 2D/需要 3D：选择选项，可设置梯段在视图中的显示方式。图 7-4 所示为梯段的 2D 样式，图 7-5 所示为梯段的 3D 样式。

图 7-4　梯段的 2D 样式　　　　　　　　　　图 7-5　梯段的 3D 样式

> 剖断组：在该组中选择选项，可确定楼梯剖断的方式，包括"无剖断""下剖断""双剖断""上
剖断"4 种方式，如图 7-6~图 7-9 所示。

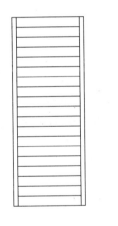
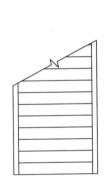

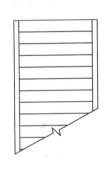

图 7-6　无剖断　　　　图 7-7　下剖断　　　　图 7-8　双剖断　　　　图 7-9　上剖断

> 坡道选项组：该组包含三个选项，选择选项，可以将梯段转化为坡道，同时设置坡道的属性。
在创建直线梯段时，命令行提示中各选项介绍如下：

> 转 90 度（A）：按 A 键，将当前梯段沿逆时针方向旋转 90°。

> 左右翻（S）：按 S 键，将梯段以基点所在的铅垂线为镜像线进行左右翻转。

> 上下翻（D）：按 D 键，将梯段以基点所在的水平线为镜像线进行上下翻转。

> 对齐（F）：按 F 键，首先指定楼梯上的基点和对齐轴，再指定目标点和对齐轴，即可将梯段移
到目标位置。

> 改转角（R）：按 R 键，为插入的楼梯设置旋转角度。

> 改基点（T）：按 T 键，重新指定楼梯的插入基点。

2. 圆弧梯段

执行"圆弧梯段"命令，可以创建弧形梯段，也可与直线梯段组合创建复杂梯段。单击【楼梯其他】
|【圆弧梯段】菜单命令，在弹出的【圆弧梯段】对话框中设置参数，指定圆弧梯段的插入位置，即可
创建圆弧梯段，如图 7-10 所示。

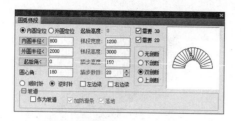

图 7-10　创建圆弧梯段

【圆弧梯段】对话框中各选项介绍如下：

➤　内圆定位/外圆定位：确定圆弧梯段的定位方式，默认选择"内圆定位"方式。

➤　内圆半径：确定圆弧梯段的内圆半径，可以直接输入参数，也可以在绘图区域中通过指定两点来确定。

➤　外圆半径：确定圆弧梯段的外圆半径，可以直接输入参数，也可以在绘图区域中通过指定两点来确定。

➤　起始角：确定圆弧梯段弧线的起始角度。

➤　圆心角：确定圆弧梯段的夹角，值越大，梯段弧线也越长。

3. 任意梯段

任意梯段指在两条任意直线或弧线的基础上创建的梯段。

单击【楼梯其他】│【任意梯段】菜单命令，根据命令行提示依次选择左右两侧边线，如图 7-11 所示。然后在弹出的【任意梯段】对话框中设置参数，如图 7-12 所示。单击"确定"按钮，即可完成创建任意梯段，如图 7-13 所示。

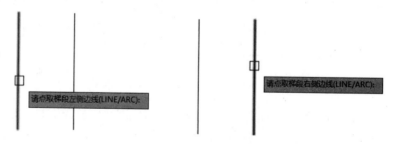

图 7-11　选择左右两侧边线

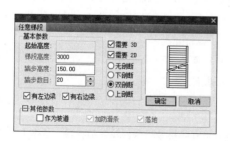

图 7-12　【任意梯段】对话框

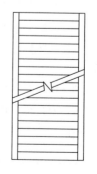

图 7-13　创建任意梯段

7.1.2 创建双跑楼梯和多跑楼梯

当建筑物层数较多且层高较高时，就需要设计双跑楼梯或多跑楼梯，并为梯段添加休息平台。本节将介绍创建双跑楼梯和多跑楼梯的方法。

1. 双跑楼梯

双跑楼梯是最常见的楼梯形式，由直线梯段、休息平台、扶手和栏杆构成。

单击【楼梯其他】|【双跑楼梯】菜单命令，在弹出的【双跑楼梯】对话框中设置各项参数，再根据命令行提示，指定基点即可创建双跑楼梯，如图 7-14 所示。

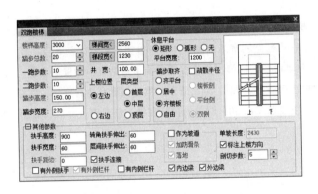
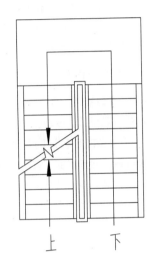

图 7-14　创建双跑楼梯

【双跑楼梯】对话框中各选项介绍如下：

➤ 楼梯高度：楼梯的总高。

➤ 踏步总数：楼梯的踏步数。可以踏步总数推算一跑与二跑的步数，总数为奇数时，先增加二跑的步数。

➤ 梯间宽：显示楼梯间的宽度，可以直接输入参数，也可单击该按钮后在绘图区域中指定两点来确定宽度。"梯间宽"＝"梯段宽"×2＋"井宽"。

➤ 梯段宽：一个直线梯段的宽度，可直接输入参数，也可单击该按钮后在绘图区域中指定两点来确定宽度。

➤ 井宽：两个梯段的间距。

➤ 上楼位置：在通过楼梯上楼的过程中会反转方向，所以在创建楼梯时还需要选择上楼位置，以便确定另一梯段的方向。

➤ 休息平台：休息平台是为人们提供休息的场所，可以是矩形，也可以是弧形，用户可以根据实际情况选择休息平台的尺寸和类型。

➤ 踏步取齐：当所绘梯段踏步的总高度与楼层高度不符合时，可以选择取齐基准，包括"齐平台""居中""齐楼板"和"自由"4 个选项，用户可根据实际需要选用。

> 层类型：在建筑平面图中，不同的楼层，楼梯图示的表达方式也不同。用户可以根据实际需要进行选择。

> 扶手高度：在选项中输入参数，设置扶手的高度。

> 扶手宽度：在选项中输入参数，设置扶手的宽度。

> 扶手距边：在选项中输入参数，设置扶手距离梯段的距离。

> 有外侧扶手：通常楼梯的外侧都紧贴墙壁，不需要设置外侧扶手。但在公共场所，为防止用户在梯段上摔倒，此时需要设置外侧扶手。选中该选项，可添加外侧扶手，还可以设置是否添加外侧栏杆。

> 有内侧栏杆：选择该选项，表示在内侧扶手位置创建内侧栏杆。

> 转角扶手伸出：设置在梯段中间转角扶手伸出的距离。

> 层间扶手伸出：设置在层与层之间转角扶手伸出的距离。

> 扶手连接：选择该该项，可连接梯段中的扶手。

2. 直行多跑楼梯

执行"多跑楼梯"命令，可创建由梯段开始且以梯段结束、梯段和休息平台交替布置、各梯段方向自由变换的多跑楼梯。多跑楼梯一般用于在内部空间宽阔的建筑中，可以拥有多个休息平台。

单击【楼梯其他】|【多跑楼梯】菜单命令，在弹出的【多跑楼梯】对话框中设置总高度、楼梯宽度、踏步数量、踏步宽度、踏步高度和扶手等参数，如图 7-15 所示。然后根据命令行提示，在绘图区域中指定起点，向上移动光标，在绘图区域中显示"10/30"时单击鼠标左键，创建第一梯段，如图 7-16 所示。

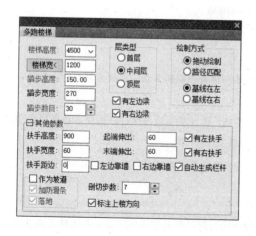

图 7-15 【多跑楼梯】对话框

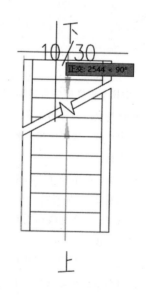

图 7-16 创建第一梯段

命令行此时提示"输入下一点"，输入 1200，如图 7-17 所示。然后按 Enter 键，绘制休息平台。

在命令行中输入"T"，返回"绘制梯段"的操作。继续向上移动光标，在绘图区域中显示"10,20/30"时。单击鼠标左键，创建第二梯段，如图 7-18 所示。

向上移动光标，输入 1200，如图 7-19 所示。然后按 Enter 键，绘制休息平台。

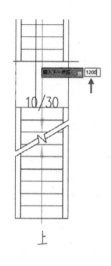

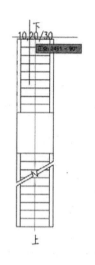

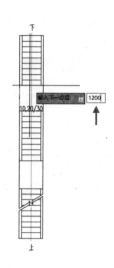

图 7-17　输入 1200　　　　图 7-18　创建第二梯段　　　　图 7-19　输入 1200

在命令行中输入"T"，继续绘制梯段。向上移动光标，在绘图区域中显示"10,30/30"时单击鼠标左键，创建第三梯段，如图 7-20 所示。

直行多跑楼梯的平面样式如图 7-21 所示。切换至三维视图，观察多跑楼梯的三维样式，如图 7-22 所示。

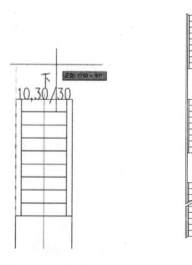

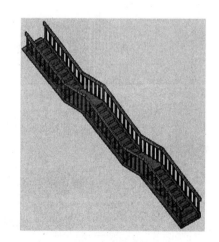

图 7-20　创建第三梯段　　图 7-21　多跑楼梯的平面样式　　　　图 7-22　多跑楼梯的三维样式

3. 折行多跑楼梯

折行多跑楼梯同样具有多个休息平台，且可以在各个休息平台上改变梯段的方向。绘制折行多跑楼梯之前，可以先执行"L"（直线）命令绘制楼梯的井宽。

单击【楼梯其他】|【多跑楼梯】菜单命令，在弹出的【多跑楼梯】对话框中设置楼梯的总高度、楼梯宽度、踏步数量、踏步宽度、踏步高度和扶手等参数，如图 7-23 所示。

根据命令行提示，指定起点，向上移动光标，在绘图区域中显示"10/40"时单击鼠标左键，创建第一梯段，如图 7-24 所示，。

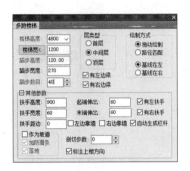

图 7-23 【多跑楼梯】对话框

图 7-24 创建第一梯段

向上移动光标，命令行提示"输入下一点"，输入 1200，绘制休息平台，如图 7-25 所示。

向右移动光标，指定绘制方向，如图 7-26 所示。

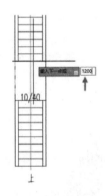

图 7-25 绘制休息平台

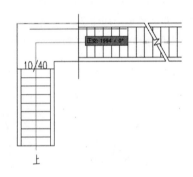

图 7-26 指定绘制方向

在命令行中输入 T，继续绘制梯段。在绘图区域中显示"10,20/40"时单击鼠标左键，创建第二梯段，如图 7-27 所示。

向右移动光标，输入 1200，绘制休息平台，如图 7-28 所示。

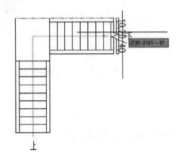

图 7-27 绘制第二梯段

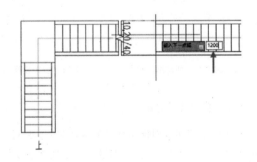

图 7-28 绘制休息平台

向上移动光标，指定绘制方向，如图 7-29 所示。

在命令行中输入"T",继续绘制梯段。在绘图区域中显示"10,30/40"时,单击鼠标左键创建第三梯段,如图 7-30 所示。

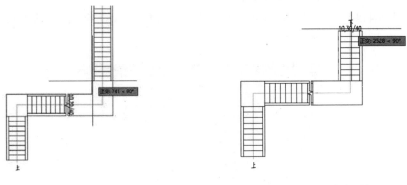

图 7-29　指定绘制方向　　　　　　　　　　图 7-30　创建第三梯段

向上移动光标,输入 1200,绘制休息平台,如图 7-31 所示。

向左移动光标,指定绘制方向。在命令行中输入"T",继续绘制梯段。在绘图区域中显示"10,40/40"时单击鼠标左键,创建第四梯段,如图 7-32 所示。

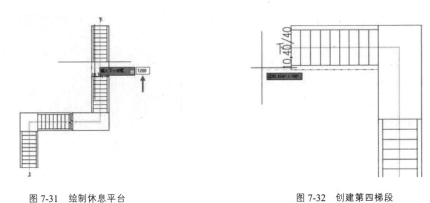

图 7-31　绘制休息平台　　　　　　　　　　图 7-32　创建第四梯段

折行多跑楼梯的平面样式如图 7-33 所示。转换至三维视图,观察折行多跑楼梯的三维样式,如图 7-34 所示。

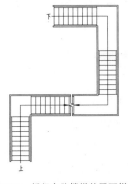

图 7-33　折行多跑楼梯的平面样式

图 7-34　折行多跑楼梯的三维样式

4. 双分平行

执行"双分平行"命令，可以创建双分平行楼梯。

单击【楼梯其他】|【双分平行】菜单命令，在弹出的【双分平行楼梯】对话框中设置参数，如图 7-35 所示。

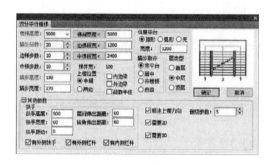

图 7-35 【双分平行楼梯】对话框

在该对话框中单击"确定"按钮，指定插入点，即可创建双分平行楼梯，如图 7-36 所示。

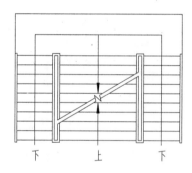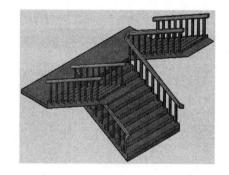

图 7-36 创建双分平行楼梯

5. 双分转角

执行"双分转角"命令，可以创建双分转角楼梯。

单击【楼梯其他】|【双分转角】菜单命令，在弹出的【双分转角楼梯】对话框中设置楼梯参数，如图 7-37 所示。

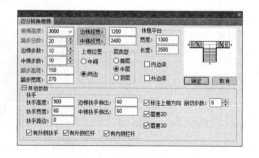

图 7-37 【双分转角楼梯】对话框

在该对话框中单击"确定"按钮，指定插入点，即可创建双分转角楼梯，如图 7-38 所示。

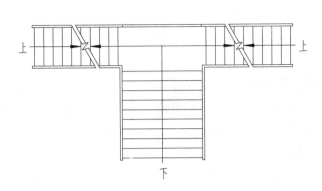

图 7-38　创建双分转角楼梯

6. 双分三跑

执行"双分三跑"命令，可以创建双分三跑楼梯。

单击【楼梯其他】|【双分三跑】菜单命令，在弹出的【双分三跑楼梯】对话框中设置楼梯的参数，如图 7-39 所示。

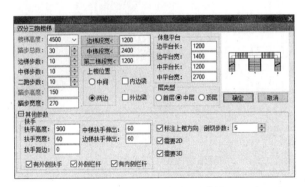

图 7-39　【双分三跑楼梯】对话框

在该对话框中单击"确定"按钮，指定插入点，即可创建双分三跑楼梯，如图 7-40 所示。

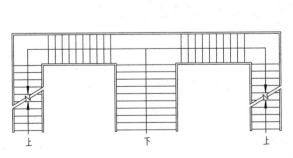

图 7-40　双分三跑楼梯

7. 交叉楼梯

执行"交叉楼梯"命令，可以创建交叉上下的楼梯。

单击【楼梯其他】|【交叉楼梯】菜单命令，在弹出的【交叉楼梯】对话框中设置楼梯的参数，如图 7-41 所示。

图 7-41 【交叉楼梯】对话框

在该对话框中单击"确定"按钮，指定插入点，即可创建交叉楼梯，如图 7-42 所示。

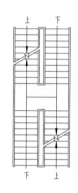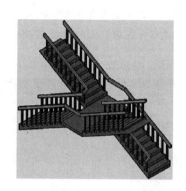

图 7-42 交叉楼梯

8. 剪刀楼梯

执行"剪刀楼梯"命令，可以创建剪刀形楼梯。该类梯段一般作为防火楼梯使用，梯段之间需要设置防火墙。扶手和梯段各自独立，在首层和顶层中有多种梯段排列可供选择。

单击【楼梯其他】|【剪刀楼梯】菜单命令，在弹出的【剪刀楼梯】对话框中设置楼梯的参数，如图 7-43 所示。

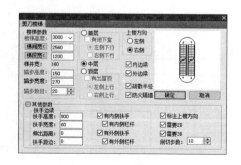

图 7-43 【剪刀楼梯】对话框

在该对话框中单击"确定"按钮，指定插入点，即可创建剪刀楼梯，如图 7-44 所示。

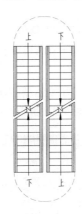
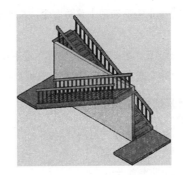

图 7-44　剪刀楼梯

9．三角楼梯

执行"三角楼梯"命令，可以创建三角形楼梯。

单击【楼梯其他】│【三角楼梯】菜单命令，在弹出的【三角楼梯】对话框中设置楼梯的参数，如图 7-45 所示。

图 7-45　【三角楼梯】对话框

在该对话框中单击"确定"按钮，指定插入点，即可创建闭合的三角楼梯，如图 7-46 所示。

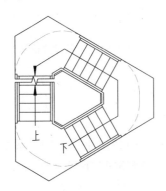

图 7-46　三角楼梯

10. 矩形转角

执行"矩形转角"命令，可以绘制矩形转角楼梯，自定义梯段的数量及上楼方向。

单击【楼梯其他】|【矩形转角】菜单命令，在弹出的【矩形转角楼梯】对话框中设置楼梯的参数，如图 7-47 所示。

在该对话框中显示"三跑楼梯""四跑楼梯"选项组为不可用状态，原因是"对称"选项处于被选中的状态。取消选择"对称"选项，即可激活"三跑楼梯""四跑楼梯"选项组参数，如图 7-48 所示。

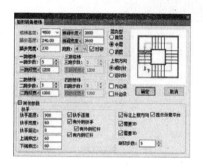

图 7-47　【矩形转角楼梯】对话框

图 7-48　激活选项组参数

在该对话框中单击"确定"按钮，指定插入点，即可创建矩形转角楼梯，如图 7-49 所示。

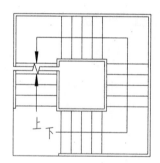

图 7-49　矩形转角楼梯

7.1.3 添加扶手和栏杆

大多数楼梯至少有一侧临空，为了保证使用安全，应在梯段临空的一侧设置栏杆或栏板，并在其上部设置扶手。

下面介绍添加扶手和栏杆的方法。

1. 添加扶手

创建楼梯时，在很多参数对话框中都有"有外侧扶手""有内侧扶手"和"自动生成栏杆"等选项，可以在创建梯段的同时自动生成扶手和栏杆。但也有例外，在创建直线梯段、圆弧梯段和任意梯段时，就无法自动生成扶手和栏杆，需要用户自行添加。

单击【楼梯其他】|【添加扶手】菜单命令，根据命令行提示，选择梯段作为路径的线。在直线梯段中拾取右侧轮廓线，如图 7-50 所示。

命令行提示输入"扶手宽度",默认值为 60，如图 7-51 所示。

图 7-50　拾取轮廓线

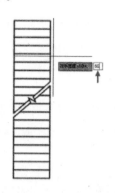

图 7-51　设置扶手宽度

按 Enter 键，输入"扶手顶面高度"，默认值为 900，如图 7-52 所示。

然后设置"扶手距边"参数，如图 7-53 所示，默认值为 0。输入正值，扶手向梯段内移动。输入负值，扶手向梯段外移动。

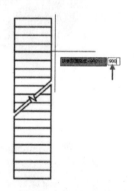

图 7-52　设置扶手顶面高度

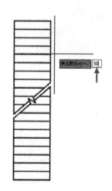

图 7-53　设置参数

按 Enter 键，在直线梯段的右侧添加扶手，结果如图 7-54 所示。再次执行"添加扶手"命令，系统默认采用上一次的参数设置，依次按 Enter 键确认系统参数，即可创建参数相同的扶手，如图 7-55 所示。

转换至三维视图，可观察创建的扶手的三维样式，如图 7-56 所示。

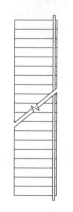

图 7-54　添加扶手

图 7-55　添加另一侧扶手

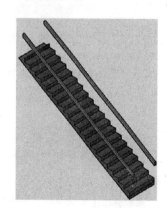

图 7-56　扶手的三维样式

2. 连接扶手

执行"连接扶手"命令，可以把如图 7-57 所示未连接的扶手彼此连接起来。如果准备连接的两段扶手的样式不同，则连接后的样式以第一段为准。对连接顺序的要求是前一段扶手的末端连接下一段扶手的始端，梯段的扶手则以上行方向为正向，需要从低到高顺序选择扶手的连接，接头之间应留出空隙，不能相接和重叠。

单击【楼梯其他】|【连接扶手】菜单命令，根据命令行提示依次选择需要连接在一起的扶手，如图 7-58、图 7-59 所示。按 Enter 键，即可连接扶手，结果如图 7-60 所示。

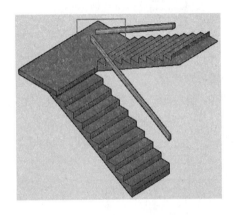

图 7-57　未连接的扶手

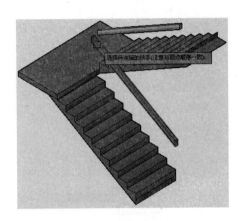

图 7-58　选择扶手

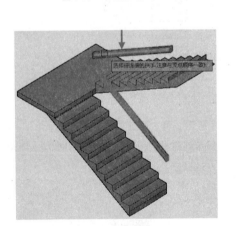

图 7-59　选择另一扶手

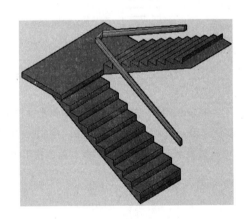

图 7-60　连接扶手

3. 创建栏杆

创建梯段和扶手后，用户可根据需要在此基础上创建栏杆。

单击【三维建模】|【造型对象】|【栏杆库】菜单命令，在弹出的【天正图库管理系统】窗口中选择栏杆样式，如图 7-61 所示。

接着弹出【图块编辑】对话框，设置栏杆的尺寸和角度，如图 7-62 所示。

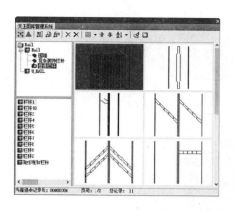

图 7-61　选择栏杆

图 7-62　【图块编辑】对话框

在视图中指定插入点即可创建一个栏杆样式，如图 7-63 所示。单击【三维建模】|【造型对象】|【路径排列】菜单命令，根据命令行提示选择扶手和栏杆，如图 7-64 和图 7-65 所示。

弹出【路径排列】对话框，如图 7-66 所示。设置参数后单击左下角的"预览"按钮，可以预览排列栏杆的效果。然后按 Enter 键或单击鼠标右键，返回【路径排列】对话框。

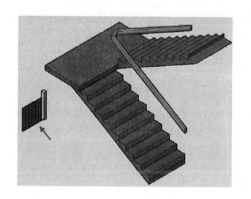

图 7-63　创建栏杆样式

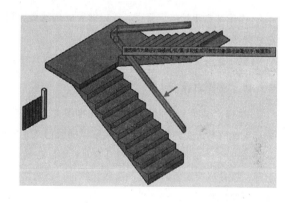

图 7-64　选择扶手

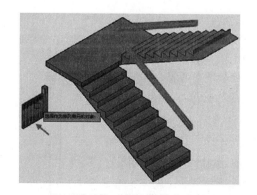

图 7-65　选择栏杆

图 7-66　【路径排列】对话框

确定栏杆的排列效果后，单击"确定"按钮，即可创建栏杆，如图 7-67 所示。

图 7-67　创建栏杆

7.1.4　创建电梯和自动扶梯

由于城市用地趋于紧张，所以楼层越来越高。利用电梯可以为人们节省体力，提高速度，因此电梯已成为高层建筑的主要交通工具。

T20 提供了创建电梯和扶梯的工具，下面介绍其使用方法。

1.　创建电梯

执行"电梯"命令，可以创建电梯图形，包括轿厢、平衡块和电梯门。其中轿厢和平衡块是二维对象，电梯门是天正门窗对象。在绘制电梯之前，要先用天正墙体创建电梯井。

单击【楼梯其他】│【电梯】菜单命令，在弹出的【电梯参数】对话框中设置参数，如图 7-68 所示。选择"按井道决定轿厢尺寸"选项，此时"轿厢宽""轿厢深"选项不可用，系统会自动根据现有的参数确定轿厢尺寸。

根据命令行提示，依次指定电梯间的对角点，如图 7-69 和图 7-70 所示。移动光标，点取墙体，指定电梯门的位置，如图 7-71 所示。

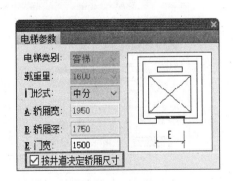

图 7-68　【电梯参数】对话框

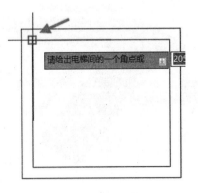

图 7-69　指定角点

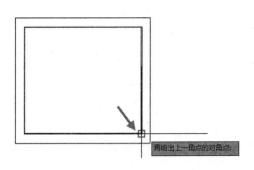

图 7-70 指定另一角点

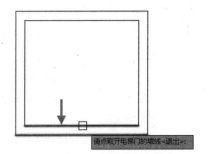

图 7-71 指定电梯门的位置

移动光标，指定平衡块在墙体上所在的位置，如图 7-72 所示。执行上述操作后，即可创建电梯，结果如图 7-73 所示。

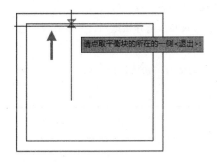

图 7-72 指定平衡块的位置

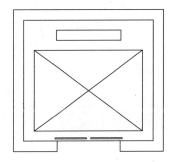

图 7-73 创建电梯

2. 创建自动扶梯

自动扶梯是以运输带的方式运送行人或物品的运输工具，一般是斜置的，其自动行走的踏步可将行人或物品从扶梯的一端运送到另一端，且途中踏步可一路保持水平。自动扶梯可以一直向一个方向行走，也可以根据时间和人流等需要，由管理人员控制行走方向。

单击【楼梯其他】|【自动扶梯】菜单命令，在弹出的【自动扶梯】对话框中设置参数，然后单击"确定"按钮，指定插入位置，即可创建自动扶梯，如图 7-74 所示。

图 7-74 创建自动扶梯

【自动扶梯】对话框介绍如下：

➢ 楼梯高度：自动扶梯的垂直高度。

➢ 梯段宽度：扶梯梯段的宽度，随厂家型号的不同而异。

➢ 平步距离：从自动扶梯工作点开始到踏步线的距离。当为水平步道时，平步距离为0。

➢ 平台距离：从自动扶梯工作点开始到扶梯平台安装线的距离。当为水平步道时，平台距离需用户重新设置。

➢ 倾斜角度：自动扶梯的倾斜角。自动扶梯为30°、35°，坡道为10°、12°。当倾斜角为0°时作为步道。

➢ 单梯与双梯：可以一次创建成对的自动扶梯或者单独的自动扶梯。

➢ 并列放置与交叉放置：设置双梯的两个梯段的倾斜方向，可以选择方向一致或者方向相反。

➢ 间距：双梯之间相邻裙板的净距。

➢ 层类型：表示当前扶梯所处的位置，包括"首层""中层"和"顶层"。

➢ 开洞：在"层类型"列表中选择"顶层"，可激活该项。选择该选项，可以在剪切楼板创建洞口。

➢ 层间同向运行：选择该选项，设置扶梯在楼层间的运行方向为同一方向。

7.2 创建室外设施

室外设施包括阳台、台阶、坡道和散水等，这些构件都是建筑设计中重要的组成部分。本节将介绍创建室外设施的方法。

7.2.1 创建阳台

阳台是指有永久性的上盖、护栏和台面，并与房屋相连，可以加以利用的房屋附带设施，供居住者进行室外活动和晾晒衣物等。

阳台根据与主墙体的关系可分"凹阳台"和"凸阳台"。"凹阳台"是指凹进建筑物的阳台，"凸阳台"是指凸出建筑物的阳台。

阳台根据空间位置又可分为"底阳台"和"挑阳台"。

下面介绍创建各种阳台的方法。

1. 创建凹阳台

单击【楼梯其他】|【阳台】菜单命令，在弹出的【绘制阳台】对话框中单击"凹阳台"按钮，设置阳台的各项参数，如图7-75所示。

图7-75 【绘制阳台】对话框

根据命令行的提示，依次指定阳台的起点和终点，如图 7-76 所示。

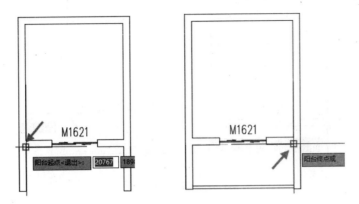

图 7-76　指定起点和终点

执行上述操作后，即可创建凹阳台，其平面样式如图 7-77 所示。转换至三维视图，可观察凹阳台的三维样式，如图 7-78 所示。

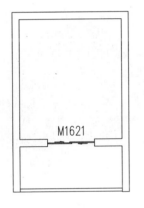

图 7-77　凹阳台的平面样式

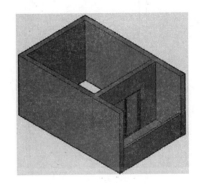

图 7-78　凹阳台的三维样式

2. 矩形三面阳台

矩形三面阳台是凸阳台中的一种，一边靠墙，另外三边架空。

在【绘制阳台】对话框中单击"矩形三面阳台"按钮，设置阳台的各项参数，如图 7-79 所示。

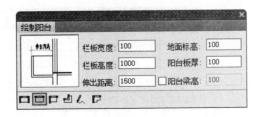

图 7-79　【绘制阳台】对话框

根据命令行的提示，指定阳台的起点和终点，如图 7-80 所示。

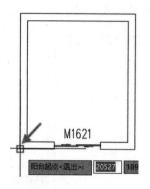 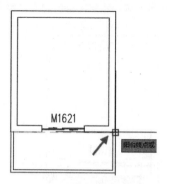

图 7-80　指定起点和终点

　　执行上述操作后，即可创建矩形三面阳台，其平面样式如图 7-81 所示。转换至三维视图，可观察矩形三面阳台的三维样式，如图 7-82 所示。

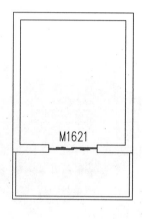

图 7-81　矩形三面阳台的平面样式

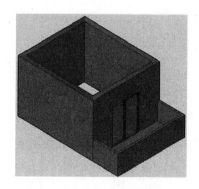

图 7-82　矩形三面阳台的三维样式

3．阴角阳台

阴角阳台是指有两个阳台挡板、另外两边靠墙的阳台。

在【绘制阳台】对话框中单击"阴角阳台"按钮，并设置阳台的各项参数，如图 7-83 所示。

图 7-83　【绘制阳台】对话框

　　根据命令行的提示，指定阳台的起点和终点，如图 7-84 所示。

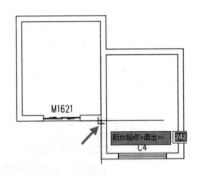 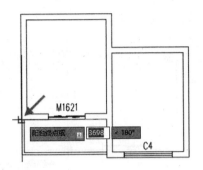

图 7-84 指定起点和终点

执行上述操作后，即可创建阴角阳台，其平面样式如图 7-85 所示。转换至三维视图，可观察阴角阳台的三维样式，如图 7-86 所示。

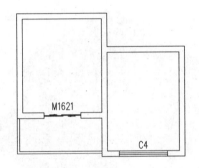

图 7-85 阴角阳台的平面样式

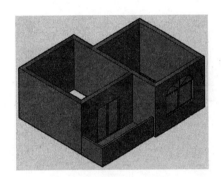

图 7-86 阴角阳台的三维样式

4. 沿墙偏移绘制

选择"沿墙偏移绘制"阳台的方法，根据所选的墙体轮廓，偏移指定的距离可以生成的阳台。

在【绘制阳台】对话框中单击"沿墙偏移绘制"按钮 ，并设置阳台的各项参数，如图 7-87 所示。

依次在墙上指定起点和终点，如图 7-88、图 7-89 所示。

选择相邻接的墙、柱和门窗，如图 7-90 所示，即可完成"沿墙偏移绘制"阳台的操作。

图 7-87 【绘制阳台】对话框

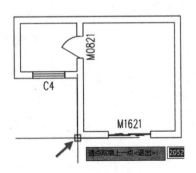

图 7-88 指定起点

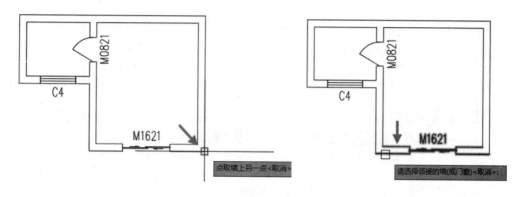

图 7-89　指定终点　　　　　　　　　　　　图 7-90　选择墙和门窗

创建的阳台的平面阳台如图 7-91 所示。转换至三维视图，可观察阳台的三维样式，如图 7-92 所示。

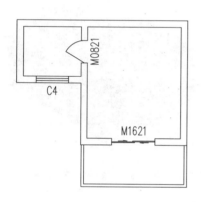

图 7-91　阳台的平面样式

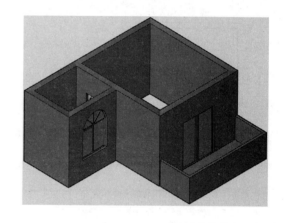

图 7-92　阳台的三维样式

5.　任意绘制

选择"任意绘制"方法，首先拾取阳台的外轮廓线，接着选择相邻接的墙、柱和门窗等，可以生成向内偏移的阳台。

在【绘制阳台】对话框中单击【任意绘制】按钮 ✎，设置阳台参数，如图 7-93 所示。

图 7-93　【绘制阳台】对话框

根据命令行提示，指定起点，如图 7-94 所示；向下移动光标，指定下一点，绘制直线，如图 7-95 所示。

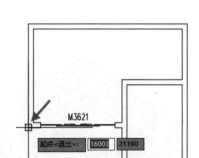

图 7-94　指定起点

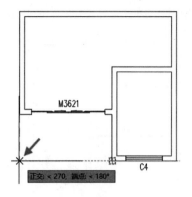

图 7-95　指定下一点

向右移动光标，在命令行中输入"A"，转换为"绘制弧段"模式。指定弧段的下一点，如图 7-96 所示。向左下角移动光标，点取弧段上的一点，如图 7-97 所示，完成绘制阳台轮廓线的操作。

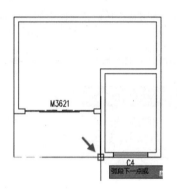

图 7-96　指定弧段的下一点

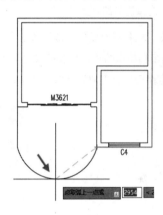

图 7-97　点取弧段上的一点

选择相邻的墙、柱和门窗，如图 7-98 所示。按 Enter 键，依次点取接墙的边，如图 7-99 所示，按 Enter 键结束操作。

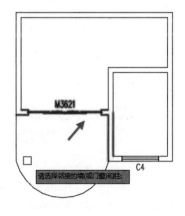

图 7-98　选择墙、柱和门窗

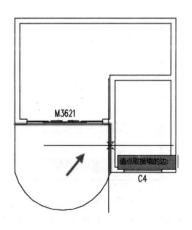

图 7-99　点取接墙的边

创建的阳台的平面样式如图 7-100 所示。转换至三维视图，可观察阳台的三维样式，如图 7-101 所示。

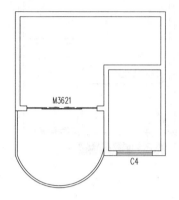

图 7-100 阳台的平面样式

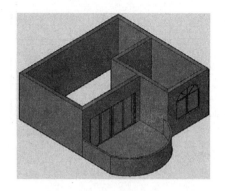

图 7-101 阳台的三维样式

6. 选择已有路径生成

选择"选择已有路径生成"方法，通过拾取已有的直线、圆弧或多段线作为阳台的外轮廓线，选择相邻接的墙和接墙的边，可以按照拾取的路径生成阳台。

在【绘制阳台】对话框中单击"选择已有路径生成"按钮，设置阳台参数，如图 7-102 所示。

图 7-102 【绘制阳台】对话框

根据命令行提示，选择轮廓，如图 7-103 所示。移动光标，点取接墙边，如图 7-104 所示，即可创建阳台。

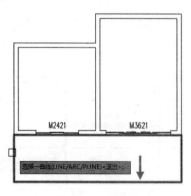

图 7-103 选择轮廓

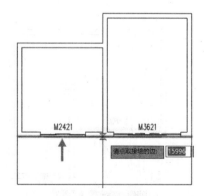

图 7-104 点取接墙的边

创建的阳台的平面样式如图 7-105 所示。转换至三维视图，可观察阳台的三维样式，如图 7-106 所示。

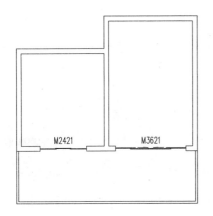

图 7-105　阳台的平面样式

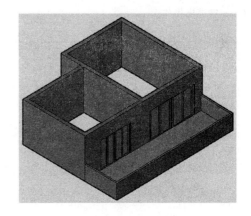

图 7-106　阳台的三维样式

7.2.2　创建台阶

当建筑物室内外地坪的标高存在落差时，就需在入口处设置台阶来连接室内外。台阶可为人们进出房屋提供方便，但踏步数目不宜过多。

执行"台阶"命令，可以预设样式绘制台阶，还可以根据已有轮廓线生成台阶。

通常情况下，台阶顶面的宽度应大于所连通门洞宽度的尺寸，最好是每侧宽出 500mm。室外台阶常受雨水和风雪的影响，为确保用户使用安全，需将台阶的坡度减小，并且台阶的单踏步宽度不应小于300mm，高度不应大于 150mm。

为了更精确地绘制台阶，用户可以先执行 "PL"（多段线）命令，绘制台阶造型的轮廓线，然后再执行"台阶"命令生成台阶模型。

根据基面的标高关系，台阶可分为普通台阶和下沉式台阶。在绘制台阶时，要求用户选择基面。

在【台阶】对话框中，默认选择的是"基面为平台面"，即在创建台阶时所指定的大小是"台阶顶面"的大小，而"底面大小"＝"顶面大小"＋"踏步宽度"×"数目"。用户也可以选择基面作为外轮廓线，此时指定的台阶尺寸是指台阶的外轮廓。

1．创建矩形单面台阶

单击【楼梯其他】|【台阶】菜单命令，在弹出的【台阶】对话框中单击"矩形单面台阶"按钮🗐，并设置台阶的各项参数，如图 7-107 所示。

图 7-107　【台阶】对话框

根据命令行提示，依次指定台阶的第一点和第二点，如图 7-108 所示。可以重复执行命令，然后按

Enter 键退出操作。

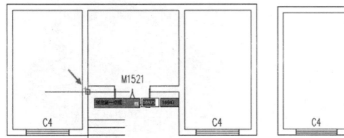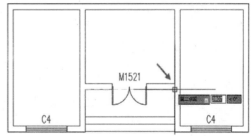

图 7-108　指定台阶的第一点和第二点

　　创建的矩形单面台阶的平面样式如图 7-109 所示。转换至三维视图，可观察台阶的三维样式，如图 7-110 所示。

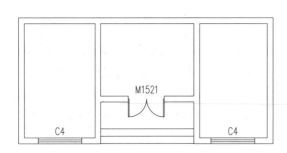

图 7-109　矩形单面台阶的平面样式

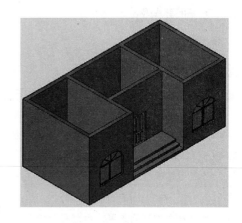

图 7-110　矩形单面台阶的三维样式

2.　创建矩形三面台阶

在【台阶】对话框中单击"矩形三面台阶"按钮回，设置台阶参数，如图 7-111 所示。

图 7-111　【台阶】对话框

　　根据命令行提示，依次指定台阶的第一点和第二点，如图 7-112 所示，即可创建矩形三面台阶。
　　创建的矩形三面台阶的平面样式如图 7-113 所示。转换至三维视图，可观察台阶的三维样式，如图 7-114 所示。

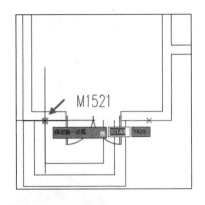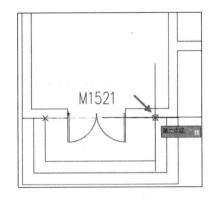

图 7-112　指定台阶的第一点和第二点

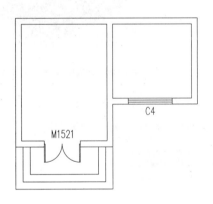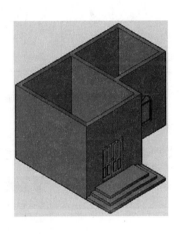

图 7-113　矩形三面台阶的平面样式　　　　图 7-114　矩形三面台阶的三维样式

3．创建矩形阴角台阶

在【台阶】对话框中单击"矩形阴角台阶"按钮，设置台阶参数，如图 7-115 所示。

图 7-115　【台阶】对话框

根据命令行提示，指定台阶的第一点和第二点，如图 7-116 所示，即可创建矩形阴角台阶。

创建的矩形阴角台阶的平面样式如图 7-117 所示。转换至三维视图，可观察台阶的三维样式，如图 7-118 所示。

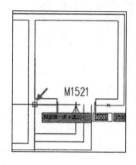
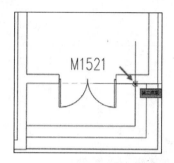

图 7-116 指定台阶的第一点和第二点

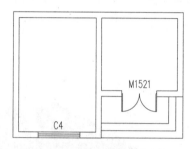

图 7-117 矩形阴角台阶的平面样式

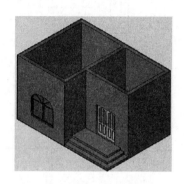

图 7-118 矩形阴角台阶的三维样式

4. 创建圆弧台阶

在【台阶】对话框中，单击"圆弧台阶"按钮 ，设置台阶参数，如图 7-119 所示。

图 7-119 【台阶】对话框

根据命令行提示，指定台阶的起点和终点，如图 7-120 所示，即可创建圆弧台阶。

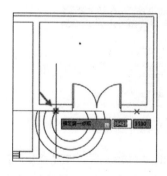
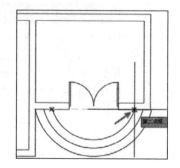

图 7-120 指定台阶的起点和终点

创建的圆弧台阶的平面样式如图 7-121 所示。转换至三维视图，可观察台阶的三维样式，如图 7-122 所示。

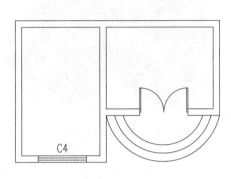

图 7-121　圆弧台阶的平面样式

图 7-122　圆弧台阶的三维样式

5. 沿墙偏移绘制台阶

在【台阶】对话框中单击"沿墙偏移绘制"按钮，设置台阶参数，如图 7-123 所示。

图 7-123　【台阶】对话框

根据命令行提示，指定台阶的第一点和第二点，然后选择相邻接的墙体门窗，如图 7-124 所示，即可沿墙偏移绘制台阶。

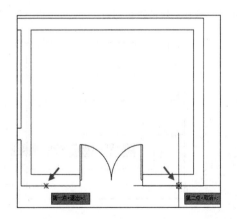

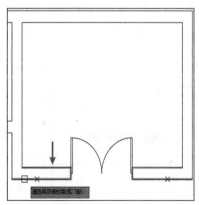

图 7-124　指定台阶的第一点和第二点

创建的沿墙偏移绘制台阶的平面样式如图 7-125 所示。转换至三维视图，可观察台阶的三维样式，如图 7-126 所示。

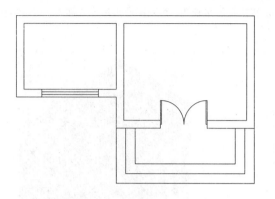

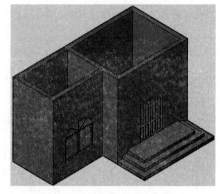

图 7-125　沿墙偏移绘制台阶的平面样式　　　　图 7-126　沿墙偏移绘制台阶的三维样式

6. 选择已有路径绘制

在【台阶】对话框中单击"选择已有路径绘制"按钮，设置台阶参数，如图 7-127 所示。根据命令行提示，选择闭合的多段线作为台阶轮廓线，如图 7-128 所示。

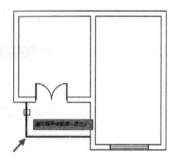

图 7-127　【台阶】对话框　　　　　　　图 7-128　选择轮廓

选择相邻的墙体和门窗，如图 7-129 所示，按 Enter 键。命令行提示"请点取没有踏步的边"，如图 7-130 所示，同时高亮显示系统的选择。按 Enter 键，默认系统的选择即可。

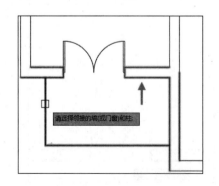

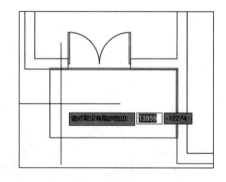

图 7-129　选择墙体和门窗　　　　　　图 7-130　点取没有踏步的边

创建的选择已有路径绘制台阶的平面样式如图 7-131 所示。转换至三维视图，可观察台阶的三维样式，如图 7-132 所示。

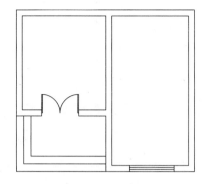

图 7-131　选择已有路径绘制台阶的平面样式

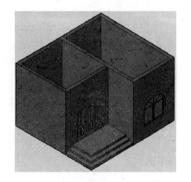

图 7-132　选择已有路径绘制台阶的三维样式

7.　任意绘制

　　在【台阶】对话框中单击"任意绘制"按钮，设置台阶参数，如图 7-133 所示。根据命令行的提示，指定台阶平台轮廓线的起点，如图 7-134 所示。

图 7-133　【台阶】对话框

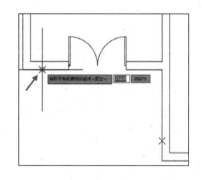

图 7-134　指定起点

　　在命令行中输入 A，选择"弧段"选项。移动光标，指定弧段的下一点，如图 7-135 所示。向左移动光标，点取弧上的一点，如图 7-136 所示。

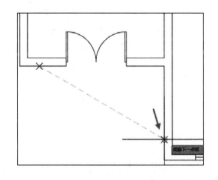

图 7-135　指定弧段的下一点

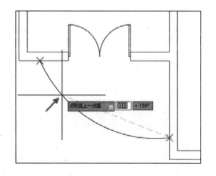

图 7-136　点取弧上的一点

　　选择邻接的墙体，如图 7-137 所示。按 Enter 键，命令行提示"请点取没有踏步的边"，同时高亮显示系统的选择，如图 7-138 所示。按 Enter 键，默认系统的选择即可。

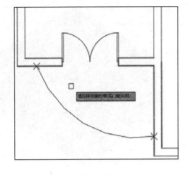

图 7-137 选择墙体

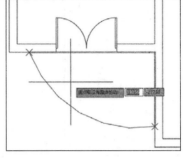

图 7-138 点取没有踏步的边

创建的任意绘制台阶的平面样式如图 7-139 所示。转换至三维视图,观察台阶的三维样式,如图 7-140 所示。

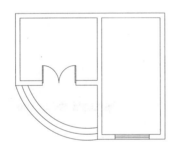

图 7-139 任意绘制台阶的平面样式

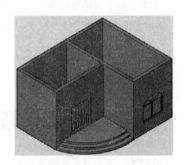

图 7-140 任意绘制台阶的三维样式

7.2.3 创建坡道

坡道按其用途可分为车行坡道和轮椅坡道,其可为车辆和人们的通行提供便利。

利用 "坡道" 命令可以创建单跑坡道。在【绘制楼梯】对话框中选择 "作为坡道" 选项,可以创建多跑、曲线和圆弧坡道。

单击【楼梯其他】|【坡道】菜单命令,在弹出的【坡道】对话框中设置坡道的参数,如图 7-141 所示。在命令行中输入 "T",选择 "改基点" 选项,单击坡道的左上角,重新指定插入基点。移动光标,点取外墙角作为基点,创建坡道,如图 7-142 所示。

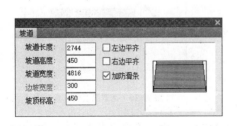

图 7-141 【坡道】对话框

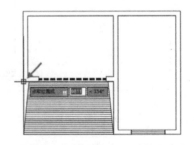

图 7-142 点取基点创建坡道

坡道的平面样式如图 7-143 所示。转换至三维视图，观察坡道的三维样式，如图 7-144 所示。

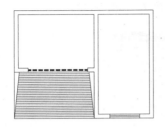

图 7-143　坡道的平面样式

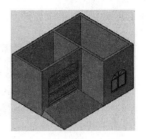

图 7-144　坡道的三维样式

7.2.4　创建散水

散水是指在房屋外墙用防水材料制作的具有一定宽度并且向外倾斜的保护带，包括砖铺、现浇细石混凝土和混凝土等几种类型。

散水的坡度一般为 3%～5%，宽度为 0.6～1.0m，目的是迅速地排除表面积水，避免房屋勒脚和下部砌体受潮。。

1．搜索自动生成

单击【楼梯其他】|【散水】菜单命令，在弹出的【散水】对话框中单击 "搜索自动生成" 按钮，如图 7-145 所示。根据命令行提示，选择建筑物的所有墙体，如图 7-146 所示，按 Enter 键确认选择。

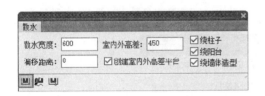

图 7-145　【散水】对话框

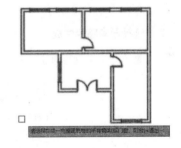

图 7-146　选择墙体

执行上述操作后，软件会自动识别外墙创建散水，创建的散水的 平面样式如图 7-147 所示。转换至三维视图，可观察散水的三维样式，如图 7-148 所示。

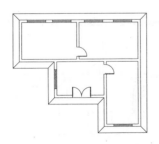

图 7-147　散水的平面样式

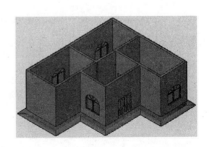

图 7-148　散水的三维样式

2. 任意绘制

在【散水】对话框中单击"任意绘制"按钮，设置散水参数，如图 7-149 所示。

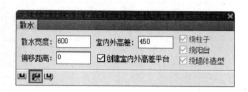

图 7-149 【散水】对话框

根据命令行提示，沿着外墙线指定散水的起点、下一点、终点，按 Enter 键结束任意绘制散水的操作，如图 7-150 所示。

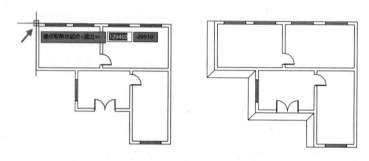

图 7-150 任意绘制散水

3. 选择已有路径生成

在【散水】对话框中单击"选择已有路径绘制"按钮，设置散水参数，如图 7-151 所示。

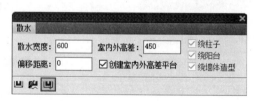

图 7-151 【散水】对话框

根据命令行提示，选择闭合的多段线作为散水路径，即可按已有路径绘制散水，如图 7-152 所示。

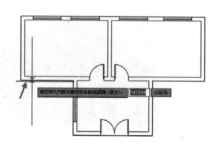
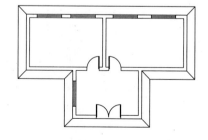

图 7-152 选择已有路径绘制散水

7.3 实战演练——创建别墅的室内外设施

本节将以创建别墅为例,讲述创建室内外设施(包括楼梯、台阶、坡道和散水)的方法,结果如图7-153 所示。

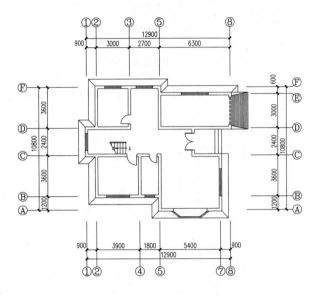

图 7-153 绘制室内外设施

01 打开素材。打开本书配套资源提供的"07章\别墅平面图.dwg"文件,如图7-154所示。

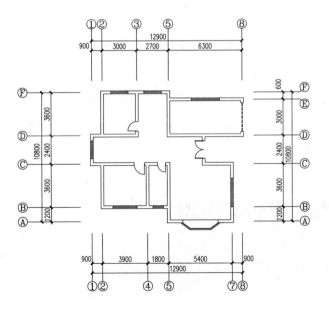

图 7-154 打开文件

[02] 创建楼梯。单击【楼梯其他】|【双跑楼梯】菜单命令，在弹出的【双跑楼梯】对话框中设置参数，如图 7-155 所示。

图 7-155　【双跑楼梯】对话框

[03] 根据命令行的提示输入 "A"，选择 "转 90 度" 选项，翻转梯段方向。点取内墙角，指定插入梯段的位置，如图 7-156 所示。

[04] 创建的别墅梯段如图 7-157 所示。

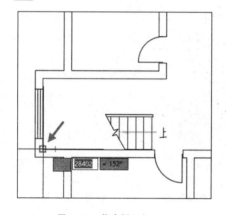

图 7-156　指定插入点

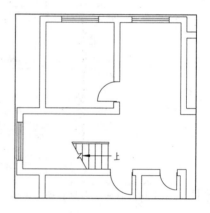

图 7-157　创建梯段

[05] 创建台阶。单击【楼梯其他】|【台阶】菜单命令，在弹出的【台阶】对话框中设置参数，如图 7-158 所示。

[06] 根据命令行的提示，首先指定台阶的起点，如图 7-159 所示。

图 7-158　【台阶】对话框

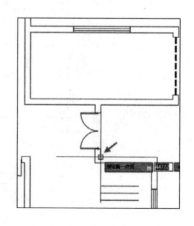

图 7-159　指定第一点

07 向上移动光标，指定台阶的第二点，如图 7-160 所示。

08 创建的台阶如图 7-161 所示。

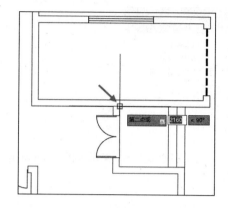

图 7-160 指定第二点

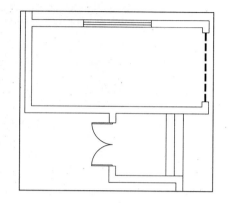

图 7-161 创建台阶

09 创建坡道。单击【楼梯其他】|【坡道】菜单命令，在弹出的【坡道】对话框中设置坡度参数，如图 7-162 所示。

10 接着在命令行中输入"A"，选择"换 90 度"选项，将坡道逆时针旋转 90°。接着输入"T"，指定坡道左下角点，更改插入基点。指定外墙角作为插入坡道的位置，如图 7-163 所示。

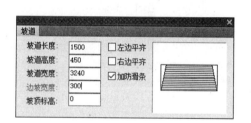

图 7-162 【坡道】对话框

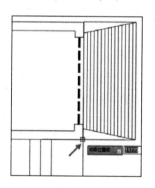

图 7-163 指定位置

11 按 Esc 键退出命令，创建的坡道如图 7-164 所示。

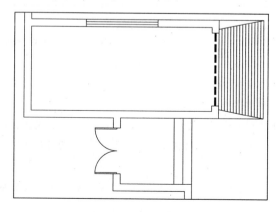

图 7-164 创建坡道

[12] 创建散水。单击【楼梯其他】|【散水】菜单命令，在弹出的【散水】对话框中设置参数，如图 7-165 所示。

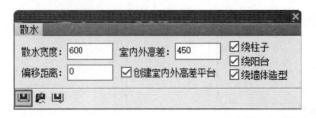

图 7-165 【散水】对话框

[13] 根据命令行提示，选择平面图中的所有图形，按 Enter 键即可创建散水，结果如图 7-166 所示。

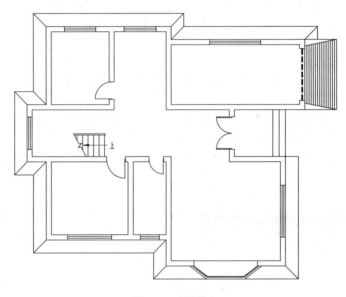

图 7-166 创建散水

7.4 本章小结

1. 本章介绍了创建各种楼梯的方法，包括单跑楼梯、双跑楼梯和多跑楼梯，其中最常见的梯段类型是为双跑楼梯。

2. 本章介绍了单独添加扶手和栏杆的方法。扶手和栏杆都是楼梯的附属构件。在 T20 中，栏杆专用于三维建模，在平面图中只需要绘制扶手。

3. 本章介绍了创建电梯和自动扶梯的方法，电梯和自动扶梯是现代社会中重要的垂直交通设施。

4. 本章介绍了创建室外设施的方法，包括阳台、台阶、坡道和散水，同时还介绍了编辑这些构件的方法。

5. 以实例的形式对本章所学内容进行了巩固练习，以帮助读者更好地掌握绘制室内外设施的方法。

7.5 思考与练习

一、填空题

1. 折行多跑楼梯中由_____命令来创建扶手，然后由_____命令连接扶手。

2. 选中【双跑楼梯】对话框中的_____复选框可将楼梯转换为坡道。

3. 建筑室外设施包括_____、_____、_____和_____等。

4. 在【绘制阳台】对话框中提供了绘制阳台的多种方法，包括_____、_____、_____、_____、_____和选择已有路径生成。

二、问答题

1. 直线梯段和圆弧梯段的定位点分别位于何处？

2. 坡道防滑条的间距取决于什么？

3. 利用 T20 绘制的楼梯、电梯和自动扶梯中哪些不具有三维信息？

4. 在【双跑楼梯】对话框中，"踏步取齐"选项组的含义是什么？

三、操作题

1. 依据本章内容，上机进行练习。

2. 多留意周边的建筑，尤其是建筑的室内外设施，多观察分析，进行对比，并发表自己的看法和主张。

3. 收集各房地产公司的宣传资料，尝试绘制室内外设施平面图。对收集到的建筑图进行研究、分析和对比，提出自己的看法及改变其室内外设施的设计。

4. 参加有关专题讲座，相互交流有关建筑资料，开展讨论并充分发表个人意见。

5. 参考本章所学知识，绘制办公楼首层平面图，如图 7-167 所示。

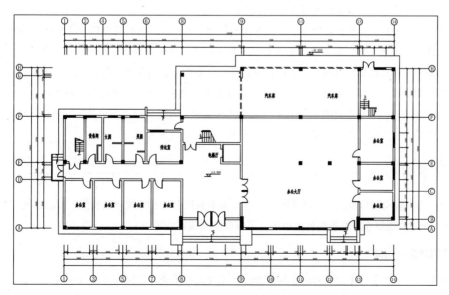

图 7-167 办公楼首层平面图

第8章 房间和屋顶

● 本章导读

　　绘制完成建筑平面图中的墙体、门窗和各种室内外设施后，就可以开始计算建筑面积了，也可以在房间内布置设施，如添加踢脚线。T20 提供了多种类型的屋顶供用户选择，包括任意坡顶和人字坡顶等。本章将介绍查询房间面积、布置房间和创建屋顶的方法。

● 本章重点

　　◈ 房间查询　　　　　　　　　　　　　　◈ 房间布置
　　◈ 创建屋顶　　　　　　　　　　　　　　◈ 实战演练——绘制公共卫生间平面图
　　◈ 实战演练——绘制屋顶平面图　　　　　◈ 本章小结
　　◈ 思考与练习

8.1 房间查询

　　建筑各封闭区域（由墙体、门窗和柱子围合而成）的面积计算和标注是建筑设计中的一个重要内容。房间对象可以添加房间标记，还可以选择和编辑。房间名称和编号是房间的标记，可描述房间的相关信息，包括名称、面积等。

　　在 T20 中，可以为以下建筑区域查询并标注面积。

➤　房间面积：表示室内净面积，即使用面积。阳台则以栏杆内侧为界线，计算全部的面积。通过执行"搜索房间"命令或"查询面积"命令，可以搜索房间边界并查询房间面积。

➤　套内面积：按照国家房屋测量规范中的规定，套内面积由多个房间组成，指分户墙以及外墙中线围成的住宅单元面积。通过执行"套内面积"命令，可计算并标注套内面积。

➤　建筑面积：指整个建筑物外墙皮构成的区域面积。通过执行"搜索房间"命令或"查询房间"命令，可以标注单个房间、多个房间或某个楼梯的建筑面积。

8.1.1 搜索房间

　　执行"搜索房间"命令，可以批量搜索、建立或更新已有的房间和建筑轮廓，标注房间信息及室内使用面积。标注的位置自动位于房间的中心，可以同步生成室内地面。

1. 创建房间对象

　　单击【房间屋顶】|【搜索房间】菜单命令，在弹出的【搜索房间】对话框中设置参数，如图 8-1所示。

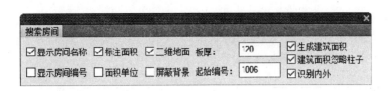

图 8-1 【搜索房间】对话框

根据命令行提示，选择所有待标注的房间墙体，如图 8-2 所示。按 Enter 键，指定建筑面积的标注位置，如图 8-3 所示，标注所选区域的建筑面积。

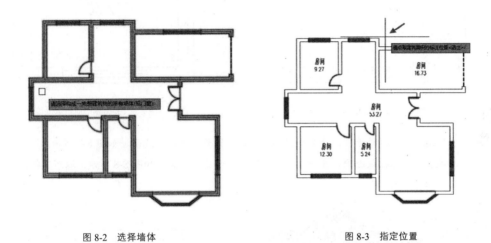

图 8-2 选择墙体   图 8-3 指定位置

"搜索房间"的操作结果如图 8-4 所示。

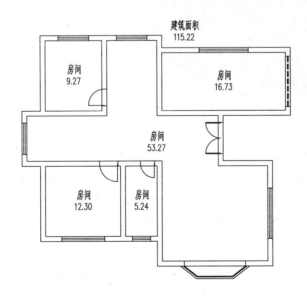

图 8-4 "搜索房间"的操作结果

【搜索房间】对话框中的各选项解释如下：

➤ **显示房间名称/显示房间编号**：在建筑平面图中标注房间名称和面积。

➢ 标注面积：标注房间的使用面积。

➢ 面积单位：选择该选项，可在视图中显示面积单位，单位为 m²，如图 8-5 所示。默认关闭显示面积单位，如图 8-6 所示。

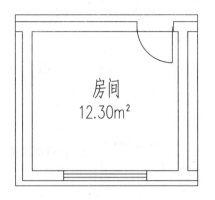

图 8-5　显示面积单位 　　　　　　　　　　　　　　图 8-6　关闭显示面积单位

➢ 三维地面：选择该选项，在生成房间对象时，同步创建三维地面，如图 8-7 所示。

➢ 屏蔽背景：选择该选项，在房间标注的下方显示填充图案，如图 8-8 所示。取消选择该项，则隐藏填充图案。

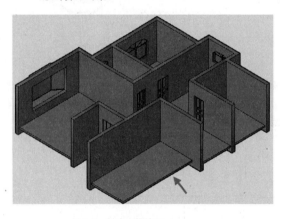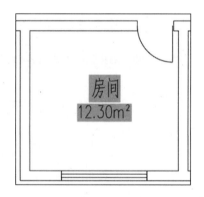

图 8-7　创建三维地面 　　　　　　　　　　　　　　图 8-8　显示填充图案

➢ 板厚：指定三维地面的厚度。

➢ 生成建筑面积：在搜索房间边界并计算面积的同时也计算并标注建筑面积。

➢ 建筑面积忽略柱子：根据建筑面积测量规范，建筑面积忽略凸出墙面的柱子与墙垛。

➢ 识别内外：选择该选项，在搜索房间边界的同时也能识别内外墙。

2．编辑房间对象

执行"搜索房间"命令，在创建房间对象的同时还可以标注房间面积。用户可以按照实际的情况编辑房间标记。

双击房间标记文本，进入编辑模式，再输入新的文本，按 Enter 键即可完成编辑房间标记，如图 8-9 所示。

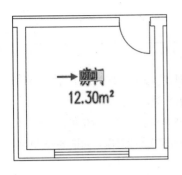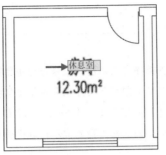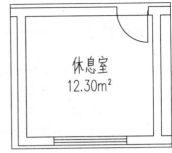

图 8-9　编辑房间标记的过程

当用户需要编辑房间对象的其他参数时，可将光标移至房间对象上，单击鼠标右键，在弹出的快捷菜单中选择"对象编辑"命令，如图 8-10 所示。

弹出【编辑房间】对话框，在其中更改参数，如图 8-11 所示。单击"确定"按钮，关闭对话框即可完成编辑操作。

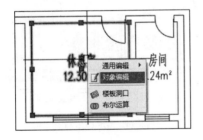

图 8-10　选择命令

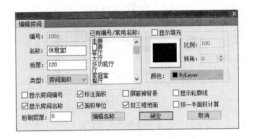

图 8-11　【编辑房间】对话框

8.1.2　房间轮廓

执行"房间轮廓"命令，可在房间内部创建封闭的多段线。轮廓线可用作其他用途，例如转换为地面，或者作为边界生成踢脚线等装饰线。

单击【房间屋顶】|【房间轮廓】菜单命令，根据命令行的提示，指定房间内一点，并选择是否生成房间轮廓，即可创建房间轮廓。创建房间轮廓的具体操作步骤和结果如图 8-12 所示。

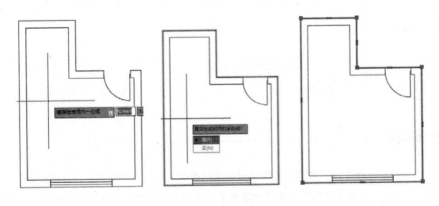

图 8-12　创建房间轮廓

8.1.3 房间排序

执行"房间排序"命令，可按某种排序方式对房间编号进行重新排序。参加排序的除了房间面积外，还包括公摊面积、洞口面积等对象。这些对象参与排序主要用于节能和暖通设计。

在 V6.0 版本的 T20 中，取消了【房间屋顶】|【房间排序】菜单命令。在命令行中输入"FJPX"快捷方式，即可调用"房间排序"命令。根据命令行的提示，选择待排序的房间对象，如图 8-13 所示，按 Enter 键结束选择。

命令行提示"指定 UCS 原点"，如图 8-14 所示，按 Enter 键保持默认设置不变。

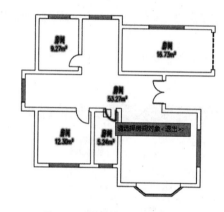

图 8-13　选择待排序的房间对象

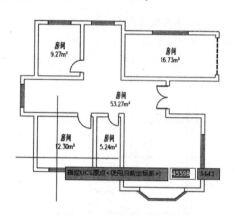

图 8-14　指定 UCS 原点

默认的"起始编号"为 1001，用户可以重定义房间编号，如图 8-15 所示。按 Enter 键，完成房间排序，结果如图 8-16 所示。

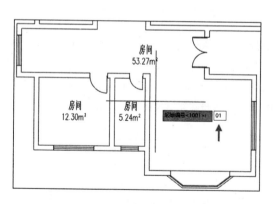

图 8-15　重定义房间编号

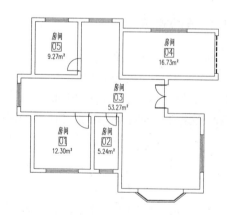

图 8-16　房间排序

8.1.4 查询面积

执行"查询面积"命令，可查询由墙体组成的房间面积、阳台面积以及闭合区域的面积，并可将创建的面积标注在图上。使用该命令查询获得的建筑平面面积不包括墙垛和柱子凸出部分。

单击【房间屋顶】|【查询面积】菜单命令，在弹出的【查询面积】对话框中设置参数，并选择查询类型，分别为房间面积查询、封闭曲线面积查询、阳台面积查询和绘制任意多边形面积查询。然后根据命令行提示进行操作，即可完成面积查询。

以下分别介绍其查询面积的方法。

1. 查询房间面积

在【查询面积】对话框中单击"房间面积查询"按钮 ，选择选项，如"显示房间名称""显示房间编号""生成房间对象"，如图 8-17 所示。执行命令后，可以在视图中显示所选的内容。

图 8-17 【查询面积】对话框

选择要查询面积的范围，按 Enter 键，指定位置放置面积标注。再按 Esc 键退出命令，即可完成房间面积查询，结果如图 8-18 所示。

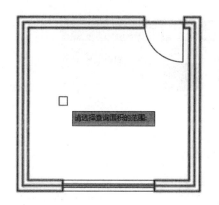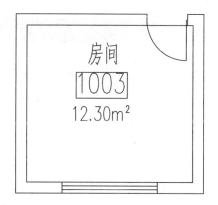

图 8-18 查询房间面积

2. 查询封闭曲线面积

激活"封闭曲线面积查询"工具，可以查询并标注闭合曲线的面积。

在【查询面积】对话框中单击"封闭曲线面积查询"按钮 ，设置参数，如图 8-19 所示。

图 8-19 【查询面积】对话框

选择闭合的多段线，指定位置标注面积或直接按 Enter 键，可在图形中标注面积，如图 8-20 所示。

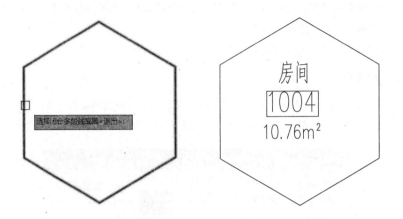

图 8-20　查询封闭曲线面积

3．查询阳台面积

激活"阳台面积查询"工具，可以查询并标注阳台的面积。

在【查询面积】对话框单击"阳台面积查询"按钮 ，设置参数如图 8-21 所示。

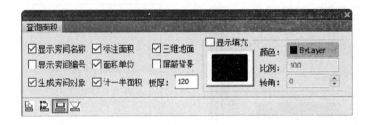

图 8-21　【查询面积】对话框

在绘图区域中选择阳台，指定标注面积的位置，即可查询阳台面积，如图 8-22 所示。

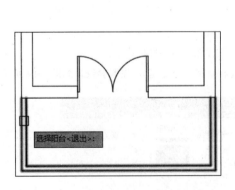

图 8-22　查询阳台面积

4. 查询多边形面积

激活"绘制任意多边形面积查询"工具，可以查询并标注任意多边形的面积。

在【查询面积】对话框中单击"绘制任意多边形面积查询"按钮 ，设置参数，如图 8-23 所示。

图 8-23 【查询面积】对话框

在绘图区域中依次指定点绘制多边形，按 Enter 键，指定标注面积的位置，即可查询任意多边形的面积，如图 8-24 所示。

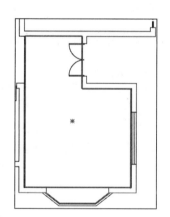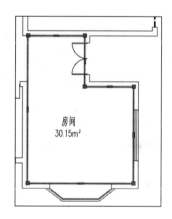

图 8-24 查询任意多边形面积

8.1.5 套内面积

执行"套内面积"命令，可以单独计算某套住房的面积。

单击【房间屋顶】|【套内面积】菜单命令，在弹出的【套内面积】对话框中设置参数，如图 8-25 所示。

图 8-25 【套内面积】对话框

选择套内所有的房间对象，如图 8-26 所示。可以通过单击逐个选择房间对象，也可以绘制矩形选框，同时选中多个房间对象。

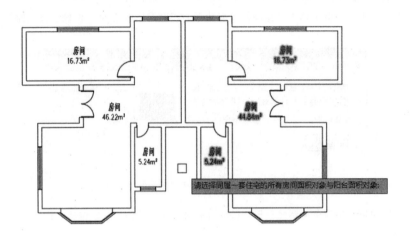

图 8-26　选择房间对象

按 Enter 键，预览计算套内面积的结果。移动光标，指定位置标注面积，如图 8-27 所示。

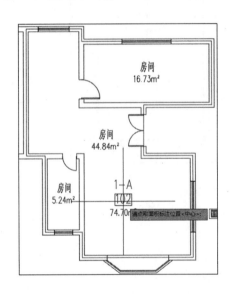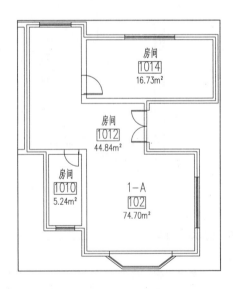

图 8-27　标注套内面积

8.1.6　公摊面积

执行"公摊面积"命令，可指定区域内的公摊面积。

单击【房间屋顶】|【公摊面积】菜单命令，选择房间面积对象（多选表示累加），如图 8-28 所示。按 Enter 键，即可指定公摊面积。软件把公摊面积对象归入"SPACE_SHARE"图层，如图 8-29 所示，以备面积统计时使用。

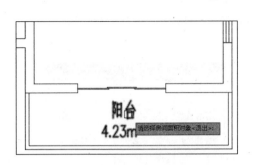

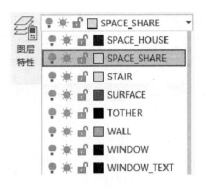

图 8-28 选择房间面积对象   图 8-29 查看图层

选择房间面积对象，单击右键，选择"对象编辑"命令，弹出【编辑房间】对话框，在"类型"选项中显示"公摊面积"，表示阳台面积已被指定为"公摊面积"，如图 8-30 所示。

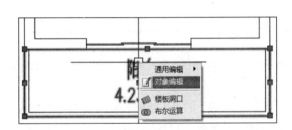

图 8-30 阳台面积被指定为"公摊面积"

8.1.7 面积计算

执行"面积计算"命令，可以计算房间面积、阳台面积和建筑面积等，及用于不能直接测量到所需面积的情况。

单击【房间屋顶】|【面积计算】菜单命令，打开【面积计算】对话框，选择计算对象的类型，如图 8-31 所示。选择计算对象，指定位置放置计算结果，即可计算选定区域内的面积，如图 8-32 所示。

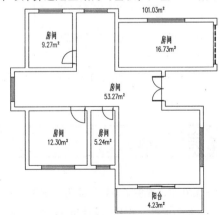

图 8-31 【面积计算】对话框   图 8-32 计算面积

根据命令行提示，输入"Q"，选择"高级模式"选项，弹出【面积计算】对话框。选择需统计的面积对象，按 Enter 键后在对话框显示面积的相加，如图 8-33 所示。

单击 "=" 按钮，相加选定面积，并显示计算结果，如图 8-34 所示。单击 "标在图上" 按钮，指定标注面积位置，即可将计算面积标注在图上。

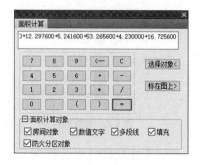

图 8-33　相加面积

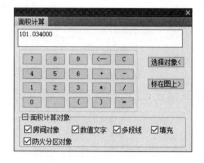

图 8-34　计算面积

8.1.8　面积统计

执行 "面积统计" 命令，可按照相关文件，统计住宅的各项面积指标，为相关管理部门执行设计审批提供参考依据。

打开工程文件，单击【房间屋顶】|【面积统计】菜单命令，打开【面积统计】对话框，如图 8-35 所示，在其中指定统计类型。在视图中选择房间或面积对象，单击 "开始统计" 按钮，即可统计面积。

在【面积统计】对话框的左下角单击 "名称分类" 按钮，打开【名称分类】对话框。在其中按照 "厅" "室" "卫" 三种类型划分房间名称，如图 8-36 所示。还可单击 "屏幕取词" 按钮，在屏幕中拾取文字，将其保存到对话框。

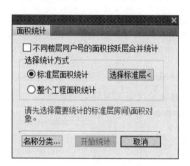

图 8-35　【面积统计】对话框

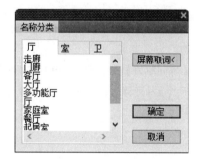

图 8-36　【名称分类】对话框

8.2　房间布置

在 T20 中，提供了多种工具用来布置房间，包括加踢脚线、奇数分格、偶数分格、布置洁具、布置隔断和布置隔板等。下面介绍使用这些工具的方法。

8.2.1 加踢脚线

踢脚线在家庭装修中主要用于装饰和保护墙脚。

执行"加踢脚线"命令，可自动搜索房间的轮廓，并按照指定的截面生成二维和三维样式的踢脚线（在洞口处自动断开）。

单击【房间屋顶】|【房间布置】|【加踢脚线】菜单命令，弹出【踢脚线生成】对话框。单击"截面选择"选项组右侧的矩形按钮，打开【天正图库管理系统】对话框，选择踢脚线的截面类型，如图 8-37 所示。

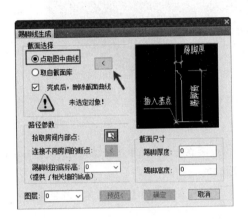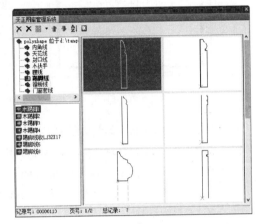

图 8-37　选择踢脚线的截面类型

在【踢脚线生成】对话框中单击"拾取房间内部点"按钮，在房间内单击拾取点，如图 8-38 所示。

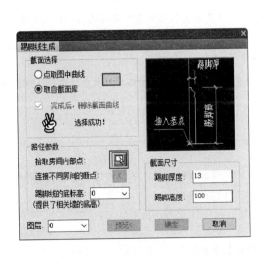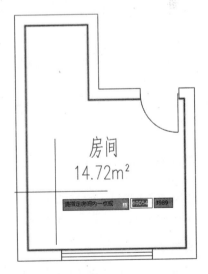

图 8-38　在房间内拾取一点

按 Enter 键返回【踢脚线生成】对话框，单击"确定"按钮创建踢脚线。转换至三维视图，观察踢脚线的三维效果，可以看到在门洞处踢脚线会自动断开，如图 8-39 所示。

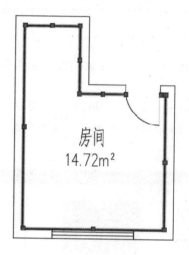

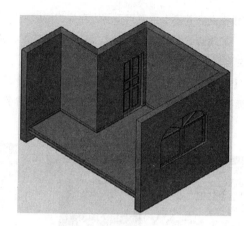

图 8-39　创建踢脚线的效果

【踢脚线生成】对话框中的选项介绍如下：

➤ 点取图中曲线：选择该选项，单击右侧的按钮 ，再在绘图区域中选择踢脚线的截面形状（截面形状必须是闭合的多段线），按 Enter 键结束选择。

➤ 取自截面库：选择该单选框，单击右侧的按钮 ，可在弹出的【天正图库管理系统】对话框中选择踢脚线形状。

➤ 完成后，删除截面曲线：选择"点取图中曲线"选项，可激活该项。选择该项，创建踢脚线后，可以自动删除踢脚线的截面。

➤ 拾取房间内部点：单击"拾取房间内部点"右侧的按钮 ，再分别单击各个需要添加踢脚线的房间，按 Enter 键返回【踢脚线生成】对话框。

➤ 连接不同房间的断点：单击按钮 ，再依次单击多个门洞内外两侧的点，按 Enter 键后返回【踢脚线生成】对话框，创建房间断点。可以在未安装门的多个房间的门洞位置创建踢脚线。

➤ 踢脚线的底标高：设置踢脚线的底标高，可在房间内有高差时在指定标高处生成踢脚线。由于顶棚位于屋顶，创建顶棚线时需要设置标高。

➤ 截面尺寸：在该选项组内有"踢脚厚度"和"踢脚高度"两个选项，用户可依据实际需要确定参数值。

8.2.2 奇数分格和偶数分格

在绘制建筑装饰图时，经常使用线框网格来表示地板及顶棚吊顶，从而合理地布置地板砖和顶棚。T20 供了两种绘制网格的方法，包括"奇数分格"和"偶数分格"。

1. 奇数分格

单击【房间屋顶】|【房间布置】|【奇数分格】菜单命令，依次指定房间内的三个点，如图 8-40 所示。

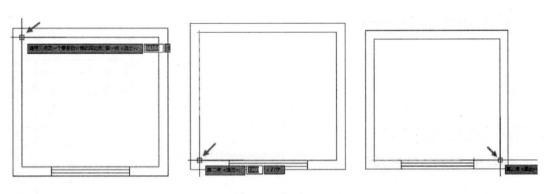

图 8-40　指定三个点

命令行提示指定分格的宽度，用户可以使用默认设置，也可以自定义宽度值，创建奇数分格的结果如图 8-41 所示。

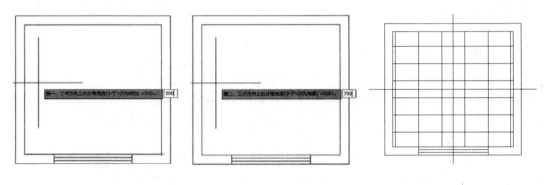

图 8-41　创建奇数分格

2．偶数分格

单击【房间屋顶】|【房间布置】|【偶数分格】菜单命令，依次指定房间内的三个点，如图 8-42 所示。

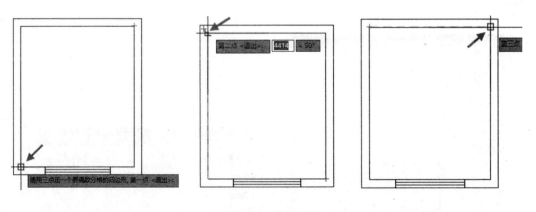

图 8-42　指定三个点

指定分格的宽度，即可创建偶数分格。观察创建结果，无论是在水平方向上还是在垂直方向上，分格的数目均为偶数，如图 8-43 所示。

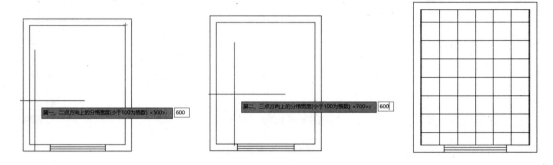

图 8-43　创建偶数分格

8.2.3　布置洁具

洁具参考尺寸见表 8-1。

表 8-1　洁具参考尺寸

名　称	尺 寸（长×宽×高）/mm	材　质
洗脸盆	(360～560)×(200～420)(250～302)	瓷质
浴缸	（1200/1550/1680）×750×（400/440/460）	压克力、钢板、铸铁和木材
淋浴器	（850～900）×（850～900）×（120）	地砖砌筑和搪瓷
坐便器	340×450×450 490×650×850（与低水箱组合尺寸）	瓷质

单击【房间屋顶】|【房间布置】|【布置洁具】菜单命令，在弹出的【天正洁具】窗口中选择洁具，双击洁具图标或单击按钮，弹出【洁具布置】对话框，在该对话框中选择布置洁具的方式，再设置洁具的尺寸参数，如图 8-44 所示。

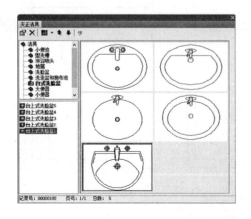

图 8-44　选择并设置洁具参数

在内墙线上点取位置，放置洗脸盆，结果如图 8-45 所示。

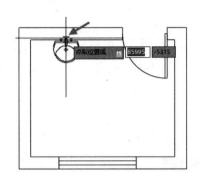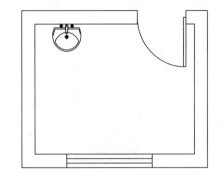

图 8-45 布置洁具

在布置洁具过程中会弹出与之对应的对话框，对话框中的选项介绍如下：

➢ 初始间距：输入数值，指定第一个洁具插入点与墙角的距离。

➢ 设备间距：输入数值，指定洁具的间距。

➢ 离墙间距：输入数值，指定洁具与墙体的距离，默认值为 20。

➢ 长度 X：输入数值，设置洁具的长度。

➢ 宽度 Y：输入数值，设置洁具的宽度。

➢ 自由插入：单击该按钮，可指定基点插入洁具。

➢ 均匀分布：单击该按钮，可将指定个数的洁具均匀分布在墙线上。

➢ 沿已有洁具布置：单击该按钮，可参考已有的洁具布置新洁具。

8.2.4 布置隔断和布置隔板

添加隔断和隔板，进一步分割空间。T20 提供了"布置隔断"和"布置隔板"两个命令，下面介绍使用方法。

1. 布置隔断

单击【房间屋顶】|【房间布置】|【布置隔断】菜单命令，在绘图区域中指定起点 👆 终点，选择洁具，如图 8-46 所示。

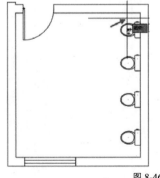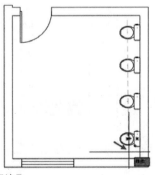

图 8-46 选择洁具

命令行提示输入隔板长度和隔断门宽,可以使用默认值,也可以自定义参数值。参数设置完毕后,按 Enter 键即可布置隔断,如图 8-47 所示。

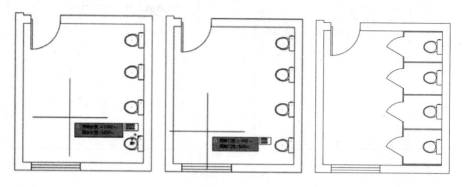

图 8-47　布置隔断

2. 布置隔板

单击【房间屋顶】|【房间布置】|【布置隔板】菜单命令,在绘图区域中指定起点和终点来选择洁具(主要是指小便器),如图 8-48 所示。

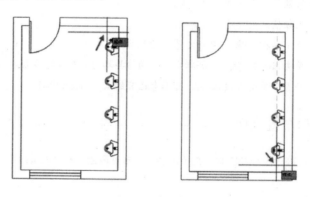

图 8-48　选择洁具

默认的指定的长度为 400,也可自定义长度值,按 Enter 键即可布置隔板,如图 8-49 所示。

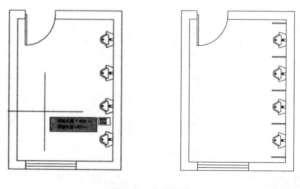

图 8-49　布置隔板

8.3 创建屋顶

屋顶是房屋的构件，可以隔绝风霜雨雪和阳光辐射，创造良好的室内生活环境，还可以承受和传递屋顶荷载，支撑房屋。屋顶的样式对建筑艺术有着很大的影响，也是建筑造型设计的组成部分。

T20 提供了创建屋顶的工具，包括任意坡顶、人字坡顶、攒尖屋顶和矩形屋顶 4 种。用户还可以利用三维造型工具创建其他形式的屋顶，如用平板对象和路径曲面对象相结合创建带有复杂檐口的平屋顶，利用路径曲面创建曲面屋顶等。

在 T20 中创建的屋顶支持对象编辑、特性编辑和夹点编辑等方式，可用于天正节能和日照模型。

8.3.1 搜屋顶线

屋顶线指屋顶的平面边界线，T20 提供了自动创建屋顶线的功能。单击【房间屋顶】|【搜屋顶线】菜单命令，根据命令行提示，选择建筑平面图中所有的墙线，按指定的距离偏移外墙边界，即可创建屋顶平面轮廓线。

屋顶线为闭合多段线，可以作为屋顶轮廓线，在此基础上绘制屋顶的施工图，可用于构造其他楼层平面的辅助边界或外墙装饰线脚的路径。

选择平面图中的墙体，按 Enter 键，命令行提示输入"偏移外墙距离"值，默认值为 600。按 Enter 键，按照指定的距离向外偏移墙线，即可绘制屋顶线，如图 8-50 所示。

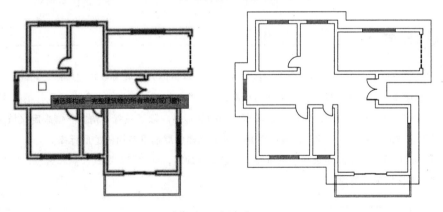

图 8-50　创建屋顶线

8.3.2 任意坡顶

任意坡顶是指由任意多段线组成的四坡屋顶。执行"任意坡顶"命令，可以在屋顶线或封闭多段线的基础上生成任意形状和坡度角的坡形屋顶。

单击【房间屋顶】|【任意坡顶】菜单命令，根据命令行的提示，选择多段线，再依次输入"坡度角"和"出檐长"值，如图 8-51 所示。

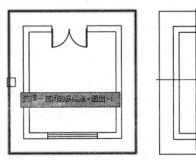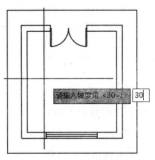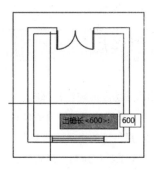

图 8-51 设置参数

参数设置完毕之后，按 Enter 键即可创建任意坡顶，如图 8-52 所示。

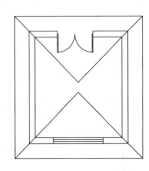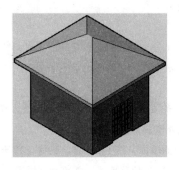

图 8-52 创建任意坡顶

8.3.3 人字坡顶

执行"人字坡顶"命令，可将闭合多段线作为屋顶边界生成人字坡顶或单坡屋顶。

创建人字坡顶时，需通过指定屋脊位置与标高，确定两侧坡面的坡度。人字坡顶具有不同的坡度角。由于屋脊线可自定义，所以两侧的坡面可以具有不同的底标高。除了设置"角度"值来定义坡度角外，还可以通过限定坡顶高度的方式自动求算坡度角，此时创建的屋面具有相同的底标高。

单击【房间屋顶】|【人字坡顶】菜单命令，选择屋顶线，指定屋脊线的起点和终点，如图 8-53 所示，即可完成人字坡顶的创建。

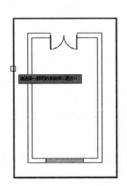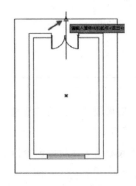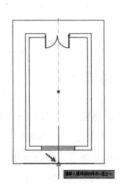

图 8-53 指定屋脊线的起点和终点

执行上述操作后，在弹出的【人字坡顶】对话框中将显示屋顶的各项参数，如图 8-54 所示。其中，"屋脊标高"为默认值，通常不与实际的墙高相符。单击"参考墙顶标高"按钮，返回绘图区域，单击墙体，参考墙顶标高定义屋顶的位置。

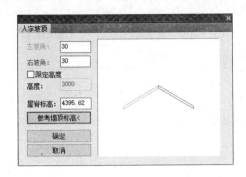

图 8-54 【人字坡顶】对话框

参数设置完毕后，单击"确定"按钮，即可创建人字坡顶，如图 8-55 所示。

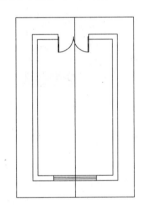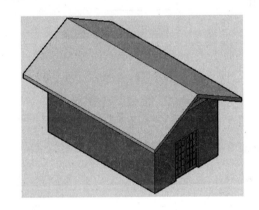

图 8-55 创建人字坡顶

【人字坡顶】对话框中的选项介绍如下：

➢ "左坡角"和"右坡角"：左右两侧屋顶与水平线的夹角。在右侧的文本框中输入角度，无论脊线是否居中，均默认左右的坡度角相等。

➢ 限定高度：选中该选项，则用高度而非坡度定义屋顶，脊线不居中时左右坡度不相等。

➢ 高度：选中"限定高度"选项后，在此文本框中输入坡屋顶高度。

➢ 屋脊标高：在右侧文本框中输入数值，可确定屋顶的屋脊高度。

➢ 参考墙顶标高：单击该按钮，在绘图区域中选择墙，系统将参考所选墙体的高度，调整坡顶的位置，使屋顶与墙关联。

8.3.4 攒尖屋顶

执行"攒尖屋顶"命令，可构造攒尖屋顶三维模型，但不能生成由曲面构成的中国古建亭子屋顶。在布尔运算中，攒尖屋顶仅限于作为第二运算对象，本身不能被其他闭合对象剪裁。

单击【房间屋顶】|【攒尖屋顶】菜单命令，在弹出的【攒尖屋顶】对话框中设置屋顶的边数、屋顶高度和出檐长度，如图 8-56 所示。

图 8-56 【攒尖屋顶】对话框

在绘图区域中指定插入基点（屋顶中心点），拖曳光标，指定第二点，如图 8-57 所示。

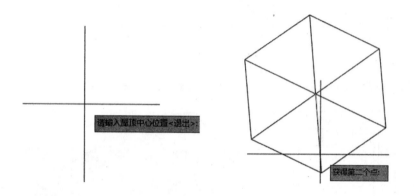

图 8-57 指定中心点和第二个点

在合适的位置单击，即可创建攒尖屋顶，如图 8-58 所示。

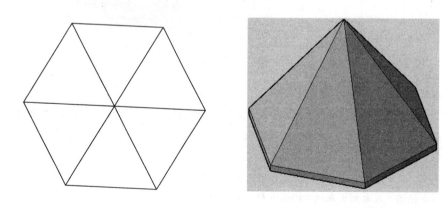

图 8-58 创建攒尖屋顶

8.3.5 矩形屋顶

执行"矩形屋顶"命令，可以绘制歇山屋顶、四坡屋顶、双坡屋顶和攒尖屋顶。与人字坡顶不同，该命令绘制的屋顶平面仅限于矩形。在布尔运算中，矩形屋顶仅限于作为第二运算对象，本身不能被其他闭合对象剪裁。

单击【房间屋顶】|【矩形屋顶】菜单命令，在弹出的【矩形屋顶】对话框中设置参数，再依次点取墙外皮的 3 个点，如图 8-59 所示。

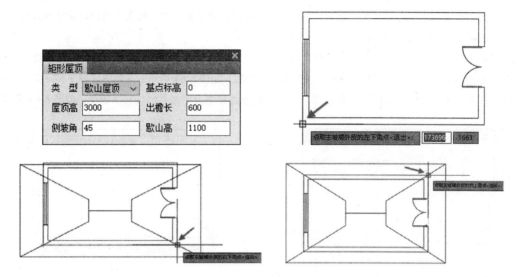

图 8-59　设置参数及指定点

指定 3 个点后，即可创建矩形屋顶（这里是以歇山屋顶为例），如图 8-60 所示。

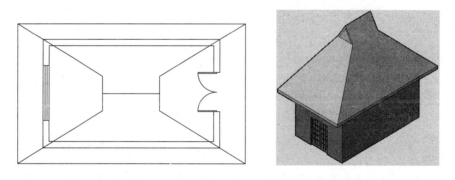

图 8-60　创建矩形屋顶

【矩形屋顶】对话框中的选项介绍如下：

➤ 　类型：指矩形屋顶的类型，包括歇山屋顶、四坡坡顶、人字屋顶和攒尖屋顶。

➤ 　屋顶高：从插入基点到屋脊的高度。

➤ 　侧坡角：矩形短边的坡面与水平面之间的倾斜角。受屋顶高度的限制，两者之间的配合有一定的取值范围。

➤ 　基点标高：默认屋顶单独作为一个楼层，基点位于屋面，标高是 0。屋顶在下层墙顶放置时，标高应为"墙高度"＋"檐板厚度"。

➤ 　出檐长：屋顶檐口到墙外皮的距离。

➤ 　歇山高：歇山屋顶侧面垂直部分的高度。参数值为 0 时屋顶的类型为四坡屋顶。

8.3.6 屋面排水

执行"屋面排水"命令，可以自动生成屋顶分水线和坡度箭头。T20 提供了两种屋面排水方式，分别是"落水口排水"和"坡面排水"。

单击【房间屋顶】|【屋面排水】菜单命令，打开【屋面排水】对话框。默认选择"落水口排水"方式，设置"坡高""坡度"以及箭头样式、文字样式参数，如图 8-61 所示。在绘图区域中指定分水线的起始点和下一点，如图 8-62 和图 8-63 所示。即可绘制屋面排水分水线并标注排水坡度，如图 8-64 所示。

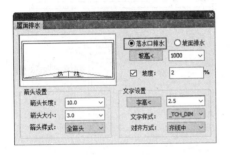

图 8-61　【屋面排水】对话框

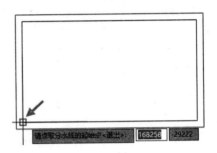

图 8-62　指定起始点

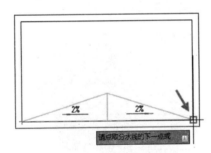

图 8-63　指定下一点

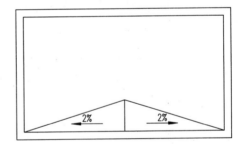

图 8-64　标注排水坡度

在【屋面排水】对话框中选择"坡面排水"方式，并设置各项参数，如图 8-65 所示。在绘图区域中指定坡度箭头的位置，如图 8-66 所示。移动光标，指定箭头的方向，如图 8-67 所示。绘制箭头引注标注排水坡度，结果如图 8-68 所示。

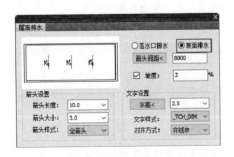

图 8-65　【屋面排水】对话框

图 8-66　指定箭头的位置

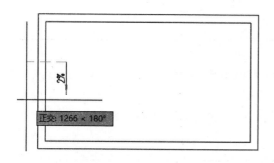

图 8-67　指定箭头的方向

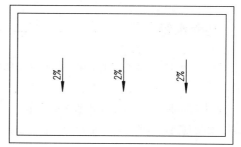

图 8-68　标注排水坡度

8.3.7　加老虎窗

　　老虎窗是设在屋顶上的天窗，主要作用是采光和通风。执行"加老虎窗"命令，可以在屋顶上添加各种形式的老虎窗。

　　单击【房间屋顶】|【加老虎窗】菜单命令，选择屋顶，弹出【加老虎窗】对话框，在该对话框中设置参数，如图 8-69 所示。单击"确定"按钮，在屋顶上指定插入老虎窗的位置，如图 8-70 所示。

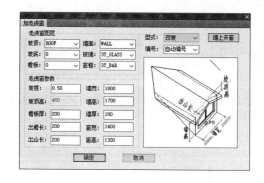

图 8-69　【加老虎窗】对话框

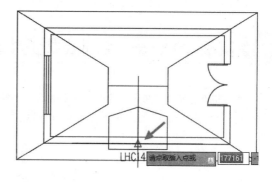

图 8-70　指定插入点

　　执行上述操作后，即可在屋顶的指定位置创建老虎窗，如图 8-71 所示。

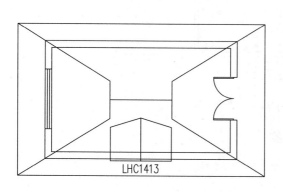

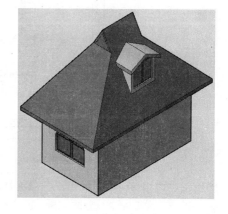

图 8-71　创建老虎窗

8.3.8 加雨水管

执行"加雨水管"命令，可在屋顶平面图上绘制穿越女儿墙或者檐板的雨水管（雨水管只具有二维特性）。

单击【房间屋顶】|【加雨水管】菜单命令，在屋顶平面图上指定入水口，移动光标，指定水管的结束点，即可创建雨水管，如图 8-72 所示。

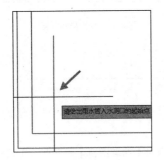 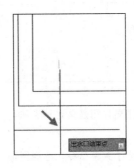 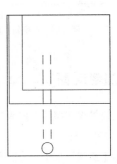

图 8-72　创建雨水管

8.4　实战演练——绘制公共卫生间平面图

本节将根据所学的知识，绘制公共卫生间平面图，包括轴网、轴号标注、墙体、门窗、台阶和房间布置等。绘制的公共卫生间平面图如图 8-73 所示。

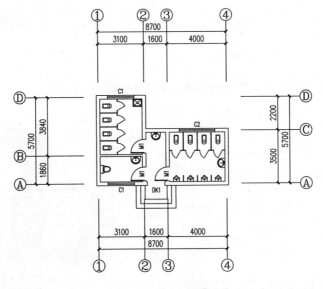

图 8-73　公共卫生间平面图

1. 绘制轴网与墙体

01 绘制轴网。启动T20，单击【轴网柱子】|【绘制轴网】菜单命令，在弹出的【绘制轴网】对话框中设置"下开"参数，如图8-74所示。

02 选择"左进"选项，设置参数，如图8-75所示。

图8-74 设置"下开"参数

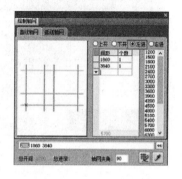

图8-75 设置"左进"参数

03 选择"右进"选项，设置参数，如图8-76所示。

04 在绘图区域中指定位置，创建轴网，结果如图8-77所示。

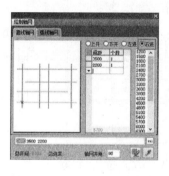

图8-76 设置"右进"参数

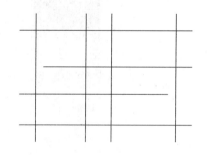

图8-77 创建轴网

05 轴号标注。单击【轴网柱子】|【轴网标注】菜单命令，在弹出的【轴网标注】对话框中设置参数，再根据命令行提示依次单击起始轴线和终止轴线，即可创建轴号标注，如图8-78所示。

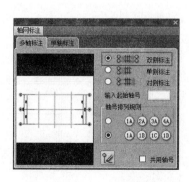

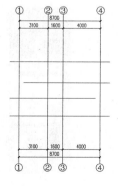

图8-78 轴号标注

[06] 在【轴网标注】对话框的"输入起始轴号"选项中输入"A",重定义起始轴号。在绘图区域中指定起始轴线和终止轴线,标注轴网,如图8-79所示。

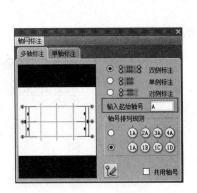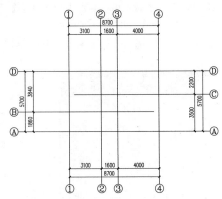

图8-79 标注轴网

[07] 绘制墙体。单击【墙体】|【绘制墙体】菜单命令,在弹出的【墙体】对话框中设置参数,再根据命令行提示,依次单击墙体所经过轴线的交点,即可完成墙体的绘制,如图8-80所示。

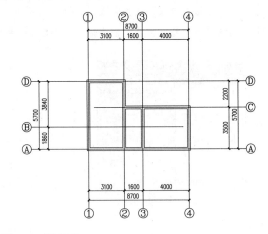

图8-80 绘制墙体

[08] 在【墙体】对话框中修改墙宽为120,"用途"修改为"内墙",其他参数保持不变。在绘图区域中指定起点和下一点,绘制内部隔墙,如图8-81所示。

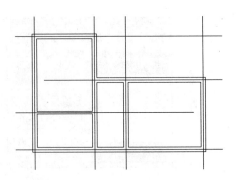

图8-81 绘制内部隔墙

2. 绘制门窗与台阶

01 插入 C1。单击【门窗】|【门窗】菜单命令，在弹出的【窗】对话框中设置参数，插入 C1，如图 8-82 所示。

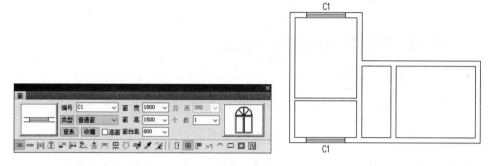

图 8-82　插入 C1

02 插入 C2。在【窗】对话框中修改"编号"为 C2，设置"窗宽"为 2400，其他参数保持不变，插入 C2，如图 8-83 所示。

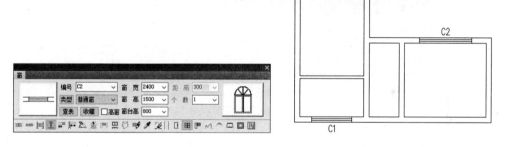

图 8-83　插入 C2

03 插入 M1。单击【门窗】|【门窗】菜单命令，在弹出的【门】对话框中设置参数，插入 M1，如图 8-84 所示。

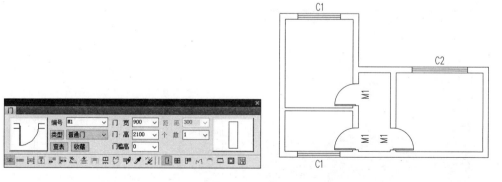

图 8-84　插入 M1

04 插入 DK1。单击【门窗】|【门窗】菜单命令，在弹出的【门】对话框中单击"插洞"按钮 回，

转换为【洞口】对话框。设置洞口参数，在墙上指定点，插入 DK1，如图 8-85 所示。

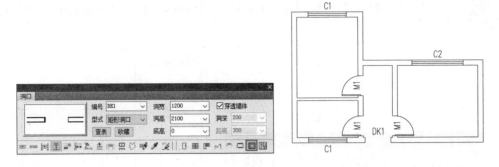

图 8-85　插入 DK1

05 绘制台阶。单击【楼梯其他】|【台阶】菜单命令，在弹出的【台阶】对话框中设置参数，再根据命令行提示指定点绘制台阶，如图 8-86 所示。

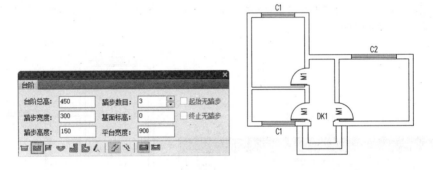

图 8-86　绘制台阶

3. 布置洁具

01 布置蹲便器。单击【房间屋顶】|【房间布置】|【布置洁具】菜单命令，在弹出的【天正洁具】对话框中选择蹲便器，如图 8-87 所示。

02 接着弹出【布置蹲便器（高位水箱）】对话框，在该对话框中设置参数，如图 8-88 所示。

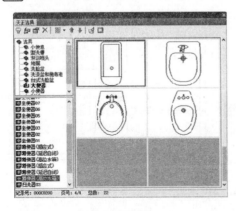 

图 8-87　选择蹲便器　　　　　　　　　　图 8-88　设置参数

[03] 根据命令行提示，拾取内墙线，在命令行中输入蹲便器的个数为 4，沿墙布置蹲便器，结果如图 8-89 所示。

[04] 重复上述操作，继续在另一卫生间中布置蹲便器，结果如图 8-90 所示。

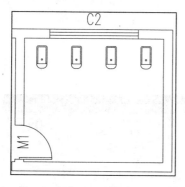

图 8-89　布置蹲便器

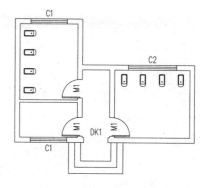

图 8-90　在另一卫生间中布置蹲便器

[05] 布置小便器。单击【房间屋顶】|【房间布置】|【布置洁具】菜单命令，在弹出的【天正洁具】对话框中选择小便器，如图 8-91 所示。

[06] 接着弹出【布置小便器（感应式）03】对话框，在该对话框中设置参数，如图 8-92 所示。

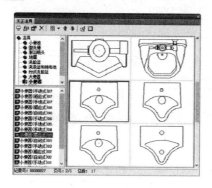

图 8-91　选择小便器

图 8-92　设置参数

[07] 根据命令行提示，拾取内墙线，在命令行中输入小便器的个数为 4，布置小便器，结果如图 8-93 所示。

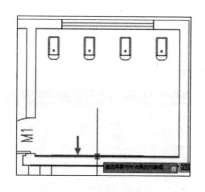

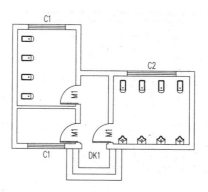

图 8-93　布置小便器

08 布置洗脸盆。单击【房间屋顶】|【房间布置】|【布置洁具】菜单命令，在弹出的【天正洁具】对话框中选择洗脸盆，如图 8-94 所示。

09 接着弹出【布置洗脸盆 04】对话框，在该对话框中设置参数，如图 8-95 所示。

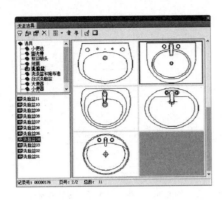

图 8-94　选择洗脸盆　　　　　　　　　　　图 8-95　设置参数

10 根据命令行提示，指定插入点，布置洗脸盆，结果如图 8-96 所示。

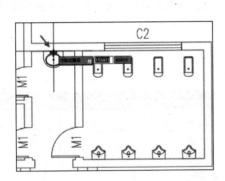

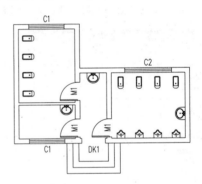

图 8-96　布置洗脸盆

11 布置坐便器。单击【房间屋顶】|【房间布置】|【布置洁具】菜单命令，在弹出的【天正洁具】对话框中选择坐便器，如图 8-97 所示。

12 接着弹出【布置坐便器 07】对话框，在该对话框中设置参数，如图 8-98 所示。

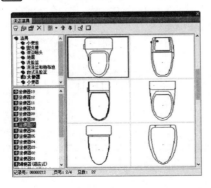

图 8-97　选择坐便器　　　　　　　　　　　图 8-98　设置参数

[13] 根据命令行提示输入 "A"，选择 "转 90 度" 选项，翻转坐便器，调整角度，接着指定插入点，布置坐便器，结果如图 8-99 所示。

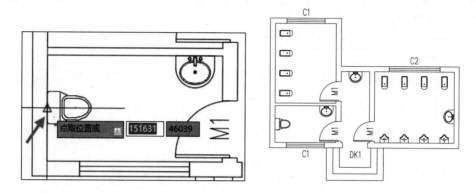

图 8-99　布置坐便器

[14] 布置拖布池。单击【房间屋顶】|【房间布置】|【布置洁具】菜单命令，在弹出的【天正洁具】对话框中选择拖布池，如图 8-100 所示。

[15] 接着弹出【布置拖布池】对话框，在该对话框中设置参数，如图 8-101 所示。

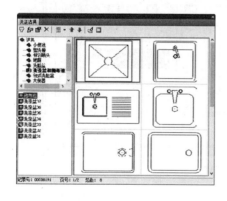

图 8-100　选择拖布池

图 8-101　设置参数

[16] 根据命令行提示，选择沿墙边线，指定插入点，布置拖布池，结果如图 8-102 所示。

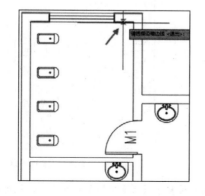
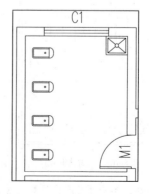

图 8-102　布置拖布池

4. 布置隔断与隔板

[01] 布置隔断。单击【房间屋顶】|【房间布置】|【布置隔断】菜单命令，根据命令行的提示，指定直线的起点和终点来选择洁具，如图 8-103 所示。

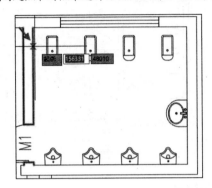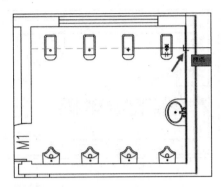

图 8-103　选择洁具

[02] 设置隔板的长度和隔断的门宽，如图 8-104 所示。

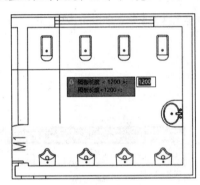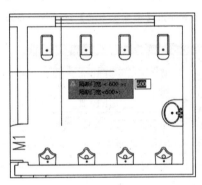

图 8-104　设置参数

[03] 布置隔断，结果如图 8-105 所示。

[04] 重复上述操作，继续在另一卫生间布置隔断，结果如图 8-106 所示。

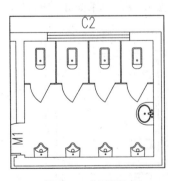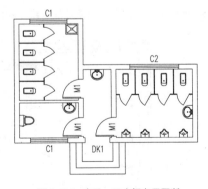

图 8-105　布置隔断　　　　　　　　　　图 8-106　在另一卫生间布置隔断

[05] 布置隔板。单击【房间屋顶】|【房间布置】|【布置隔板】菜单命令，根据命令行的提示，指定直线的起点和终点来选择洁具，如图 8-107 所示。

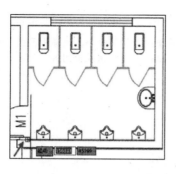
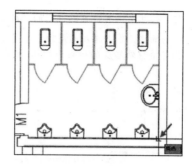

图 8-107　选择洁具

06 设置隔板的长度，如图 8-108 所示。

07 按 Enter 键，布置隔板，结果如图 8-109 所示。

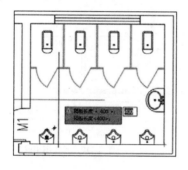

图 8-108　设置隔板长度

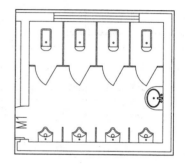

图 8-109　布置隔板

8.5　实战演练——绘制屋顶平面图

本节将根据本章所学的创建屋顶的方法，绘制屋顶平面图。绘制的屋顶平面图如图 8-110 所示。

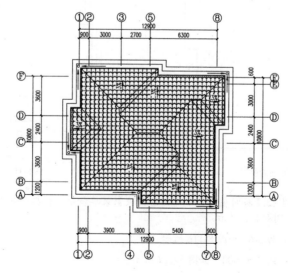

图 8-110　屋顶平面图

01 打开素材。打开本书附带资源提供的"第08章\平面图.dwg"文件，如图 8-111 所示。

02 绘制屋顶轮廓线。单击【房间屋顶】|【搜屋顶线】菜单命令，选择平面图中的所有墙体和门窗后按 Enter 键，指定偏移外墙皮的距离为 600，绘制屋顶轮廓线，结果如图 8-112 所示。

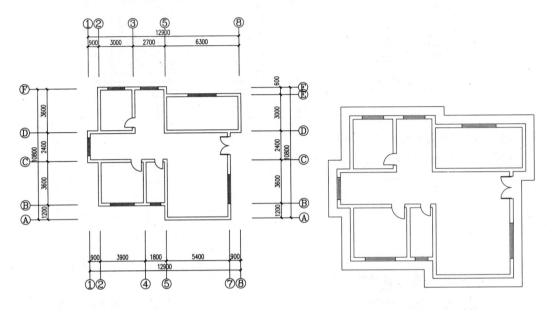

图 8-111 打开素材　　　　　　　　　　　图 8-112 绘制屋顶轮廓线

03 绘制檐沟线。执行"E"（删除）命令，删除平面图中的墙体和门窗图形，保留屋顶轮廓线，如图 8-113 所示。

04 执行"O"（偏移）命令，设置偏移距离为 60、360、380，将屋顶轮廓线依次向外偏移，绘制檐沟的结果如图 8-114 所示。

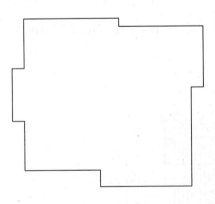
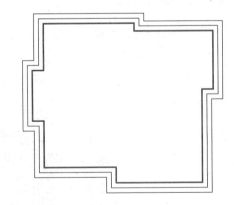

图 8-113 删除图形　　　　　　　　　　　图 8-114 绘制檐沟

05 绘制坡屋顶。单击【房间屋顶】|【任意坡顶】菜单命令，根据命令行提示，选择在步骤 02 中创建的屋顶轮廓线，如图 8-115 所示。

06 指定"坡度角"为 30，如图 8-116 所示。

07 设置"出檐长"的值为 600，如图 8-117 所示。

08 执行上述操作后，即可绘制坡屋顶，结果如图 8-118 所示。

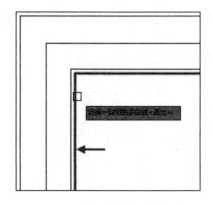

图 8-115　选择屋顶轮廓线

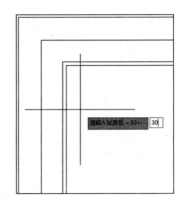

图 8-116　设置坡度角

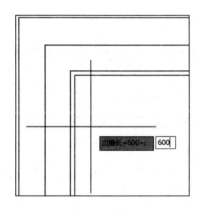

图 8-117　设置出檐长

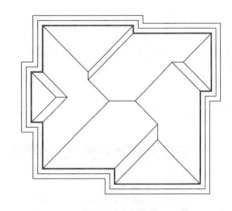

图 8-118　绘制坡屋顶

09 标注屋面排水坡度。单击【房间屋顶】|【屋面排水】菜单命令，在弹出的【屋面排水】对话框中设置参数。然后根据命令行的提示，指定坡度箭头的位置，标注屋面排水坡度，结果如图 8-119 所示。

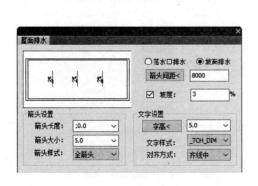

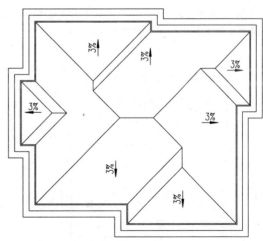

图 8-119　标注屋面排水坡度

⑩ 绘制雨水管。执行 C "圆" 命令，设置半径值为 100，在屋面上指定圆心的位置，绘制雨水管，如图 8-120 所示。

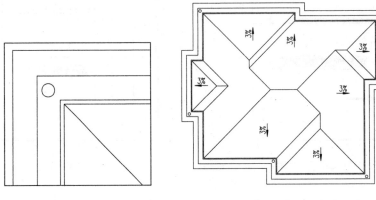

图 8-120　绘制雨水管

⑪ 标注水流方向。单击【符号标注】|　【箭头引注】菜单命令，在弹出的【箭头引注】对话框中设置参数。然后在屋面指定起点和下一点，绘制箭头，结果如图 8-121 所示。

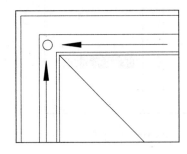

图 8-121　绘制箭头

⑫ 重复操作，继续在屋面绘制箭头，标注流水方向，结果如图 8-122 所示。

⑬ 填充屋面材料。执行　"H"（图案填充）命令，打开【图案填充和渐变色】对话框，单击"图案"选项右侧的矩形按钮，如图 8-123 所示。

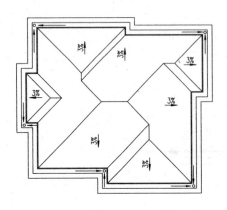

图 8-122　标注流水方向　　　　　　　图 8-123　【图案填充和渐变色】对话框

14 打开【填充图案选项板】对话框，选择"西班牙屋面"图案，如图8-124所示。

15 单击"确定"按钮，返回【图案填充和渐变色】对话框，设置"角度"值为0、"比例"值为200，如图8-125所示。

图8-124 选择图案

图8-125 设置参数

16 在该对话框中单击右上角的"添加：拾取点"按钮，在平面图中拾取填充区域，填充图案，结果如图8-126所示。

17 在【图案填充和渐变色】对话框中修改"角度"值为90，其他参数保持不变，如图8-127所示。

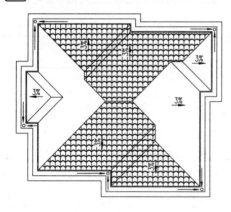

图8-126 填充图案

图8-127 修改参数

18 在平面图中拾取填充区域，完成填充屋面材料的操作，结果如图8-128所示。

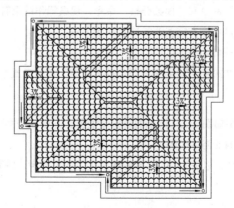

图8-128 填充屋面材料

8.6 本章小结

1. 本章介绍了房间查询的内容，包括搜索房间、房间轮廓、房间排序以及查询面积等。

2. 通过执行"搜索房间"命令可以直接创建房间对象。查询房间面积后，可以将查询结果标注在图上。按照国标房产规范的要求，执行"套内面积"命令可以自动计算分户单元的套内面积，该面积以墙中线计算（包括保温层厚度在内）。选择墙体时应只选择构成该分户单元的墙体。

3. 本章介绍了房间布置的内容。T20 提供了多种布置房间的工具，包括添加踢脚线及对地面和顶棚进行奇数分格和偶数分格。

4. T20 提供了专业的洁具图库，可以选择多种卫生洁具进行布置，包括洗脸盆、大小便器、淋浴喷头、洗涤池和拖布池等。在【天正洁具】对话框中双击洁具，按命令行的提示进行操作即可布置洁具。

5. 本章介绍了创建各种类型屋顶的方法，包括任意坡顶、人字坡顶、攒尖屋顶以及矩形屋顶。T20 新增了"屋面排水"命令，提供了两种方式标注屋面排水，分别是"落水口排水"和"坡面排水"。

6. 执行"加老虎窗"命令，可以快速地在屋面的指定位置添加老虎窗。调用"加雨水管"命令，在平面图中指定起点和终点，可创建雨水管，但是雨水管只有二维样式，无法在三维视图中查看。

8.7 思考与练习

一、填空题

1. 执行"搜索房间"命令，可以标注_____面积和_____面积。

2. 执行_____命令可以查询阳台面积和闭合多段线围合区域的面积。

3. 执行"搜屋顶线"命令，可以创建_____，也可以将_____作为屋顶轮廓线。

4. 执行"人字坡顶"命令，可创建_____屋顶和_____屋顶。

5. 执行_____命令，可生成室内地面。

二、问答题

1. 分别执行"奇数分格"命令和"偶数分格"命令，观察操作结果有哪些区别。

2. 天正图库中提供的洁具类型有哪些？简述其创建方法。

3. 如何修改任意坡顶某一坡面的坡度？

4. 什么是老虎窗？利用 T20 可以绘制哪些类型的老虎窗？简述老虎窗的创建方法。

三、操作题

1. 综合所学的知识，绘制如图 8-129 所示的建筑平面图，并标注房间面积，布置卫生洁具。

2. 绘制如图 8-130 所示的卫浴平面图。

3. 执行"任意坡顶"命令，以图 8-131 所示的建筑平面图为参考，绘制屋顶平面图。

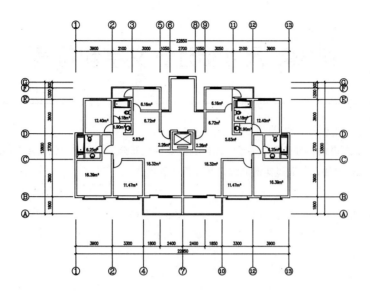

图 8-129　建筑平面图

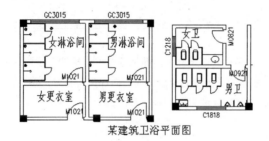

某建筑卫浴平面图

图 8-130　卫浴平面图

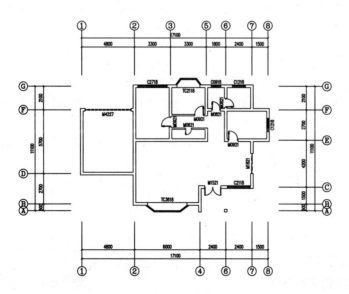

图 8-131　建筑平面图

第9章 尺寸标注、文字和符号

● **本章导读**

尺寸标注、文字表格和符号标注是设计图纸的重要组成部分。本章将介绍创建和编辑尺寸标注、文字表格和符号标注的方法，并通过实例的练习掌握具体的用法。

● **本章重点**

◈ 尺寸标注　　　　　　　　　◈ 文字和表格

◈ 符号标注　　　　　　　　　◈ 本章小结

◈ 思考与练习

9.1 尺寸标注

建筑设计图纸中的尺寸（包括外部尺寸和内部尺寸两种）标注应按照建筑制图标准来绘制。外部尺寸方便读图和施工，分布在图纸的上下左右4个方向。内部尺寸标注门洞宽度、墙垛尺寸、墙宽等。

本节将介绍创建和编辑尺寸标注的方法。

9.1.1 创建尺寸标注

在创建轴网标注时可同步生成开间和进深尺寸，但是建筑平面图还需添加更多的尺寸标注。下面将介绍创建各类尺寸标注的方法。

1. 门窗标注

执行"门窗标注"命令，可标注门窗的尺寸和门窗在墙中的位置。

单击【尺寸标注】|【门窗标注】菜单命令，根据命令行提示，依次指定起点和终点，即可标注窗宽，结果如图9-1所示。

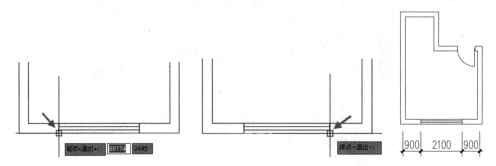

图 9-1　标注窗宽

2. 墙厚标注

执行"墙厚标注"命令，可在图中标注两点连线经过的一至多段墙体的厚度。墙中有轴线存在时，标注以轴线划分左右厚度，没有轴线存在时标注墙体的总厚度。

根据命令行的提示，在图中指定直线的第一点和第二点，选择标注范围，如图 9-2 所示。

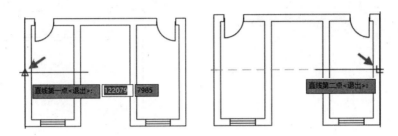

图 9-2　指定两点

执行上述操作后，处于选择范围内的墙体被标注墙厚，结果如图 9-3 所示。在某段墙的外墙线上指定起点，在内墙线上指定终点，结果是仅标注该段墙的厚度，如图 9-4 所示。

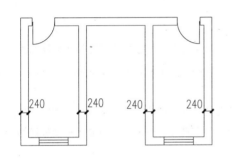

图 9-3　标注多段墙体厚度

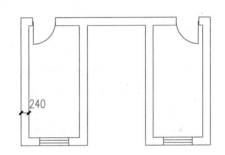

图 9-4　标注某段墙体厚度

3. 两点标注

执行"两点标注"命令，可为两点连线经过的轴线、墙体、门窗和柱子等构件（各构件之间需要具有一定的关系）标注尺寸，还可以添加其他标注点。

单击【尺寸标注】|【两点标注】菜单命令，根据命令行提示，指定起点和终点，选择标注范围，如图 9-5 所示。

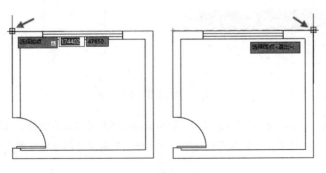

图 9-5　指定两点

此时可以预览标注结果，向上移动光标，指定放置标注的位置，如图 9-6 所示。处于选择范围内的墙、窗均已被标注尺寸，如图 9-7 所示。

命令行提示"增加或删除轴线、墙、柱子、门窗尺寸"，指定点，可以继续创建尺寸标注。

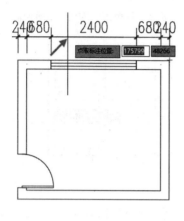

图 9-6 指定位置

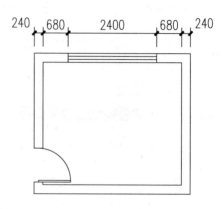

图 9-7 创建两点标注

4. 内门标注

执行"内门标注"命令，可以标注室内门窗的尺寸，以及与门窗相邻的正交轴线或墙垛的距离。

单击【尺寸标注】|【内门标注】菜单命令，打开【内门标注】对话框。根据命令行提示，指定直线的起点和终点，通过两点连线选中门，即可创建标注。

在【内门标注】对话框中提供了三种标注方式，分别是"轴线定位""垛宽定位""轴线+垛宽"。

选择"轴线定位"选项，指定两点选择门，即可标注门洞尺寸，以及门洞与最近一侧轴线的距离，如图 9-8 所示。

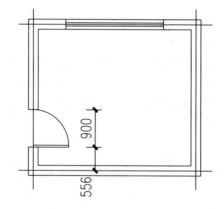

图 9-8 "轴线定位"标注结果

选择"垛宽定位"选项，指定两点选择门，即可标注门洞尺寸和墙垛宽度，如图 9-9 所示。

选择"轴线+垛宽"选项，指定两点选择门，即可标注门洞尺寸和墙垛宽度，以及与轴线的间距，如图 9-10 所示。

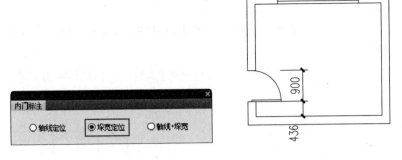

图 9-9　"垛宽定位"标注结果

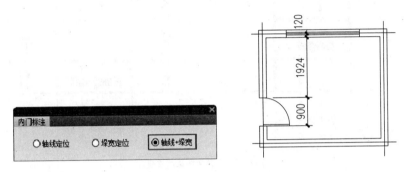

图 9-10　"轴线+垛宽"标注结果

5. 快速标注

"快速标注"命令适用于天正实体对象，包括墙体、门窗和柱子对象。执行命令后，可以将所选范围内的天正实体对象进行快速批量标注。

单击【尺寸标注】|【快速标注】菜单命令，根据命令行提示，选择需要标注尺寸的墙体，按 Enter 键即可批量标注所选图形，如图 9-11 所示。

与"墙厚标注"命令的操作结果不同，利用"快速标注"命令标注墙厚，是以墙中心线为依据，标注墙体"左厚"与"右厚"的尺寸。

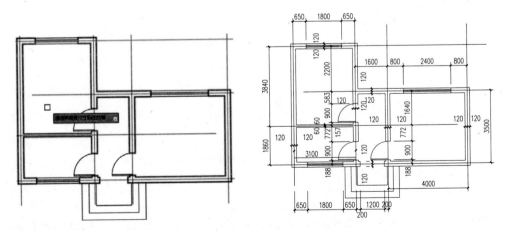

图 9-11　快速标注

6. 外包尺寸

执行"外包尺寸"命令，可在原有尺寸标注的基础上创建符合制图标准的外包尺寸标注（外包尺寸即包含外墙外侧厚度的总尺寸）。

单击【尺寸标注】|【外包尺寸】菜单命令，根据命令行提示，选择建筑构件，接着选择尺寸标注中第一、二道尺寸线，如图 9-12 所示。

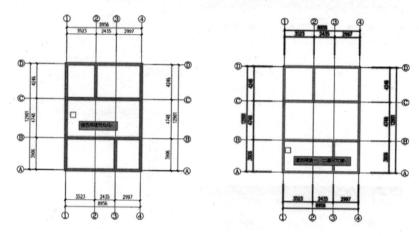

图 9-12 选择构件及尺寸线

按 Enter 键即可创建外包尺寸标注，如图 9-13 所示。

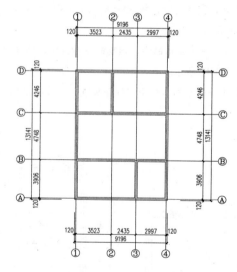

图 9-13 创建外包尺寸标注

7. 逐点标注

执行"逐点标注"命令，可连续指定多个点，并标注各个点之间的距离。该命令适用于需要指定位置创建标注的情况，或者难以利用其他命令标注尺寸的对象。

单击【尺寸标注】|【逐点标注】菜单命令，根据命令行提示，指定起点和第二点，拖曳光标，指定尺寸线位置。继续指定标注点，按 Enter 键即可创建逐点标注，如图 9-14 所示。

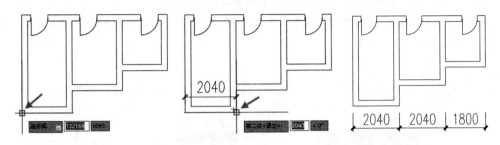

图 9-14　逐点标注

8.　半径标注

执行"半径标注"命令，可标注弧线或弧墙的半径，尺寸文字容纳不下时，会按照制图标准规定，自动移动到尺寸线的外侧。

单击【尺寸标注】|【半径标注】菜单命令，选择圆弧，即可创建半径标注，如图 9-15 所示。

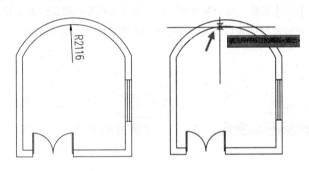

图 9-15　半径标注

9.　直径标注

执行"直径标注"命令，可标注弧线或弧墙的直径，当尺寸文字容纳不下时，会按照制图标准规定，自动移动至尺寸线的外侧。

单击【尺寸标注】|【直径标注】菜单命令，选择圆弧即可标注直径，如图 9-16 所示。

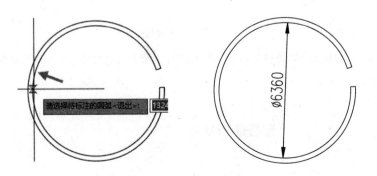

图 9-16　直径标注

10. 角度标注

执行"角度标注"命令，可以按逆时针方向标注直线之间的夹角。

单击【尺寸标注】|【角度标注】菜单命令，根据命令行提示，依次选择待标注的两条直线，即可创建角度标注，如图 9-17 所示。

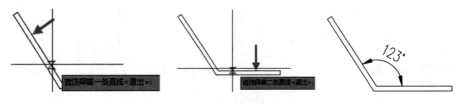

图 9-17 角度标注

11. 弧弦标注

执行"弧弦标注"命令，可按照制图标准创建弧长标注，并可在弧长、角度和弦长三种状态下相互转换。

单击【尺寸标注】|【弧弦标注】菜单命令，选择需要标注的弧段，向下移动光标，确定标注类型为"弧长标注"，指定尺寸线的位置以及其他标注点即可创建标注，如图 9-18 所示。

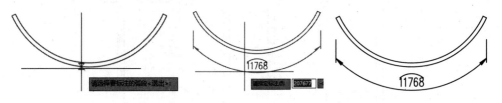

图 9-18 弧弦标注

选择弧段，向上移动光标，确定标注类型为"角度标注"，指定尺寸线的位置以及其他标注点即可创建标注，如图 9-19 所示。

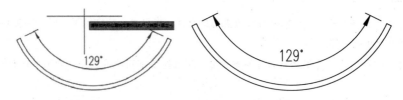

图 9-19 角度标注

选择弧段，在弧段上方预览弦长标注，单击左键，指定尺寸线的位置以及其他标注点即可创建标注，如图 9-20 所示。

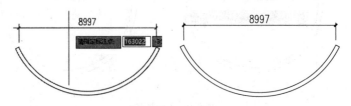

图 9-20 弦长标注

9.1.2 编辑尺寸标注

天正尺寸中的标注是天正自定义对象，支持裁剪、延伸和打断等编辑操作，与在 AutoCAD 中编辑标注的操作相同。下面将介绍天正尺寸标注中专用的标注编辑命令，包括文字复位、文字复值、剪裁延伸、取消尺寸和连接尺寸等。

1. 文字复位

执行"文字复位"命令，将尺寸标注中被拖动夹点移动过的文字恢复到原来的初始位置，并可解决夹点拖动不当时与其他夹点合并的问题，能用于符号标注中的"标高符号""箭头引注""剖面剖切""断面剖切"四个对象中的文字，特别是在"剖面剖切""断面剖切"对象改变比例时，可以用本命令恢复文字的正确位置。

单击【尺寸标注】|【尺寸编辑】|【文字复位】菜单命令，选择需要复位的文字，按 Enter 键结束选择，即可将标注文字还原到初始位置，如图 9-21 所示。

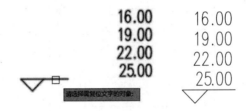

图 9-21　文字复位

2. 文字复值

执行"文字复值"命令，可将尺寸标注中被有意修改的文字恢复到尺寸的初始数值。

单击【尺寸标注】|【尺寸编辑】|【文字复值】菜单命令，选择天正尺寸标注，按 Enter 键结束选择，即可恢复尺寸标注的初始数值，如图 9-22 所示。

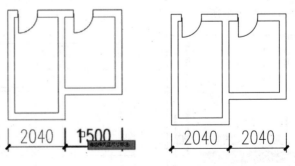

图 9-22　文字复值

3. 剪裁延伸

执行"剪裁延伸"命令，选择尺寸线，可按指定的点剪裁或延伸该尺寸线，系统会自动选择剪裁或者延伸所选的尺寸线。

单击【尺寸标注】|【尺寸编辑】|【剪裁延伸】菜单命令，选择需裁剪和延伸的尺寸线，如图 9-23 所示。移动光标，指定裁剪或延伸的基准点，如图 9-24 所示。

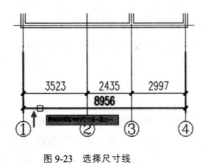

图 9-23　选择尺寸线

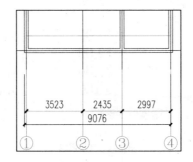

图 9-24　指定基准点

按 Enter 键结束选择，观察操作结果，发现尺寸线向左侧延伸，尺寸数字也随之更新，如图 9-25 所示。

图 9-25　裁剪延伸

4．取消尺寸

执行"取消尺寸"命令，可删除天正标注对象中指定的尺寸线区间。

单击【尺寸标注】|【尺寸编辑】|【取消尺寸】菜单命令，单击待删除尺寸的区间线或尺寸文字，即可删除选中的尺寸标注，如图 9-26 所示。

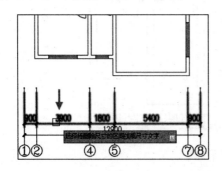
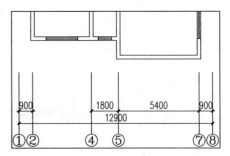

图 9-26　取消尺寸

5．连接尺寸

执行"连接尺寸"命令，可连接两个独立的天正自定义标注对象，连接选择的尺寸线区间，将两个标注对象合并成为一个标注对象。如果准备连接的标注对象尺寸线之间不共线，连接后以第一个选择的标注对象为主标注，对齐尺寸标注。该命令通常用于将 AutoCAD 尺寸标注转换为天正尺寸标注。

在执行连接操作之前，各个尺寸标注相互独立，如图 9-27 所示。单击【尺寸标注】|【尺寸编辑】|【连接尺寸】菜单命令，根据命令行的提示，选择主尺寸标注，如图 9-28 所示。

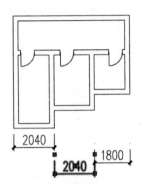

图 9-27 尺寸标注相互独立

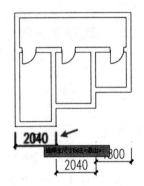

图 9-28 选择主尺寸标注

移动光标，选择即将与主尺寸标注连接的其他标注，如图 9-29 所示。按 Enter 键，即可以主尺寸标注为基准，连接并对齐尺寸标注，如图 9-30 所示。观察连接后的尺寸标注，发现已经组合成一个整体。

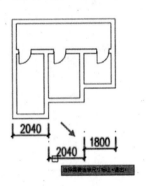

图 9-29 选择其他尺寸标注

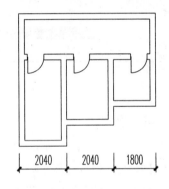

图 9-30 连接并对齐尺寸标注

6. 尺寸打断

默认情况下，天正尺寸标注为一个整体，如图 9-31 所示。执行"尺寸打断"命令，在尺寸界线上指定点，可以将天正尺寸标注打断成为两段互相独立的标注对象。激活夹点，执行"移动""复制"等操作编辑尺寸标注。

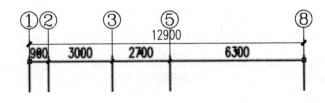

图 9-31 天正尺寸标注为一个整体

单击【尺寸标注】|【尺寸编辑】|【尺寸打断】菜单命令，在要打断的一侧选择尺寸线，如图 9-32 所示。查看打断结果，发现尺寸标注已经被分解，成为两段独立的尺寸标注，如图 9-33 所示。

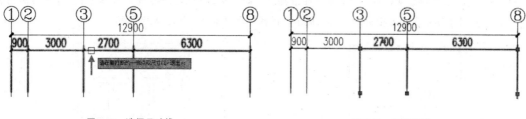

图 9-32　选择尺寸线　　　　　　　　　　　　　图 9-33　打断标注

7．合并区间

执行"合并区间"命令，可合并两个或两个以上的尺寸区间。

单击【尺寸标注】|【尺寸编辑】|【合并区间】菜单命令，在尺寸标注上指定对角点，选择要合并区间中的尺寸界线箭头，即可合并选中的尺寸线，如图 9-34 所示。

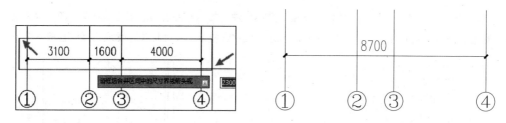

图 9-34　合并区间

8．等分区间

执行"等分区间"命令，可等分指定的尺寸标注区间。

单击【尺寸标注】|【尺寸编辑】|【等分区间】菜单命令，选择要等分的尺寸区间，接着输入等分数值，按 Enter 键即可等分选中的尺寸区间，如图 9-35 所示。

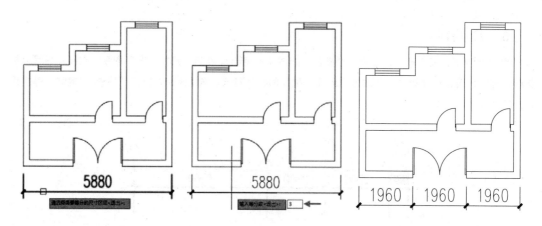

图 9-35　等分区间

9. 等式标注

执行"等式标注"命令，可将指定的尺寸标注转换为等式。

单击【尺寸标注】|【尺寸编辑】|【等式标注】菜单命令，指定需要等分的尺寸区间，输入等分数，按 Enter 键确认，即可创建等式标注，如图 9-36 所示。

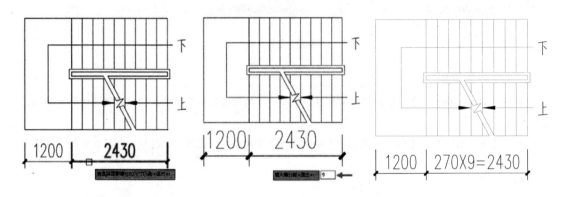

图 9-36　等式标注

10. 对齐标注

执行"对齐标注"命令，可对齐选中的多个尺寸标注，使图面更加整洁。

单击【尺寸标注】|【尺寸编辑】|【对齐标注】菜单命令，首先指定参考标注，接着选择其他标注，按 Enter 键即可对齐标注，如图 9-37 所示。

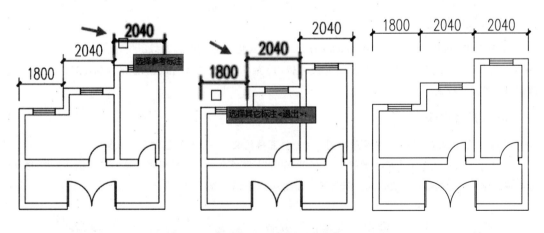

图 9-37　对齐标注

11. 增补尺寸

执行"增补尺寸"命令，可在天正尺寸标注中增加尺寸区间。

双击尺寸标注，或者单击【尺寸标注】|【尺寸编辑】|【增补尺寸】菜单命令，都可以启动命令。选择尺寸标注，指定增补的标注点位置，即可增加尺寸区间，如图 9-38 所示。

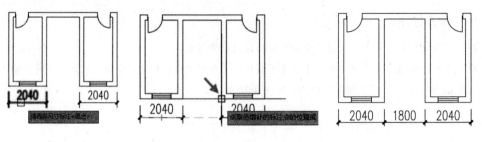

图 9-38 增补尺寸

12. 切换角标

执行"切换角标"命令，可把"角度标注"对象在"角度标注""弦长标注""弧长标注" 3 种模式之间切换。

单击【尺寸标注】|【尺寸编辑】|【切换角标】菜单命令，选择角度标注，即可切换标注的显示模式，如图 9-39 所示。

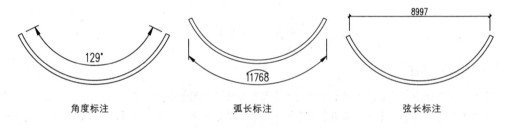

角度标注   弧长标注   弦长标注

图 9-39 切换角标

13. 尺寸转化

执行"尺寸转化"命令，可将 AutoCAD 尺寸标注转化为天正尺寸标注。

单击【尺寸标注】|【尺寸编辑】|【尺寸转化】菜单命令，选择 AutoCAD 尺寸标注对象，按 Enter 键即可转换尺寸标注。

14. 尺寸自调

执行"尺寸自调"命令，看重新排列尺寸标注重叠的文本，达到最佳的显示效果。

单击【尺寸标注】|【尺寸编辑】|【尺寸自调】菜单命令，选择需要调整的尺寸标注，按 Enter 键结束选择，即可调整尺寸文本的显示效果，如图 9-40 所示。

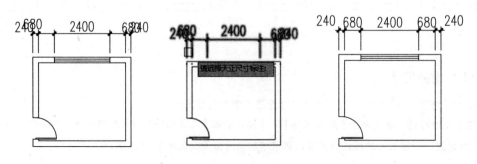

图 9-40 调整文本的位置

15. 上调、下调或自调关

单击【尺寸标注】|【尺寸编辑】|【自调关/上调/下调】菜单命令，可在"自调关""上调""下调"这三个命令之间切换。

选择"上调"，在执行"尺寸自调"时，重叠的尺寸标注数字向上排列。选择"下调"，执行"尺寸自调"时，重叠的尺寸标注数字向下排列。选择"自调关"，执行"尺寸自调"时，不会影响原始标注的效果。

16. 尺寸等距

尺寸标注重叠显示，如图 9-41 所示，会使施工人员在读图时易产生歧义。执行"尺寸等距"命令，重新定义尺寸线的间距，避免混淆标注。

单击【尺寸标注】|【尺寸编辑】|【尺寸等距】菜单命令，根据命令行的提示，选择参考标注，如图9-42 所示。

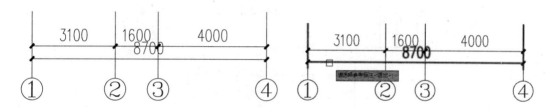

图 9-41　尺寸数字重叠显示　　　　　　　　　图 9-42　选择参考标注

接着选择其他标注，如图 9-43 所示。按 Enter 键，输入尺寸线间距，如图 9-44 所示。

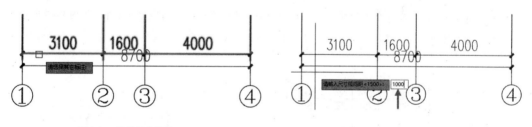

图 9-43　选择其他标注　　　　　　　　　图 9-44　输入尺寸线间距

执行上述操作后，尺寸线即可按照所定义的间距自动调整，结果如图 9-45 所示。

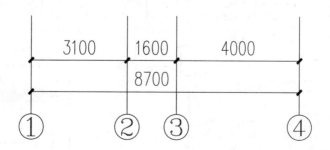

图 9-45　调整尺寸线的间距

9.1.3 实战演练——为建筑平面图绘制尺寸标注

下面根据本节所学内容，为建筑平面图绘制尺寸标注，结果如图 9-46 所示。

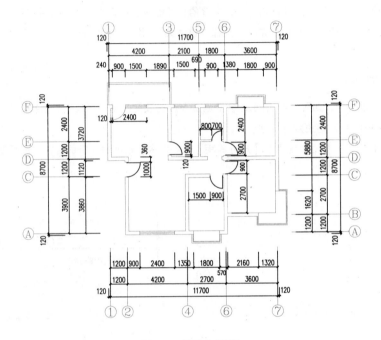

图 9-46　绘制尺寸标注

01 启动 T20，打开配套资源提供的 "09 章\9.1.3 建筑平面图.dwg" 素材文件，如图 9-47 所示。

02 合并区间。单击【尺寸标注】|【尺寸编辑】|【合并区间】菜单命令，在第一道尺寸标注中选择待合并的尺寸界线箭头，如图 9-48 所示。

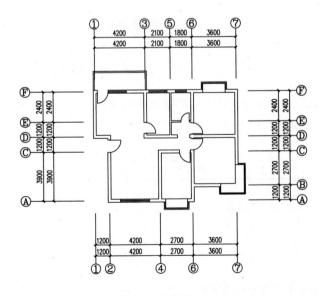

图 9-47　打开素材

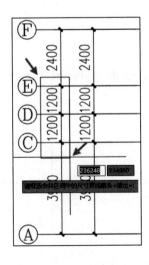

图 9-48　选择尺寸界线箭头

03 合并平面图左侧的第一道尺寸线，结果如图 9-49 所示。

04 重复上述操作，继续合并其他三个方向上的第一道尺寸线，结果如图 9-50 所示。

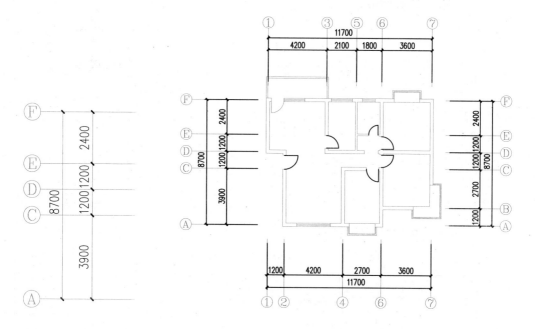

图 9-49　左侧第一道尺寸线　　　　　　　　　图 9-50　合并其他方向第一道尺寸线

05 绘制第三道尺寸标注。单击【尺寸标注】|【逐点标注】菜单命令，指定基点，绘制第三道尺寸标注，如图 9-51 所示。

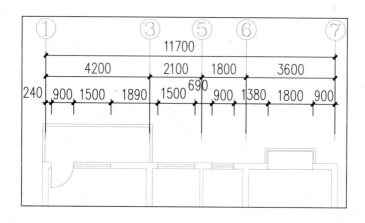

图 9-51　绘制第三道尺寸标注

06 重复上述操作，继续创建其他方向上的第三道尺寸标注，如图 9-52 所示。

07 增补尺寸。单击【尺寸标注】|【尺寸编辑】|【增补尺寸】菜单命令，选择尺寸标注，如图 9-53 所示。

08 指定需增补尺寸的标注点，如图 9-54 所示。

09 按 Enter 键增补尺寸，标注墙厚，结果如图 9-55 所示。

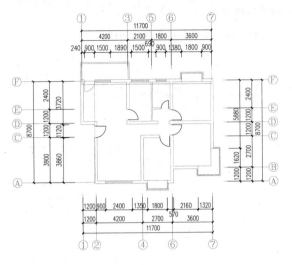

图 9-52　创建其他方向第三道尺寸

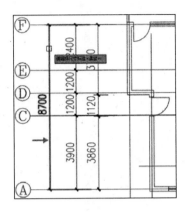

图 9-53　选择标尺寸注

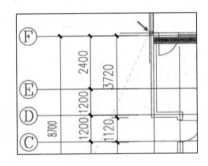

图 9-54　指定标注点

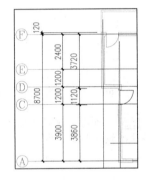

图 9-55　增补墙厚尺寸

10　重复上述操作，继续添加其他墙厚标注，结果如图 9-56 所示。

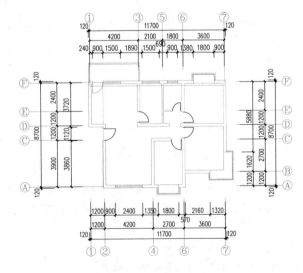

图 9-56　添加其他墙厚标注

⑪ 内门标注。单击【尺寸标注】|【内门标注】菜单命令，打开【内门标注】对话框，选择"垛宽定位"选项，如图 9-57 所示。

⑫ 在内门的一侧单击，指定起点；拖曳光标，在内门的另一侧单击，指定第二点。两点连线必须经过内门，即可标注内门尺寸，如图 9-58 所示。

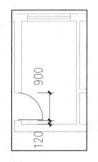

图 9-57 【内门标注】对话框

图 9-58 标注内门尺寸

⑬ 重复上述操作，继续标注其他内门尺寸，结果如图 9-59 所示。

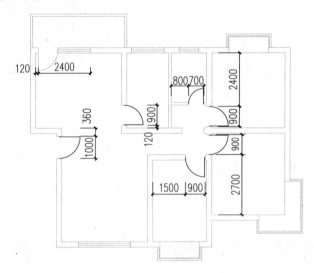

图 9-59 标注其他内门尺寸

9.2 文字和表格

建筑图纸中的文字和表格辅助图形可用于传达各种信息，如施工说明和门窗统计表等，方便施工或采购材料。本节将介绍创建并编辑文字和表格的方法。

9.2.1 创建和编辑文字

在 T20 中，可以创建单行文字、多行文字和曲线文字，还可以对文字进行各种编辑。创建文字样式，有利于统一设置和修改文字的属性。下面将介绍创建与编辑文字的方法。

1. 文字样式

执行"文字样式"命令，可创建或者修改文字样式，包括设置文字的高度、宽度、字体和样式名称等。修改文字样式后，当前图纸中使用此样式的文字将随之更新。

单击【文字表格】|【文字样式】菜单命令，弹出【文字样式】对话框，如图 9-60 所示。在该对话框中设置参数，单击"确定"按钮，即可创建新的文字样式。

【文字样式】对话框中的各选项介绍如下：

➢ "样式名"下拉列表：选择已有的文字样式，可在对话框中修改样式的各项属性参数。其中，缺乏字体的文字样式名在下拉列表中以红色显示，如图 9-61 所示。

图 9-60 【文字样式】对话框

图 9-61 "样式名"列表

➢ "新建"按钮：单击该按钮，打开【新建文字样式】对话框，如图 9-62 所示。设置"样式名"，单击"确定"按钮，即可新建样式。

➢ "重命名"按钮：单击该按钮，打开【重命名文字样式】对话框，其中显示了已有的样式名称，如图 9-63 所示。重定义名称，单击"确定"按钮即可完成重命名操作。

➢ "删除"按钮：单击该按钮，可删除选中的文字样式。

图 9-62 【新建文字样式】对话框

图 9-63 【重命名文字样式】对话框

➢ "AutoCAD 字体"和"Windows 字体"按钮：单击该按钮，可设置样式所使用字体的类型，默认选择"AutoCAD 字体"。

➢ "宽高比"选项：设置中文字体宽度与高度的比值。

➢ "中文字体"下拉列表：在列表中选择中文字体样式。

➢ "字宽方向"选项：设置西文字体宽度与中文字体宽度的比值。

➢ "字高方向"选项：设置西文字体高度与中文字体高度的比值。

➢ "西文字体"下拉列表：选择西文字体的样式。

➢ "预览"按钮：单击此按钮，可在预览区中显示设置文字样式的效果。

2. 单行文字

执行"单行文字"命令，可创建单行文字。用户可通过设置文字样式管理单行文字的格式，包括为文字设置上下标、加圆圈、添加特殊符号和导入专业词库等。

单击【文字表格】|【单行文字】菜单命令，弹出【单行文字】对话框，设置文字样式参数，如图9-64 所示。

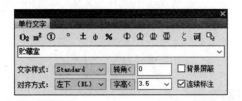

图 9-64 【单行文字】对话框

根据命令行的提示，在图中指定插入位置，即可创建单行文字，如图 9-65 所示。

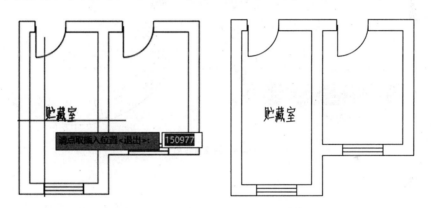

图 9-65 创建单行文字

3. 多行文字

执行"多行文字"命令，可创建段落文字，还可以自定义行距和对齐样式等参数。

单击【文字表格】|【多行文字】菜单命令，在弹出的【多行文字】对话框中设置参数，单击"确定"按钮，在图中指定插入位置，即可创建多行文字，如图 9-66 所示。

1.工程名称：第六中学教学楼建筑结构设计

2.总建筑面积：12029.78平方米

3.结构形式：本工程主体为框架结构

4.层数：主体建筑为5层（第6层为水箱间）

5.耐火等级：本工程耐火等级为二级

图 9-66 创建多行文字

4. 曲线文字

执行"曲线文字"命令，可沿着曲线绘制文字。

单击【文字表格】|【曲线文字】菜单命令，根据命令行提示，选择绘制曲线文字的方式。

选择"直接写弧线文字"选项，依次指定弧线文字的圆心位置、中心位置和文字相关参数，即可直接创建曲线文字。

选择"按已有曲线布置文字"选项，选择曲线并输入文字，如图 9-67 所示。然后设置字高，按 Enter 键，即可沿着曲线创建文字，如图 9-68 所示。

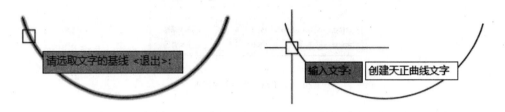

图 9-67 选择曲线并输入文字

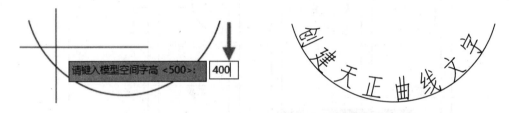

图 9-68 创建曲线文字

5. 专业词库

执行"专业词库"命令，可以将选中的词汇添加入库，扩充专业词库，从而方便绘制各类图纸。

单击【文字表格】|【专业词库】菜单命令，弹出【专业词库】对话框。在下方的文本框输入文字，单击"入库"按钮，即可将其添加到词库，如图 9-69 所示。也可以通过导入外部文本文件的方式向词库中批量添加专业词汇。

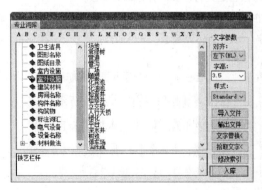

图 9-69 将词汇添加入库

【专业词库】对话框中的各选项介绍如下：

- ➢ "导入文件"按钮：单击该按钮，弹出【打开】对话框，选择 TXT 文件，单击"打开"按钮，将文本内容导入 T20 专业词库。
- ➢ "输出文件"按钮：单击该按钮，弹出【另存为】对话框，可将专业词库中的词汇另存为文本文件。
- ➢ "文字替换"按钮：单击该按钮，可利用新输入的文字替换选中的文字。
- ➢ "拾取文字"按钮，单击该按钮，在图中拾取文本，可将其添加到对话框下方的文本框中。
- ➢ "入库"按钮：单击该按钮，可将文本框中的内容添加到专业词库。

6. 递增文字

"递增文字"命令用于附带有序数的天正单行文字、CAD 单行文字、图名标注、剖面剖切、断面剖切以及索引图名。支持的文字内容包括数字（如 1、2、3）、字母（如 A、B、C，a、b、c）、中文数字（如一、二、三），同时可对序数进行递增或者递减的复制操作。

单击【文字表格】|【递增文字】菜单命令，打开【递增文字】对话框。选择"依次递增"选项，设置"增量"值为 1，如图 9-70 所示。在图中选择文字标注，如图 9-71 所示。值得注意的是，应该选择单行文字执行递增操作。

图 9-70　【递增文字】对话框　　　　　　　　　　　　　　图 9-71　选择文字

将光标移动至数字编号之上，显示红色的矩形，框选数字，表示即将对数字执行递增操作。指定基点，如图 9-72 所示。向下移动光标，可预览递增文字的效果。此时可以发现，编号 1 向下递增，显示为编号 2，如图 9-73 所示。继续指定插入位置，递增文字，结果如图 9-74 所示。

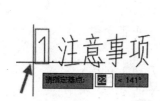
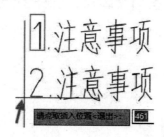

图 9-72　指定基点　　　　　　　图 9-73　递增文字　　　　　　　图 9-74　向下递增文字

在【递增文字】对话框中选择"阵列递增"选项，设置"间距"值，如图 9-75 所示。选择文字，指定基点，移动光标指定递增方向，即可按照指定的间距阵列递增文字，如图 9-76 所示。

在执行递增操作的过程中，同时按住 Ctrl 键，可以递减选中的文字。

图 9-75 【递增文字】对话框

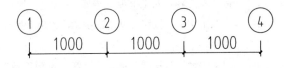

图 9-76 阵列递增文字

7. 转角自纠

执行"转角自纠"命令，可翻转图中单行文字的方向，使其符合制图标准规定的文字方向，还可以同时选取多个文字纠正方向。

单击【文字表格】|【转角自纠】菜单命令，在图中选择天正文字对象，按 Enter 键即可纠正文字的角度，如图 9-77 所示。

图 9-77 转角自纠

8. 文字转化

执行"文字转化"命令，可将 AutoCAD 单行文字转化为天正文字，并保持第一个文字对象的独立性，不对其进行合并处理。

单击【文字表格】|【文字转化】菜单命令，在图中选择 AutoCAD 单行文字，按 Enter 键，即可完成"文字转化"的操作。

9. 文字合并

执行"文字合并"命令，可将 AutoCAD 单行文字转化为天正文字，并与选中的文本合并，合并后的文字被转换为单行文字或多行文字。

单击【文字表格】|【文字合并】菜单命令，在图中选择文字段落，如图 9-78 所示。按 Enter 键后选择文字类型，如图 9-79 所示。

转换为天正文字

□ 合并为单行文字

图 9-78 选择文字段落

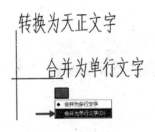

图 9-79 选择文字类型

然后指定目标文字的位置即可完成合并，如图 9-80 所示。双击合并后的文字，进入在位编辑模式，可以重定义文字内容。

图 9-80　合并文字

10．统一字高

执行"统一字高"命令，可统一设置 AutoCAD 文字或天正文字的字高。

单击【文字表格】｜【统一字高】菜单命令，在图中选择需要统一字高的文本如图 9-81 所示。按 Enter 键，重定义字高，如图 9-82 所示。

图 9-81　选择文字

图 9-82　重定义字高

按 Enter 键，即可统一选中文本的字高，如图 9-83 所示。值得注意的是，字高被重定义后，各文本仍为独立的对象。

统一天正文字的字高

图 9-83　统一字高

11．查找替换

执行"查找替换"命令，可查找或替换当前图形中的所有文字，包括 AutoCAD 文字、天正文字和包含在其他对象中的文字，但不包括在块内的文字和属性文字。

单击【文字表格】｜【查找替换】菜单命令，在弹出的【查找和替换】对话框中设置参数，如图 9-84 所示。单击"查找"按钮，在图中显示红色的矩形框选目标文字，如图 9-85 所示。

图 9-84　【查找和替换】对话框

图 9-85　选中目标文字

单击"替换"按钮，将替换单个文本。单击"全部替换"按钮，将弹出【查找替换】对话框，显示查找结果，如图 9-86 所示。单击"确定"按钮，在图中可查看替换文本的结果，如图 9-87 所示。

图 9-86 【查找替换】对话框

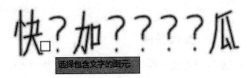

图 9-87 替换文本

12. 繁简转换

中国大陆与中国港台地区习惯使用不同的汉字内码，这会给双方的图纸交流带来困难。执行"繁简转换"命令，能将当前图纸的内码在 Big5 与 GB 之间转换。

为保证本命令的执行成功，应确保当前环境下的字体支持文件路径内，即 AutoCAD 的 fonts 或天正软件安装文件夹 sys 下存在内码 BIG5 的字体文件，这样才能获得正常显示与打印效果。转换后重新设置文字样式中字体内码与目标内码一致。

单击【文字表格】|【繁简转换】菜单命令，在弹出的【繁简转换】对话框中选择"繁转简"选项，如图 9-88 所示。单击"确定"按钮，选择包含文字的图元，如图 9-89 所示。

图 9-88 【繁简转换】对话框

图 9-89 选择文字

按 Enter 键，即可繁体文字转换为简体文字，结果如图 9-90 所示。在【繁简转换】对话框中选择"简转繁"选项，选择简体字，可将其转换为繁体字。

图 9-90 繁简转换

9.2.2 创建表格及数据交换

T20 提供了创建表格的专用命令，设置行列参数和标题文字，即可快速创建表格。双击单元格，即可输入内容文字。下面将介绍创建表格的方法，以及与其他软件进行数据交换的方法。

1. 新建表格

执行"新建表格"命令，可通过设置参数新建一个表格。

单击【文字表格】|【新建表格】菜单命令，在弹出的【新建表格】对话框中设置行列参数，并输入标题文字。单击"确定"按钮，在图中指定表格的左上角点，即可新建一个表格，如图 9-91 所示。

图 9-91　新建表格

2. 转出 Word

执行"转出 Word"命令，可将表格内容输出到 Word 文档中，为用户制作报告文件提供参考。

单击【文字表格】|【转出 Word】菜单命令，在图中选择表格，按 Enter 键，即可将选定的表格内容输出到 Word 文档中，如图 9-92 所示。

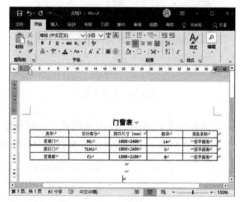

门窗表				
类型	设计编号	洞口尺寸 (mm)	数量	图集名称
普通门	M1	1000×2400	14	一层平面图
推拉门	TLM1	1800×2400	5	一层平面图
普通窗	C1	1500×2100	8	一层平面图

图 9-92　转出至 Word 文档

3. 转出 Excel

执行"转出 Excel"命令，可将表格内容输出到 Excel 文档中，供用户参考表格进行统计和打印。

单击【文字表格】|【转出 Excel】菜单命令，在图中选择表格，即可将选定的表格内容输出到 Excel 文档中，如图 9-93 所示。

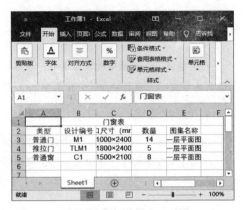

门窗表				
类型	设计编号	洞口尺寸(mm)	数量	图集名称
普通门	M1	1000×2400	14	一层平面图
推拉门	TLM1	1800×2400	5	一层平面图
普通窗	C1	1500×2100	8	一层平面图

图 9-93　转出到 Excel 文档

4．读入 Excel

执行"读入 Excel"命令，可在 Excel 表格中选择数据读入天正表格，且支持在 Excel 中保留的小数位数。

打开 Excel 文件，选择要输入的内容，如图 9-94 所示。在 T20 中单击【文字表格】|【读入 Excel】菜单命令，弹出【AutoCAD】对话框，单击"是（Y）"按钮，如图 9-95 所示。

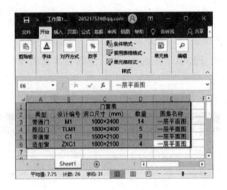

图 9-94　选择内容

图 9-95　单击"是"按钮

在图中指定表格的左上角位置，创建表格，如图 9-96 所示。如果打开 Excel 文件就启动命令，系统会提示用户打开一个 Excel 文件并选择要输出的内容。

门窗表				
类型	设计编号	洞口尺寸(mm)	数量	图集名称
普通门	M1	1000×2400	14	一层平面图
推拉门	TLM1	1800×2400	5	一层平面图
普通窗	C1	1500×2100	8	一层平面图
造型窗	ZXC1	1800×2100	4	一层平面图

图 9-96　读入 Excel 内容并创建表格

9.2.3 编辑表格

编辑表格的操作包括调整行高、列宽和修改表格内容等。下面将介绍编辑表格的方法。

1. 夹点编辑

选择表格，通过激活表格的夹点可以调整表格的行高和列宽，还可以移动和缩放表格。表格的夹点功能如图 9-97 所示。

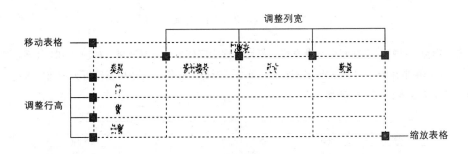

图 9-97　表格的夹点功能

2. 全屏编辑

执行"全屏编辑"命令，可以在对话框中编辑表格的内容。

单击【文字表格】|【表格编辑】|【全屏编辑】菜单命令，在图中选择表格，弹出【表格内容】对话框，如图 9-98 所示。选择单元格，进入在位编辑模式，可以重新输入内容。

单击表列上方的空白区域，或者单击表行前面的空白区域，弹出快捷菜单，如图 9-99 所示。选择命令，可以编辑行列样式。

操作完成后，单击"确定"按钮，可在图中查看修改表格的结果。

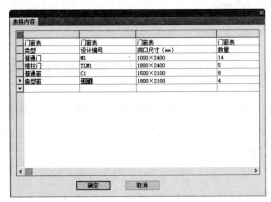

图 9-98　【表格内容】对话框

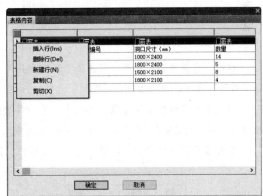

图 9-99　弹出快捷菜单

3. 拆分表格

执行"拆分表格"命令，可设置参数将一个表格拆分为多个表格。

单击【文字表格】|【表格编辑】|【拆分表格】菜单命令，弹出【拆分表格】对话框，如图 9-100 所示。选择拆分方式，如"行拆分"，再选中"带标题"选项，则拆分后的每个表格都保留原标题。

图 9-100 【拆分表格】对话框

单击"拆分"按钮后，在图中选择表格，即可根据设定的参数拆分表格，如图 9-101 所示。在【拆分表格】对话框中取消选中"自动拆分"选项，单击"拆分"按钮，在图中指定拆分的起始表行（或表列），再指定插入位置即可拆分表格。

门窗表				
类型	设计编号	洞口尺寸(mm)	数量	图集名称
普通门	M1	1000X2400	14	一层平面图
推拉门	TLM1	1800X2400	5	一层平面图
普通窗	C1	1500X2100	8	一层平面图
造型窗	ZXC1	1800X2100	4	一层平面图

门窗表				
类型	设计编号	洞口尺寸(mm)	数量	图集名称
普通门	M1	1000X2400	14	一层平面图

门窗表				
推拉门	TLM1	1800X2400	5	一层平面图
普通窗	C1	1500X2100	8	一层平面图

图 9-101 按表行拆分表格

4. 合并表格

执行"合并表格"命令，可将多个表格合并为一个表格，这些待合并的表格行列数可以不相等，默认"按行"合并，也可以改为"按列"合并。

单击【文字表格】|【表格编辑】|【合并表格】菜单命令，根据命令行提示，输入"C"切换合并方式，有"行合并""列合并"两种方式供选择。

选择要合并的多个表格，即可完成合并操作，如图 9-102 所示。

类型	设计编号	洞口尺寸(mm)
普通门	M1	1000X2400
推拉门	TLM1	1800X2400
普通窗	C1	1500X2100
造型窗	ZXC1	1800X2100

数量	图集名称
14	一层平面图
5	一层平面图
8	一层平面图
4	一层平面图

类型	设计编号	洞口尺寸(mm)	数量	图集名称
普通门	M1	1000X2400	14	一层平面图
推拉门	TLM1	1800X2400	5	一层平面图
普通窗	C1	1500X2100	8	一层平面图
造型窗	ZXC1	1800X2100	4	一层平面图

图 9-102 合并表格

5. 表列编辑

执行"表列编辑"命令，可设置表列的列宽、文字样式、大小和对齐方式等参数。

单击【文字表格】|【表格编辑】|【表列编辑】菜单命令，根据命令行的提示，可以选择单列，如图 9-103 所示；也可以输入"M"，选择多列，如图 9-104 所示。

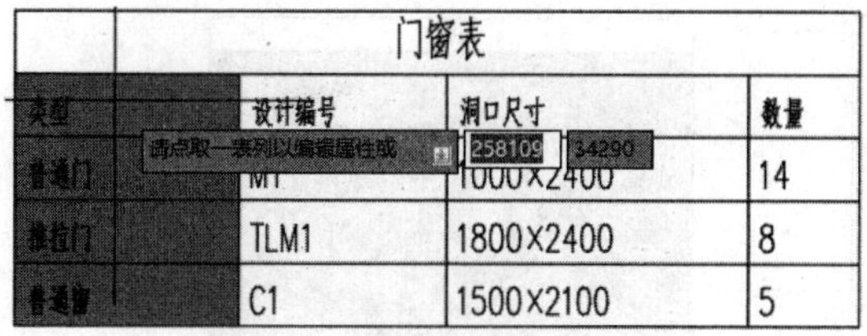

图 9-103　选择单列

图 9-104　选择多列

选择表列后，弹出【列设定】对话框，修改"文字样式"和"水平对齐"参数，如图 9-105 所示。单击"确定"按钮，返回图中，可观察编辑表列的结果，如图 9-106 所示。

图 9-105　【列设定】对话框

门窗表			
类型	设计编号	洞口尺寸	数量
普通门	M1	1000×2400	14
推拉门	TLM1	1800×2400	8
普通窗	C1	1500×2100	5

图 9-106　编辑表列

【列设定】对话框中的各选项介绍如下：

➤ 文字样式：在下拉列表中选择文字样式，重定义表列的文字样式。

➤ 文字大小：在下拉列表选择参数，重定义表列的文字大小。

➤ 行距系数：指定表列文本的行距，与当前的文字高度相关。如果当前行距为 0.4，则表示行间净距离为文字高度的 40%。

➤ 列宽：设置表列的宽度。

➤ 水平对齐：设置表列文本在单元格中的水平对齐方式，包括"左对齐""右对齐"和"两端对齐"等。

➤ 文字颜色：设置表列文本的颜色。

➤ 自动换行：选中该选项，当单元格中的内容超过了单元格宽度时，文字将自动换行。

➤ 继承换行：选中该选项，该单元格将自动换行。

➤ 允许夹点拖拽：选中该选项，可以通过激活夹点调整列宽。

➤ 强制下属单元格继承：选中该选项，在所编辑的表列中，各单元格将按所设置的参数显示。否则，具有独立属性的单元格将不按照参数设置来显示。

6. 表行编辑

执行"表行编辑"命令,可设置表行的行高、文字对齐、颜色等参数。

单击【文字表格】|【表格编辑】|【表行编辑】菜单命令,根据命令行的提示,可以选择单行,也可以输入"M"选择多行,如图 9-107 所示。

图 9-107　选择表行

在弹出的【行设定】对话框中修改"行高"和"文字对齐"等参数,如图 9-108 所示。单击"确定"按钮,编辑表行,结果如图 9-109 所示。

图 9-108　【行设定】对话框

门窗表			
类型	设计编号	洞口尺寸	数量
普通门	M1	1000×2400	14
防火门	FHM1	1500×2100	2
推拉门	TLM1	1800×2400	8
普通窗	C1	1500×2100	5

图 9-109　编辑表行

7. 增加表行

执行"增加表行"命令,可在表格中新增一行,或者复制选中的表行。

单击【文字表格】|【表格编辑】|【增加表行】菜单命令,在表格中指定参考表行,即可在本行之前或之后增加表行,如图 9-110 所示。

门窗表			
类型	设计编号	洞口尺寸	数量
普通门	M1	1000×2400	14
防火门	FHM1	1500×2100	2
推拉门	TLM1	1800×2400	8
普通窗	C1	1500×2100	5

门窗表			
类型	设计编号	洞口尺寸	数量
普通门	M1	1000×2400	14
防火门	FHM1	1500×2100	2
推拉门	TLM1	1800×2400	8
普通窗	C1	1500×2100	5

图 9-110　增加表行

8. 删除表行

执行"删除表行"命令，可删除选定的表行。单击【文字表格】|【表格编辑】|【删除表行】菜单命令，在表格中单击要删除的表行，即可将其删除，按 Esc 键结束操作。

9. 单元编辑

执行"单元编辑"命令，可编辑单元格内容或修改单元格文字的属性参数。

单击【文字表格】|【单元编辑】|【单元编辑】菜单命令，单击待编辑的单元格，弹出【单元格编辑】对话框，修改参数后单击"确定"按钮，即可完成编辑，如图 9-111 所示。

 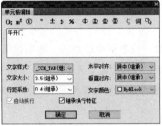

图 9-111　单元编辑

10. 单元递增

执行"单元递增"命令，可将含数字或字母的单元文字内容在同一行或一列复制，并同时将文字内的某一项递增或递减。在操作的过程中，同时按 Shift 键为直接复制，按 Ctrl 键为递减。

单击【文字表格】|【单元编辑】|【单元递增】菜单命令，在表格中指定第一个单元格，拖曳光标，选择最后一个单元格，即可完成操作，如图 9-112 所示。

图 9-112　单元递增

11. 单元复制

执行"单元复制"命令，可将源单元格中的内容复制到目标单元格。

单击【文字表格】|【单元编辑】|【单元复制】菜单命令，在表格中选择拷贝源单元格，指定目标单元格，即可复制单元格内容，如图 9-113 所示。

图 9-113　单元复制

12.　单元累加

执行"单元累加"命令,可以累加表行或表列中的数值,结果被填写在指定的空白单元格中。

单击【文字表格】|【单元编辑】|【单元累加】菜单命令,在表格中指定需累加的第一个单元格,再指定需累加的最后一个单元格,然后指定存放累加结果的单元格,即可完成累加选中的数值,如图 9-114 所示。

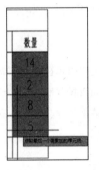

门窗表			
类型	设计编号	洞口尺寸	数量
实木门	M1	1000×2400	14
实木门	M2	1500×2100	2
实木门	M3	1800×2400	8
实木门	M4	1500×2100	5
合计			29

图 9-114　单元累加

13.　单元合并

执行"单元合并"命令,可将选中的多个单元格合并为整体。

单击【文字表格】|【单元编辑】|【单元合并】菜单命令,在表格中点取第一个角点和另一个角点,选择合并范围,如图 9-115 所示。

门窗表			
类型	设计编号	洞口尺寸	数量
	M1	1000×2400	14
	M2	1500×2100	2
	M3	1800×2400	8
	M4	1500×2100	5

门窗表			
类型	设计编号	洞口尺寸	数量
	M1	1000×2400	14
	M2	1500×2100	2
	M3	1800×2400	8
	M4	1500×2100	5

图 9-115　指定两点选择合并范围

合并单元格的结果如图 9-116 所示。在单元格内双击鼠标左键，进入在位编辑模式，输入文字，结果如图 9-117 所示。

门窗表			
类型	设计编号	洞口尺寸	数量
	M1	1000×2400	14
	M2	1500×2100	2
	M3	1800×2400	8
	M4	1500×2100	5

图 9-116　合并单元格

门窗表			
类型	设计编号	洞口尺寸	数量
实木门	M1	1000×2400	14
	M2	1500×2100	2
	M3	1800×2400	8
	M4	1500×2100	5

图 9-117　输入文字

14．撤消合并

执行"撤消合并"命令，可撤消"单元合并"命令的操作结果，将已经合并的单元格重新恢复为多个独立的单元格。

单击【文字表格】｜【单元编辑】｜【撤消合并】菜单命令，在表格中单击已经合并的单元格，即可将其分解，重新恢复为多个独立的单元格。

15．单元插图

执行"单元插图"命令，可将 AutoCAD 图块或者天正图块插入到指定的单元格。执行"单元编辑"命令和"在位编辑"命令，可以编辑修改单元格中的图块。

单击【文字表格】｜【单元编辑】｜【单元插图】菜单命令，弹出【单元插图】对话框，单击"从图库选"按钮，如图 9-118 所示，打开【天正图库管理系统】对话框，选择立面马桶图块，如图 9-119 所示。

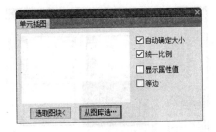

图 9-118　【单元插图】对话框

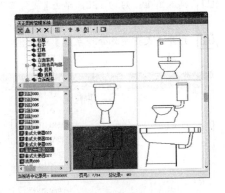

图 9-119　选择图块

在表格中指定插入的单元格，如图 9-120 所示，即可插入图块。按 Esc 键退出命令，结果如图 9-121 所示。

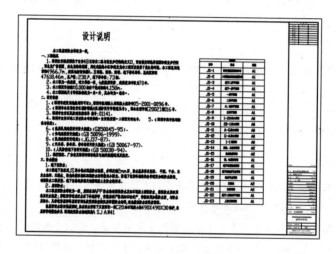

图 9-120 选择单元格 图 9-121 插入图块

9.2.4 实战演练——绘制工程设计说明

下面根据本节所学知识，绘制建筑工程的设计说明，结果如图 9-122 所示。

图 9-122 建筑工程设计说明

[01] 插入图框。启动 T20，单击【文件布图】|【插入图框】菜单命令，弹出【插入图框】对话框，选择"直接插图框"选项，单击右侧的按钮 ⊡，如图 9-123 所示。

[02] 打开【天正图库管理系统】对话框，选择图框，如图 9-124 所示。

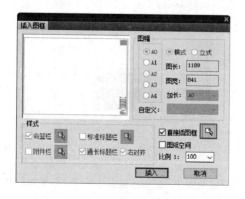

图 9-123 【插入图框】对话框

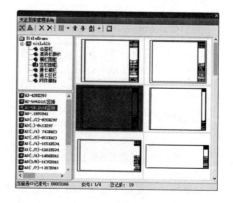

图 9-124 选择图框

03 在【天正图库管理系统】对话框中双击图框图标，返回【插入图框】对话框，单击“插入”按钮，如图 9-125 所示。

04 在图中指定点，插入图框，结果如图 9-126 所示。

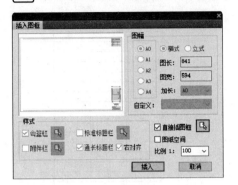

图 9-125 单击该按钮

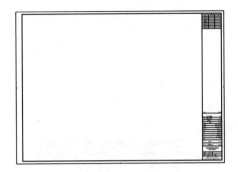

图 9-126 插入图框

05 创建单行文字。单击【文字表格】|【单行文字】菜单命令，在弹出的【单行文字】对话框中输入文字并设置参数，如图 9-127 所示。

06 在图中指定位置插入单行文字，如图 9-128 所示。

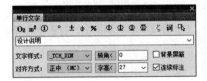

图 9-127 【单行文字】对话框

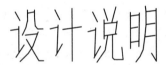

图 9-128 插入单行文字

07 创建多行文字。单击【文字表格】|【多行文字】菜单命令，在弹出的【多行文字】对话框中输入文字并设置参数，如图 9-129 所示。

08 在图中指定位置插入多行文字，如图 9-130 所示。

图 9-129 【多行文字】对话框

一、工程概况

1、深圳宝安融景园位于宝安48区裕安二路与商业步行街的交叉口，西南侧为西海岸花园和商业步行街，西北为广信花园，东北为海韵花园，周边成熟的小区和商业为本工程开发提供了优良的环境。本工程总用地面积4966.7m，建筑包括商住楼A、B两栋、商场、商铺、地下停车库等。总建筑面积47618.46m，总户数：230户，地下停车位：73辆。

2、本工程为一类建筑，耐火等级一级，七度抗震设防，建筑使用年限为70年。

3、本工程设计标高±0.000相当于绝对标高4.150m。

4、本工程图纸尺寸单位除标高为“米”外，其余均为“毫米”。

二、设计依据

1、《深圳市建设用地规划许可证》，深圳市规划国土局深规土规许字05-2001-0096号。

2、《深圳市公安局宝安区消防警察大队消防设计审核意见书》，深公宝消审改[2002]第016号。

3、深圳市宝安区民防建设核准单 编号：01141。

4、深圳市宝安石鸿工贸有限公司提供的“宝安融景园”工程设计委托书。

5、《深圳市城市规划标准与准则》。

6、《高层民用建筑设计防火规范》(GB50045-95)。

7、《住宅建筑设计规范》(GB 50096-1999)。

8、《民用建筑设计通则》(JGJ37-87)。

9、《汽车库、修车库、停车场设计防火规范》(GB 50067-97)。

10、《人民防空地下室设计规范》(GB 50038-94)。

11、现行国家、广东省及深圳市颁布的其它相关规范通则及规定。

三、防水做法

1、地下室防水：

本工程地下室采用JS聚合物水泥基防水涂膜，分两次涂2mm厚，防水基层要求坚固、平顺、干净、无灰尘油污、无明水，转角处铺以相匹配的防水材料做成小圆角。防地下室穿外墙的设备管道要加强防水措施，确保防水工程质量。地下室结构应满足钢筋混凝土自防水的要求。

2、屋面防水：

本工程屋面防水等级为一级，屋面采用APP防水卷材柔性防水及细石混凝土刚性防水，柔性防水层四周卷至泛水高度；穿板面管道或泛水以下外墙穿管，安装后须严格用细石砼封严，管根四周加嵌防水胶，与防水层闭合。凡管道穿屋面等屋面留洞孔位置须检查核实后再做防水材料，避免做完防水材料后凿洞。

高屋面雨水排至低屋面时，应在雨水管的下方屋面设一块C20细石混凝土板490X490X30保护，出屋面管道做法参见 深圳建筑防水构造图集A SJ A页41

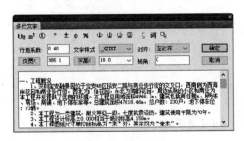

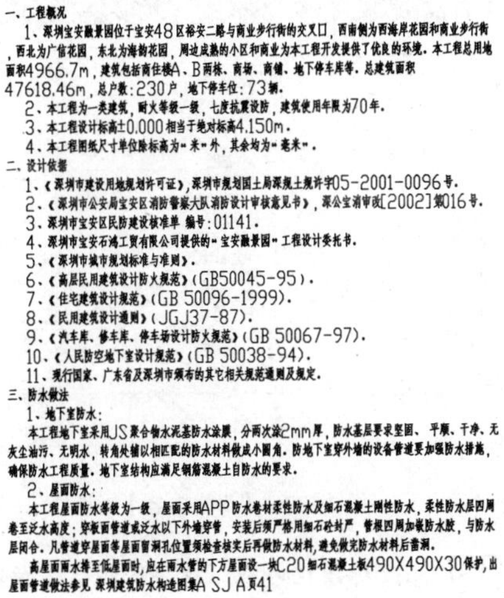

图 9-130 插入多行文字

[09] 创建表格。单击【文字表格】|【新建表格】菜单命令，弹出【新建表格】对话框。设置“行数”为24，“列数”为3，并添加表格标题，如图9-131所示。

[10] 单击“确定”按钮，在图中指定位置插入表格，如图9-132所示。

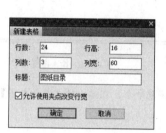

图9-131 【新建表格】对话框

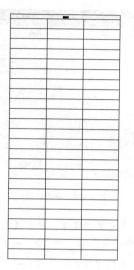

图9-132 插入表格

[11] 添加表格内容。单击【文字表格】|【表格编辑】|【全屏编辑】菜单命令，在图中选择表格，弹出【表格内容】对话框，输入表格内容，如图9-133所示。

[12] 单击“确定”按钮，添加表格内容，结果如图9-134所示。

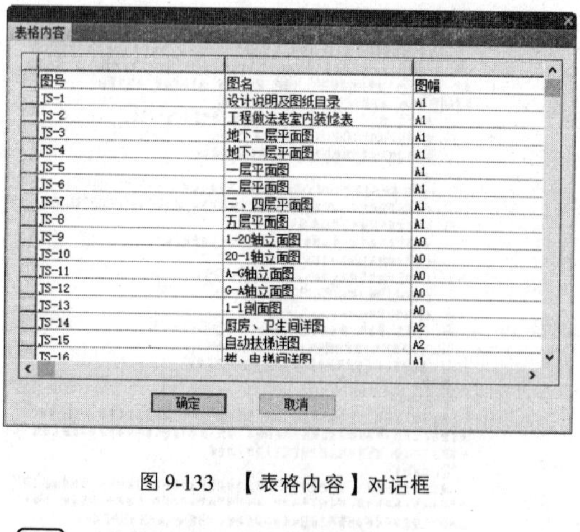

图9-133 【表格内容】对话框

图纸目录		
图号	图名	图幅
JS-1	设计说明及图纸目录	A1
JS-2	工程做法表室内装修表	A1
JS-3	地下二层平面图	A1
JS-4	地下一层平面图	A1
JS-5	一层平面图	A1
JS-6	二层平面图	A1
JS-7	三、四层平面图	A1
JS-8	五层平面图	A1
JS-9	1-20轴立面图	A0
JS-10	20-1轴立面图	A0
JS-11	A-G轴立面图	A0
JS-12	G-A轴立面图	A0
JS-13	1-1剖面图	A0
JS-14	厨房、卫生间详图	A2
JS-15	自动扶梯详图	A2
JS-16	楼、电梯间详图	A1
JS-17	地下车库坡道详图	A1
JS-18	地下室墙身节点详图	A1
JS-19	墙身节点详图	A1
JS-20	门窗表	A2
JS-21	门窗详图	A2
JS-22	地下二层战时平面图	A1
JS-23	人防口部详图	A1

图9-134 添加表格内容

[13] 修改标题栏内容。双击图框右下角的标题栏，弹出【增强属性编辑器】对话框，重定义“标记”值，如图9-135所示。

[14] 单击“确定”按钮，返回图中，可观察修改结果，如图9-136所示。

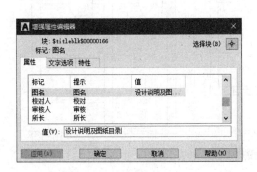

平面示意		KEY PLAN
图　名	设计说明及图纸目录	TITLE
日　期	2020/05/31	DATE
图　号	JS-1	DWG. NO
比　例	1：100	SCALE

图 9-135 　【增强属性编辑器】对话框　　　　　　　　　图 9-136 　修改结果

9.3 符号标注

T20 提供了多种符号标注类型，包括坐标标注、标高标注、剖切符号、引出标注和箭头标注等。其中，"剖切符号"除了具有标注功能外，还可以辅助生成剖面图。本节将介绍创建和编辑符号标注的方法。

9.3.1 坐标和标高

"坐标标注"在工程图中用于表示某个点的平面位置，一般由政府测绘部门提供坐标值。"标高标注"用于表示建筑物的某一部位相对于基准面（标高的零点）的竖向高度，按基准面的不同可分为"绝对标高"和"相对标高"。

"绝对标高"是以国家或地区统一规定的基准面作为零点的标高。"相对标高"的零点由设计单位定义，一般为室内一层的地坪面。

1．标注状态

标注状态分为"动态标注"和"静态标注"两种，介绍如下：

➢ 　动态标注：当状态栏右下角的"动态标注"按钮 处于启用状态时，移动和复制坐标标注后，当前的坐标标注将自动更新，与世界坐标系相同。

➢ 　静态标注：当状态栏右下角的"动态标注"按钮 处于关闭状态时，移动和复制坐标标注后，不改变原来数值。

在 T20 中，单击【符号标注】｜【静态标注】菜单命令，可以在"动态标注"和"静态标注"之间切换。

2．坐标标注

执行"坐标标注"命令，可在平面图中标注某个点的坐标值。

单击【符号标注】｜【坐标标注】菜单命令，在图中指定要标注点，再指定坐标标注的位置，即可完成坐标标注。创建坐标标注的具体操作步骤和结果如图 9-137 所示。

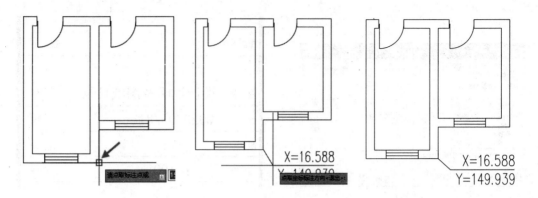

图 9-137　坐标标注

在执行"坐标标注"命令的过程中，输入 Q，选择"批量标注"选项，将打开【批量标注】对话框，如图 9-138 所示。在该对话框中选择该选项，指定创建坐标标注的位置，选择图形，即可标注指定位置的坐标值。

在执行"坐标标注"命令的过程中，输入 S，选择"设置"选项，将弹出【坐标标注】对话框，如图 9-139 所示。

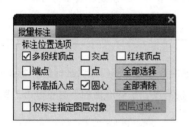

图 9-138　【批量标注】对话框

图 9-139　【坐标标注】对话框

【坐标标注】对话框中的各选项介绍如下：

➢ 绘图单位/标注单位：显示当前图形所使用的绘图单位和标注单位，保证坐标标注的结果准确。

➢ 箭头样式：在列表中选择坐标标注的箭头样式。

➢ 标注精度：在列表中选择标注精度。

➢ 文字样式：在列表中选择坐标标注的文字样式。

➢ 字高：在列表中选择坐标标注的字高。单击按钮 字高< ，可暂时关闭对话框，在命令行中输入参数，设置字高。

➢ 坐标取值：选择坐标标注的参照坐标系，提供三种取值方式。选择"用户坐标"系时，应使用 UCS 命令提前设置当前使用的用户坐标系。

➢ 坐标类型：设置坐标标注的类型，包括"测量坐标"和"施工坐标"两个选项。

➢ 固定角度：设置坐标标注的引线与屏幕水平线的夹角。

➢ 设置坐标系：单击该按钮，重新指定坐标系的原点位置。

➢ 选指北针：单击该按钮，选择图中的指北针，并以指北针的指向标注坐标系统的 X（A）轴向。

➢ 北向角度：用于设置正北的方向。单击该按钮，在图中指定直线的两点，将以两点的连线方向作为正北方向。也可以直接输入角度值，指定正北方向。

3. 坐标检查

执行"坐标检查"命令，可在总平面图中检查测量坐标或者施工坐标的正确性，避免由于人为修改坐标标注导致设计位置出现错误。

该命令可以检查世界坐标系（WCS）下的坐标标注，也可以检查用户坐标系（UCS）下的坐标标注。但只能选择其中一个检查，而且要与绘图时的环境一致。

单击【符号标注】|【坐标检查】菜单命令，在弹出的【坐标检查】对话框中设置参数，如图 9-140 所示。单击"确定"按钮，在图中选择坐标标注，如图 9-141 所示。按 Enter 键确认选择，如果全部正确，将在命令行中显示检查结果，并退出命令。

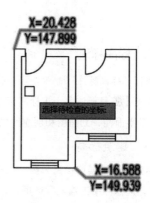

图 9-140 【坐标检查】对话框

图 9-141 选择坐标标注

如果发现错误，系统会自动选择一个错误的坐标，同时弹出快捷菜单，可根据需要选择纠正方式，如图 9-142 所示。

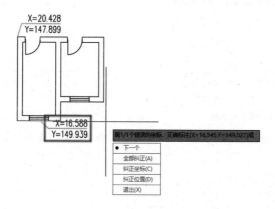

图 9-142 选择纠正方式

4. 生坐标表

执行"生坐标表"命令，可选择图中的坐标标注，创建坐标表格，从而方便用户随时查询。

单击【符号标注】|【生坐标表】菜单命令，在图中选择坐标标注，按 Enter 键，在合适的位置单

击左键创建坐标表，如图 9-143 所示。

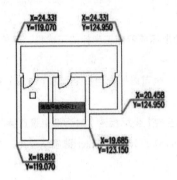

坐标表

编号	X坐标	Y坐标
1	24.331	124.950
2	20.458	124.950
3	19.685	123.150
4	18.810	119.070
5	24.331	119.070

图 9-143　创建坐标表

5. 标高标注

执行"标高标注"命令，可以在平面图、立面图和剖面图中创建标高标注。

单击【符号标注】|【标高标注】菜单命令，弹出【标高标注】对话框。选择"建筑"选项卡，可以在建筑平面图、立面图和剖面图中创建标高标注。选择"总图"选项卡，可在总图中创建标高标注。

❑　建筑标高

这里以标注楼层标高为例，说明创建建筑标高标注的方法。在【标高标注】对话框中选择"建筑"选项卡，选择"手工输入"选项，单击"多层标高"按钮，如图 9-144 所示。打开【多层楼层标高编辑】对话框，单击"添加"按钮，在列表中添加楼层，并修改标高值，设置"层高""层数"等参数，如图 9-145 所示。

图 9-144　【标高标注】对话框

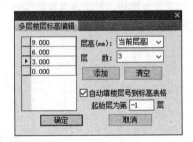

图 9-145　【多层楼层标高编辑】对话框

单击"确定"按钮，指定标高点，移动光标，指定标高方向，创建多层标高，如图 9-146 所示。

图 9-146　创建多层标高

"建筑"选项卡、【多层楼层标高编辑】对话框中的各选项介绍如下:

- ➢ 楼层标高自动加括号:选择该选项,楼层标高自动添加括号。
- ➢ 标高说明自动加括号:选择该选项,自动为说明文字添加括号。
- ➢ 文字齐线端:选择该选项,文字总是与文字基线端对齐。
- ➢ 手工输入:选择该选项,自定义标高值。
- ➢ 多层标高:单击该按钮,设置多层标高标注的相关参数,包括层高、层数等。
- ➢ 添加:单击该按钮,添加新楼层,用户自定义标高值。
- ➢ 清空:单击该按钮,取消已有的多层标高数据。
- ➢ 自动填楼层号到标高表格:选择该选项,按楼层从下到上的顺序自动添加标高说明。

❑ 总图标高

这里以创建总图标高标注为例,讲述标注总图标高的方法。在【标高标注】对话框中选择"总图"选项卡,设置"绝对标高""相对标高/注释"等选项参数,然后在图中点取标高点,指定标高方向,即可创建总图标高,如图 9-147 所示。

图 9-147　创建总图标高

"总图"选项卡中的各选项介绍如下:

- ➢ 自动换算绝对标高:选择该选项,在换算关系选项中输入参数,绝对标高自动算出并标注两者的换算关系,如图 9-148 所示。当注释为文字时,自动加括号作为注释。
- ➢ 上下排列/左右排列:设置绝对标高和相对标高的位置关系。

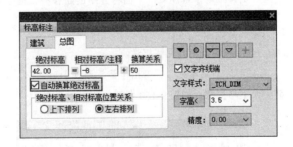

图 9-148　显示换算关系

双击标高标注,打开与之对应的【标高标注】对话框。修改参数后,单击"确定"按钮,即可完成标高标注的编辑。

6. 标高检查

执行"标高检查"命令,在立面图或者剖面图中检查标高标注的正确性,避免由于人为修改标高值发生错误。

利用该命令可以检查世界坐标系和用户坐标系下的标高标注,但只能基于其中一个坐标系进行检查,而且应与创建标高标注时的环境一致。

单击【符号标注】|【标高检查】菜单命令,在图中指定参考标高,再选择一个或多个需检查的标高标注,若发现错误的标高标注,可按命令行的提示进行修改。

7. 标高对齐

执行"标高对齐"命令,把所有的标高标注按照新的位置或参考标高的位置竖向对齐。

单击【符号标注】|【标高对齐】菜单命令,选择标高,按 Enter 键,指定标高的对齐点,即可对齐标高标注,结果如图 9-149 所示。

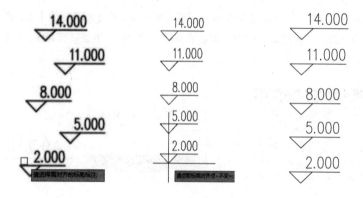

图 9-149　对齐标高

9.3.2 工程符号标注

T20 为用户提供了多种类型的工程符号,包括箭头引注、引出标注和做法标注等。这些符号适合为建筑图纸添加设计说明,使用户更详细地了解图纸。下面将介绍创建各种工程符号的方法。

1. 箭头引注

执行"箭头引注"命令,可绘制带箭头的引线标注。

单击【符号标注】|【箭头引注】菜单命令,弹出【箭头引注】对话框,输入文字,选择文字样式与字高,设置对齐方式、箭头大小与样式,如图 9-150 所示。

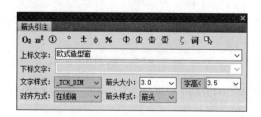

图 9-150　【箭头引注】对话框

在图中依次指定箭头起点和直段下一点,按 Enter 键即可创建箭头引注,如图 9-151 所示。

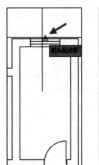 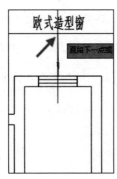 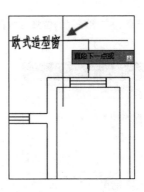 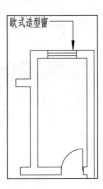

图 9-151　箭头引注

2．引出标注

执行"引出标注"命令，可绘制说明性的引线标注，自动按端点对齐文字。

单击【符号标注】|【引出标注】菜单命令，弹出【引出标注】对话框，分别输入"上标注文字""下标注文字"，并设置"文字样式"与"箭头样式"参数，如图 9-152 所示。

图 9-152　【引出标注】对话框

在图中指定标注第一点，向上移动光标，指定引线位置。向右移动光标，指定文字基线位置，即可创建引出标注，如图 9-153 所示。

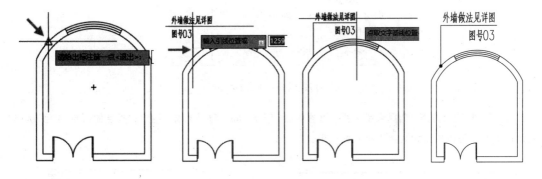

图 9-153　引出标注

3．做法标注

执行"做法标注"命令，可在施工图上标注工程的做法，通过专业词库可以调入墙面、地面、楼面、顶棚和屋面标准做法。

单击【符号标注】|【做法标注】菜单命令，在弹出的【做法标注】对话框中输入文字并设置样式

参数，在图中指定标注的第一点、文字基线的位置与方向，即可标注（外墙）做法，如图 9-154 所示。

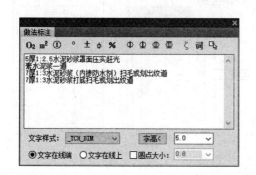
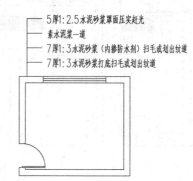

图 9-154　做法标注

4. 指向索引

执行"指向索引"命令，可为图中另有详图的某一部分绘制"指向索引"符号，指出表示这些部分的详图在哪张图上。"指向索引"符号的对象编辑提供了增加索引号的功能。为符合制图规范的图例画法，在【指向索引】对话框中增加了"在延长线上标注文字"选项。

单击【符号标注】|【指向索引】菜单命令，弹出【指向索引】对话框。设置索引编号、图号，输入上标、下标文字，然后在右下角选择索引符号的样式，在"索引框设置"选项组中设置线型、线宽参数，如图 9-155 所示。

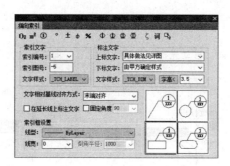

图 9-155　【指向索引】对话框

在图中指定对角点，选择索引范围，如图 9-156 所示。向下移动光标，指定转折点的位置，如图 9-157 所示。此时，可以预览绘制索引符号的效果。

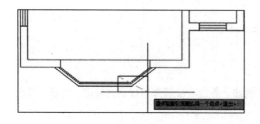

图 9-156　选择索引范围

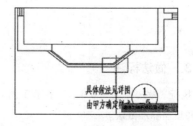

图 9-157　指定转折点位置

向右移动光标，指定文字索引号的位置，如图 9-158 所示。在合适的位置单击鼠标左键，绘制指向索引符号，结果如图 9-159 所示。

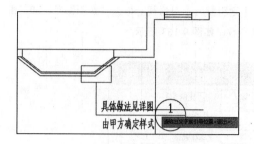

图 9-158　指定文字索引号的位置

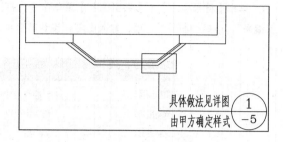

图 9-159　绘制指向索引符号

5.　剖切索引

执行"剖切索引"命令，可为图中另有详图的某一部分绘制"剖切索引"符号，指出表示这些部分的详图在哪张图上。"剖切索引"符号的对象编辑提供了编辑多段剖切线的功能。为符合制图规范的图例画法，在【剖切索引】对话框中增加了"在延长线上标注文字"选项。

单击【符号标注】|【剖切索引】菜单命令，弹出【剖切索引】对话框，设置索引编号和图号，输入上标文字，其他参数保持默认，如图 9-160 所示。然后在图中指定索引节点的位置，如图 9-161 所示。

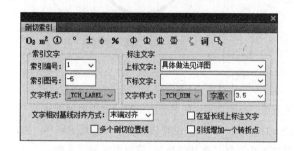

图 9-160　【剖切索引】对话框

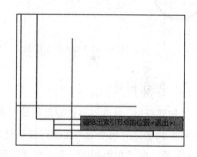

图 9-161　指定索引节点的位置

向下移动光标，指定转折点的位置，再向右移动光标，指定文字索引号的位置，然后在合适的位置单击，即可绘制剖切索引，如图 9-162 所示。

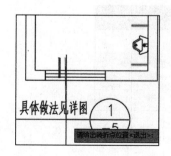
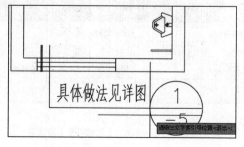

图 9-162　绘制剖切索引

6. 索引图名

执行"索引图名"命令,可在详图所在的图纸上标明索引图号,方便查询。

单击【符号标注】|【索引图名】菜单命令,打开【索引图名】对话框。输入"索引图号"和"索引编号",选择"图名"选项,输入图名,设置其他样式参数,如图 9-163 所示。

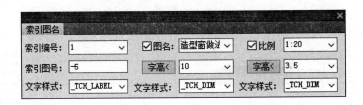

图 9-163 【索引图名】对话框

在图中指定位置插入索引图名,如图 9-164 所示。在【索引图名】对话框中取消选择"图名"选项,则索引图名仅包括编号、图号以及比例,如图 9-165 所示。

 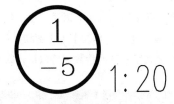

图 9-164 插入索引图名　　　　　　　　　　图 9-165 索引图名的另一种样式

7. 剖切符号

"剖切符号"命令支持任意角度的"转折剖切符号"绘制功能,可用于图中标注制图标准规定的"剖切符号"。用于定义编号的剖面图,表示剖切断面上的构件以及从该处沿视线方向可见的建筑部件。执行"建筑剖面"与"构件剖面"命令生成剖面时,需要事先绘制"剖切符号",用以定义剖面方向。

单击【符号标注】|【剖切符号】菜单命令,打开【剖切符号】对话框。在该对话框的左下角,按照从左到右的顺序分别是"正交剖切" 、"正交转折剖切" 、"非正交转折剖切" 、"断面剖切" 4 种剖面符号的绘制方式,如图 9-166 所示。

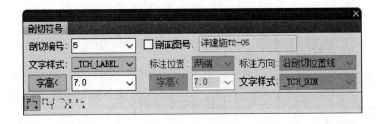

图 9-166 【剖切符号】对话框

在图中指定剖切点与剖切方向,即可绘制各种样式的剖切符号,结果如图 9-167~图 9-170 所示。

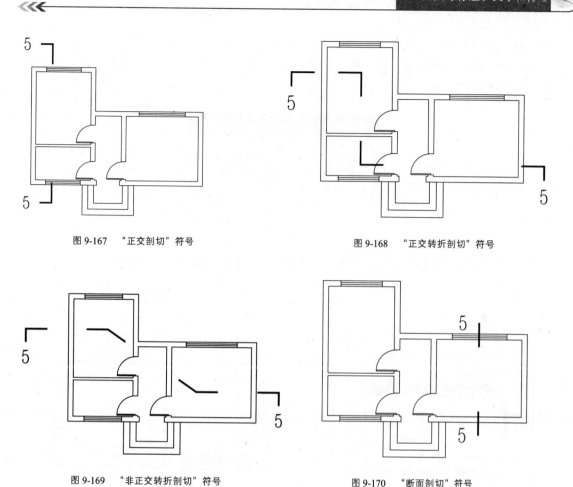

图 9-167 "正交剖切"符号

图 9-168 "正交转折剖切"符号

图 9-169 "非正交转折剖切"符号

图 9-170 "断面剖切"符号

在【剖切符号】对话框中选择"剖面图号"选项，设置图号内容及样式，如图 9-171 所示。在图中绘制剖切符号，可以同时显示剖切编号与剖面图号，如图 9-172 所示。

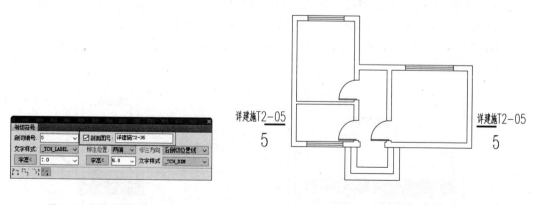

图 9-171 设置图名参数

图 9-172 绘制剖切符号

8. 绘制云线

执行"绘制云线"命令，可绘制用于在设计过程中表示审校后需要修改的范围的云线。

单击【符号标注】|【绘制云线】菜单命令，打开【云线】对话框。在该对话框的左下角，按从左到右的顺序分别是"矩形云线" 、"圆形云线" 、"任意绘制" 、"选择已有对象生成" 4 种绘制方式，如图 9-173 所示。

图 9-173　【云线】对话框

单击"矩形云线"按钮，然后在图中依次指定对角点，即可绘制矩形云线，如图 9-174 所示。

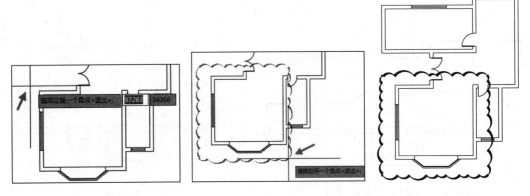

图 9-174　绘制矩形云线

9．加折断线

执行"加折断线"命令，可绘制折断线，且折断线样式符合制图规范的要求，可以根据当前绘图比例自动更新，折断线一侧的图形被隐藏，解决了图形无法从中间打断的问题。

单击【符号标注】|【加折断线】菜单命令，在图中指定折断线的起点，向右移动光标，指定折断线的终点，如图 9-175 所示。

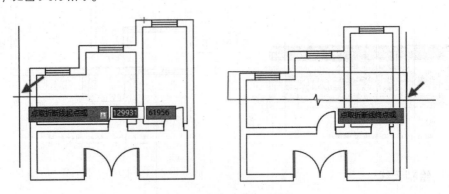

图 9-175　指定折断线的起点和终点

向上移动光标，选择保留范围，如图 9-176 所示。在合适的位置单击鼠标左键，绘制折断线，结果如图 9-177 所示。删除折断线，图形将恢复原本的样式。

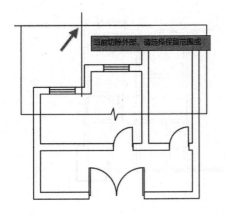

图 9-176　选择保留范围

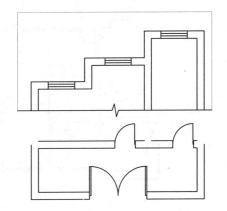

图 9-177　绘制折断线

选择折断线，激活夹点，拖动夹点编辑折断线的位置或大小。双击折断线，打开【编辑切割线】对话框，如图 9-178 所示。

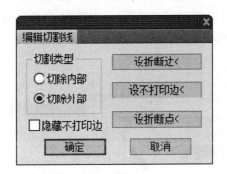

图 9-178　【编辑切割线】对话框

【编辑切割线】对话框中的各选项介绍如下：

➢ 切割类型：包括"切除内部"和"切除外部"两个类型。选中"切除内部"类型，折断线内的图形被隐藏，显示折断线以外的图形。选中"切除外部"类型，折断线外的图形被隐藏，显示折断线内的图形。

➢ 设折断边：单击该按钮，在图中指定切割线上的一条边，可将所选的边转换为折断线。

➢ 设不打印边：单击该按钮，在图中单击需要转换为不打印边的边即可。

➢ 设折断点：默认情况下，在折断线上只有一个断点。单击该按钮，并在折断线的边上单击，即可在单击的位置上创建一个断点，断点所在的边自动转换为折线。

➢ 隐藏不打印边：选中该选项，将隐藏不打印边。

10. 画对称轴

执行"画对称轴"命令，可在施工图上绘制对称轴。

单击【符号标注】|【画对称轴】菜单命令，在图中指定对称轴的起点和终点，即可绘制对称轴，如图 9-179 所示。

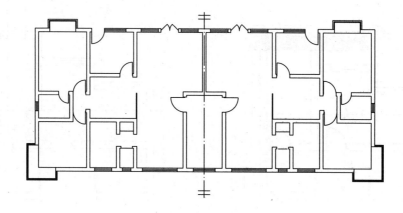

图 9-179　绘制对称轴

11. 画指北针

执行"画指北针"命令，可在图上绘制符合制图标准的指北针符号。

单击【符号标注】|【画指北针】菜单命令，在图中指定插入点位置，再设置指北针的角度，即可绘制指北针，如图 9-180 所示。

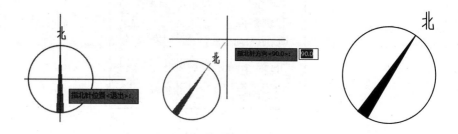

图 9-180　绘制指北针

12. 图名标注

执行"图名标注"命令，可在图形的下方绘制图名和比例。绘图比例发生变化时，图名标注会自动更新。

单击【符号标注】|【图名标注】菜单命令，在弹出的【图名标注】对话框中设置参数，然后在图中指定位置，即可创建图名标注，如图 9-181 所示。

图 9-181　图名标注

9.3.3 实战演练——绘制建筑平面图工程符号

下面根据本节所学内容，在建筑平面图中绘制工程符号，结果如图 9-182 所示。

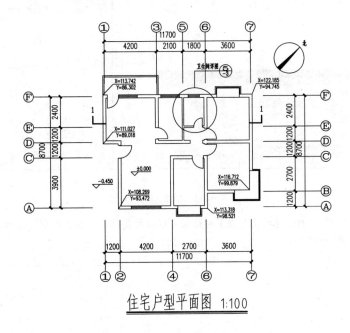

图 9-182　创建工程符号

[01] 打开素材。启动 T20，打开配套资源提供的"09 章\9.3.3 住宅户型平面图.dwg"素材文件，如图 9-183 所示。

[02] 坐标标注。单击【符号标注】|【坐标标注】菜单命令，根据命令行的提示，点取标注点，创建坐标标注，结果如图 9-184 所示。

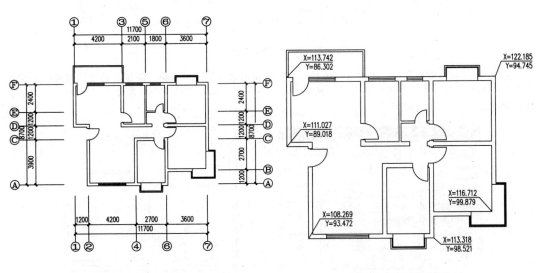

图 9-183　打开素材　　　　　图 9-184　创建坐标标注

03 标高标注。单击【符号标注】|【标高标注】菜单命令,在弹出的【标高标注】对话框中设置参数,然后在图中依次指定室内标高位置和标高方向,创建标高标注,如图 9-185 所示。

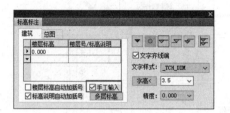
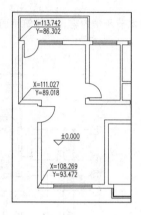

图 9-185 标注室内标高

04 重复上述操作,打开【标高标注】对话框,修改标高值,然后在图中指定标高点与标高方向,标注室外标高,如图 9-186 所示。

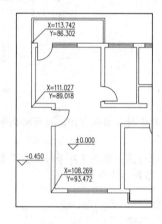

图 9-186 标注室外标高

05 创建指向索引符号。单击【符号标注】|【指向索引】菜单命令,在弹出的【指向索引】对话框中设置参数,然后在图中依次指定节点的位置、索引范围、转折点位置和文字索引号位置,即可创建指向索引符号,如图 9-187 所示。

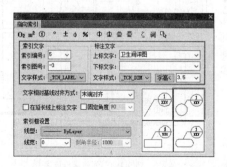
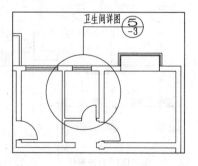

图 9-187 创建指向索引符号

[06] 创建剖切符号。单击【符号标注】|【剖切符号】菜单命令，在【剖切符号】对话框中设置"剖切编号"，选择"正交剖切"样式，如图 9-188 所示。

图 9-188 【剖切符号】对话框

[07] 根据命令行的提示，依次指定两个剖切点和剖视方向，创建剖切符号，结果如图 9-189 所示。

[08] 创建指北针。单击【符号标注】|【画指北针】菜单命令，在图中指定指北针的位置，输入指北针的角度，如图 9-190 所示。

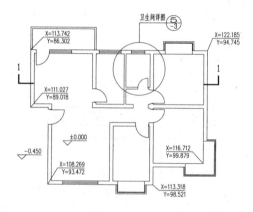

图 9-189 绘制剖切符号

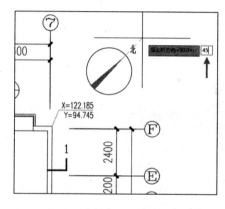

图 9-190 指定指北针的位置和角度

[09] 按 Enter 键，完成指北针的创建，结果如图 9-191 所示。

[10] 创建图名标注。单击【符号标注】|【图名标注】菜单命令，在弹出的【图名标注】对话框中设置参数，如图 9-192 所示。

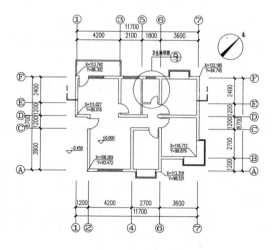

图 9-191 创建指北针

图 9-192 【图名标注】对话框

[11] 在图中指定插入位置，创建图名标注，结果如图 9-193 所示。

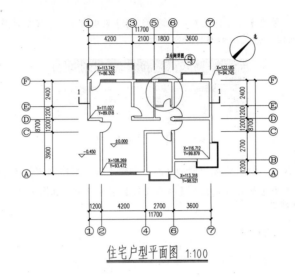

图 9-193　创建图名标注

9.4 本章小结

1.　T20 提供了多种创建尺寸标注的命令，本章介绍了运用这些命令标注尺寸的方法。

2.　在 T20 中，可以针对门窗和墙对象的特点创建尺寸标注，也可以标注直线、弧线等几何对象的尺寸。选择 AutoCAD 尺寸标注，可以将其转换为天正尺寸标注。

3.　在 T20 中可编辑尺寸标注，除了各种专门的编辑命令之外，还可以选取尺寸标注，在右键菜单中选择命令执行编辑操作。

4.　T20 提供了门窗和尺寸标注智能联动功能，调整门窗尺寸后，对应的尺寸标注会自动更新。

5.　在 T20 中可以输入单行文字、多行文字和曲线文字等多种类型的文字，还可以统一修改文字的方向、字高，合并文字，替换文字以及在繁体与简体之间转换文字。

6.　在 T20 中设置表行、表列参数，可以快速地创建表格。表格内容能够输出到其他软件中查看，例如转出 Word、转出 Excel、读入 Excel。

7.　选中 T20 表格，激活夹点可以调整表格的列宽和位置。调用表格编辑命令，可以编辑表列与单元格，还可以在单元格中插入图块，增加表格的可读性。

8.　T20 的符号标注包括坐标标注、标高标注以及各种工程符号。在参数对话框中设置参数，在图中指定基点即可创建符号。

9.5 思考与练习

一、填空题

1.　执行_____命令，可以将指定的尺寸标注区间按照等分公式的形式标注。

2.　执行_____命令，可以将 AutoCAD 尺寸标注转化为天正尺寸标注。

3. 执行“切换角标”命令，可以在________、________和弦长标注之间切换。

4. 执行“曲线文字”命令，可以按________或已有多段线绘制文字。

5. T20 提供了多种编辑文字的工具，包括________、________、________、________和查找替换。

6. 执行“单元合并”命令，可以将多个单元格合并为一个单元格，单元格中的文字将显示________的内容。

7. 执行________命令，可以标注工程的材料做法。

二、 问答题

1. 简述“门窗标注”命令和“内门标注”命令有何区别。
2. 简述单行文字和多行文字的区别，如何绘制。
3. 简述表格中夹点的作用。
4. 编辑 AutoCAD 文字的工具有哪些？简述操作方法。
5. 如何拆分表格，简述操作方法。
6. 简述“读入 Word”命令和“读入 Excel”命令的使用方法。

三、 操作题

1. 执行“多行文字”命令，创建图纸设计说明，如图 9-194 所示。
2. 执行“新建表格”命令和“表格编辑”命令创建表格，如图 9-195 所示。

一、工程概况
本工程依照：佛山市顺德区建设市政局建设工程设计条件立项批文号要求编制。
二、本工程设计依从的主要规范：
民用建筑设计通则（JGJ37-87）；
建筑设计防火规范（GBJ16-87）2001年版；
建筑地面设计规范（GB50037-1996）；
建筑玻璃应用技术规程（JGJ113-2003）；
建筑防水工程技术规程（DBJ15-19-97）；
铝合金门窗工程设计、施工及验收规范（DBJ15-30-2002）。
三、工程概况：
1）工程建设地点：佛山市顺德区。
2）本工程主体采用钢筋混凝土结构。
3）本工程合理使用年限为50年。
4）本工程抗震设防烈度7度。
5）本工程建筑面积2670.81M，层数4层局部3层。
6）本工程按三级设计，额定使用人数为10人。
7）本工程耐火等级为二级。

图 9-194 创建图纸设计说明

项目	采用作法	编号/页数	名称	用料做法	使用部位
(一)屋顶做法	✓	屋7	高聚物改性沥青卷材和涂膜防水屋面	·35厚490x490，C20预制钢筋混凝土板（φ4钢筋双向中距150),1:2水泥砂浆填缝 ·M2.5砂浆顺排水方向砌一侧一平砖带,高180，中距500.砖带端部砌240x120砖三皮， ·3厚SPS改性沥青防水卷材或APP改性沥青防水卷材 ·3厚氯丁沥青防水涂料(二布八涂) ·刷基层处理剂一遍 ·20厚1:2.5水泥砂浆找平层 ·20厚(最薄处)1:8水泥加气混凝土碎渣找2%坡 ·钢筋混凝土屋面板,表面清扫干净	除坡屋面所有天面
		屋11	高聚物改性沥青卷材防水屋面	·35厚490x490，C20预制钢筋混凝土板（φ4钢筋双向中距150),1:2水泥砂浆填缝 ·M2.5砂浆顺排水方向砌一侧一平砖带,高180，中距500.砖带端部砌240x120砖三皮 ·4厚SBS或APP改性沥青防水卷材 ·刷基层处理剂一遍 ·20厚1:2.5水泥砂浆找平层 ·20厚(最薄处)1:8水泥加气混凝土碎渣找2%坡 ·干铺150厚加气混凝土砌块 ·钢筋混凝土屋面板,表面清扫干净	
		屋15	石油沥青卷材防水屋面	·三毡四油，撒铺绿豆砂 ·刷冷底子油一遍 ·20厚1:2.5水泥砂浆找平层 ·20厚(最薄处)1:8水泥加气混凝土碎渣找2%坡 ·干铺100厚加气混凝土砌块 ·钢筋混凝土屋面板,表面清扫干净	
		屋24	高聚物改性沥青卷材防水和刚性防水屋面	·150-300厚种植介质 ·无纺布一层（隔离层） ·40厚聚氯乙烯泡沫塑料一层（蓄水层） ·50厚20--30卵石（排水层） ·40厚C30UEA补偿收缩混凝土防水层，表面压光，混凝土内φ4钢筋双向中距150 ·3厚SBS改性沥青防水卷材 ·刷基层处理剂一遍 ·20厚1:2.5水泥砂浆找平层 ·20厚(最薄处)1:8水泥膨胀珍珠岩找2%坡 ·现浇钢筋混凝土屋面板表面清扫干净	

图 9-195 创建并编辑表格

3. 收集一些房屋建筑图，尝试在图上创建尺寸标注和各种工程符号。

4. 在平面图中创建尺寸标注和工程符号，如图 9-196 所示。

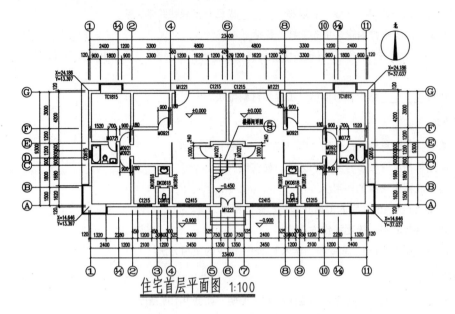

图 9-196　创建尺寸标注和工程符号

第10章 绘制立面图和剖面图

● 本章导读

　　建筑的立面、剖面设计是建筑设计的重要组成部分。建筑立面图用来表达建筑物的立面设计细节；建筑剖面图用来反映建筑内部的构造细节。天正建筑软件中的立面、剖面图形是通过将平面构件中的三维信息进行消隐获得的二维图形。本章将介绍绘制和编辑立面图、剖面图的方法。

● 本章重点

　　◇ 建筑立面图　　　　　　　　　　　　◇ 建筑剖面图

　　◇ 实战演练——创建餐厅正立面图　　　◇ 实战演练——创建餐厅剖面图

　　◇ 本章小结　　　　　　　　　　　　　◇ 思考与练习

10.1 建筑立面图

　　建筑立面图是用来表现建筑立面造型和装修的图样，一般以房屋的朝向来命名，如南立面图、北立面图等。本节将介绍绘制建筑立面图的方法。

10.1.1 楼层表与工程管理

　　在 T20 中，可通过执行"工程管理"命令及创建楼层表来创建建筑立面图和剖面图。

　　"楼层表"是数据库文件，可通过执行"工程管理"命令来创建。"楼层表"将楼层高数据和楼层号相对应，方便创建建筑立面图、建筑剖面图和建筑三维模型。

　　需要注意的是，一个平面图除了可代表一个自然楼层外，还可代表多个相同的标准层。在楼层表中的"层号"选项中填写起始层号，并使用"～"或"-"隔开层号即可。

　　单击【文件布图】|【工程管理】菜单命令，弹出【工程管理】对话框，在其中可以执行"新建工程"和"添加图纸"等操作，还可以定义平面图与"楼层表"之间的关系。

　　T20 支持以下两种楼层定义方式：

➤ 　各楼层的建筑平面图分别保存在不同的 DWG 文件中，这些 DWG 文件集中存储在同一个文件夹内，并设置每一个标准层都有相同的对齐点。例如，1 轴和 A 轴的交点都位于相同的坐标点（0，0，0）上，该点可以视为各楼层的对齐点。

➤ 　多张建筑平面图在一个 DWG 文件中绘制、存储。在"楼层"选项栏中，依次选择平面图，同时允许通过选择其他 DWG 文件来指定部分标准层平面图，提高了工程管理的灵活性。

1. 新建工程

　　首先创建新工程，再执行生成建筑立面图和建筑剖面图的操作。单击【文件布图】|【工程管理】

菜单命令，弹出【工程管理】对话框。单击"工程管理"选项，在菜单中选择"新建工程"命令，打开【另存为】对话框。

在【另存为】对话框中选择存储路径，设置工程的名称，单击"保存"按钮，即可新建工程，如图10-1所示。

图 10-1　新建工程

2. 添加图纸

创建工程后，需要把图纸添加到当前的工程文件中。

在【工程管理】对话框中选择"平面图"选项，单击鼠标右键，弹出快捷菜单，选择"添加图纸"命令，在弹出的【选择图纸】对话框中选择图纸，单击"打开"按钮即可添加图纸，如图10-2所示。

图 10-2　添加图纸

3. 设置楼层表

在【工程管理】对话框中的"楼层"选项组中，每一表行代表一个楼层的信息。用户在表行内输入层号和层高，并添加楼层平面图即可设置楼层表。

各楼层平面图分别存储在不同的 DWG 文件中时，先将光标定位到"楼层表"的"文件"选项中，再单击"选择标准层文件"按钮📁，在弹出的【选择标准层图形文件】对话框中选择楼层平面图，然后单击"打开"按钮即可添加图纸来设置楼层表，如图10-3所示。

图 10-3　添加楼层平面图设置楼层表

各楼层平面图都存储在同一个 DWG 文件中时，先打开 DWG 文件，再在【工程管理】对话框中展开"楼层"选项组，单击"在当前图中框选楼层范围"按钮，接着在图中选择对应的楼层平面图，指定对齐点即可添加图纸来设置楼层表，如图 10-4 所示。

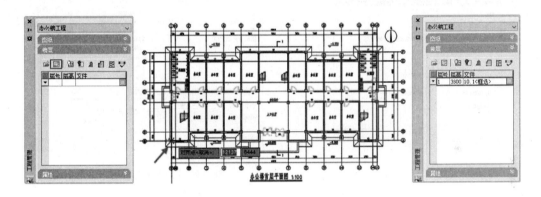

图 10-4　选择楼层平面图设置楼层表

10.1.2　生成建筑立面图

在工程中添加图纸并设置"楼层表"参数后，就可以执行生成立面图操作了。T20 提供了生成建筑立面和构件立面的命令，下面介绍操作方法。

1．建筑立面

在【工程管理】对话框中展开"楼层"选项组，单击"建筑立面"按钮，如图 10-5 所示。单击【立面】|【建筑立面】菜单命令，也可以执行生成立面图操作。

根据命令行的提示，输入立面方向，如图 10-6 所示。在命令行中输入"F"，表示即将生成正立面图。

命令行提示选择要显示在立面图上的轴线，如图 10-7 所示。按 Enter 键，表示不在立面图上显示任何轴线。如果用户需要显示立面轴线，可以在平面图中单击选择轴线。

图 10-5　单击该按钮　　　　　　图 10-6　提示输入立面方向　　　　　　图 10-7　提示选择轴线

　　弹出【立面生成设置】对话框，设置立面图参数，如图 10-8 所示。通常情况下，保持默认值即可。单击"生成立面"按钮，打开【输入要生成的文件】对话框，设置立面图的名称以及保存路径，如图 10-9 所示。

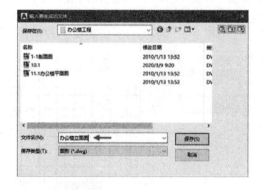

图 10-8　【立面生成设置】对话框　　　　　　　　图 10-9　【输入要生成的文件】对话框

　　单击"保存"按钮，即可执行生成立面图操作。根据电脑性能的不同，以及图形的复杂程度，操作过程的速度也会不同。操作完毕后，系统自动打开立面图，如图 10-10 所示。

图 10-10　生成正立面图

　　【立面生成设置】对话框中的选项介绍如下：

➢　多层消隐（质量优化）：选中该选项，可对两个相邻的楼层执行"消隐"操作，生成立面图的速度较慢，但是立面图的精度较高。

➢　单层消隐（速度优化）：选中该选项，生成立面图的速度较快，但是立面图的精度较低。

> ➤ 忽略栏杆以提高速度: 选中该选项, 可提高生成立面图的速度, 但是不会在立面图中表现栏杆。
>
> ➤ 左侧标注/右侧标注: 选中该选项, 在立面图的左、右两侧创建尺寸标注, 包含楼层标高和尺寸。
>
> ➤ 绘层间线: 选中该选项, 在楼层之间绘制一条水平线。
>
> ➤ 内外高差: 确定室内地面与室外地坪的高差。该数值以米为单位。
>
> ➤ 出图比例: 确定立面图的打印比例。

2. 构件立面

执行"构件立面"命令, 生成标准层、局部构件或三维对象在选定方向上的立面图与顶视图。

单击【立面】|【构件立面】菜单命令, 根据命令行的提示输入"F"指定立面方向。然后选择要生成立面的构件（如楼梯和阳台等）, 即可在图中指定基点, 创建构件立面, 如图 10-11 所示。

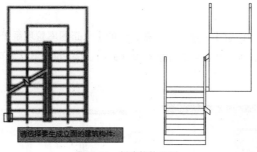

图 10-11 创建构件立面

10.1.3 深化立面图

生成建筑立面图后, 可能出现错误或者内容不完善的情况, 此时就需要对立面图进行细部深化。T20提供了多种立面编辑工具, 包括立面门窗、门窗参数、立面窗套和立面阳台等。

1. 立面门窗

执行"立面门窗"命令, 可插入和替换立面图中的门窗。

❑ 直接插入门窗

单击【立面】|【立面门窗】菜单命令, 弹出【天正图库管理系统】对话框。选择并双击窗图标, 如图 10-12 所示, 弹出【图块编辑】对话框, 设置参数, 如图 10-13 所示。通常情况下保持默认值即可。

图 10-12 【天正图库管理系统】对话框

图 10-13 【图块编辑】对话框

在图中指定插入位置，直接插入立面窗，结果如图 10-14 所示。选择窗，单击右键，在弹出的快捷菜单中显示出编辑命令，如图 10-15 所示。选择命令，可以重定义立面窗的参数。

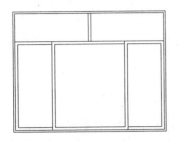

图 10-14　直接插入立面窗

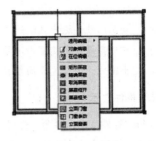

图 10-15　快捷菜单

❑　替换已有的门窗

单击【立面】|【立面门窗】菜单命令，在弹出的【天正图库管理系统】对话框中选择门图标，单击工具栏中的"替换"按钮⬜，在图中选择需要替换的门，按 Enter 键，即可完成替换操作，如图 10-16 所示。

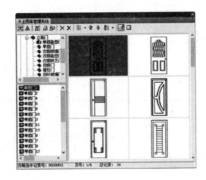
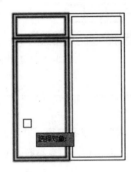

图 10-16　替换已有的门窗

2．门窗参数

执行"门窗参数"命令，可修改立面门窗尺寸。

单击【立面】|【门窗参数】菜单命令，在图中选择窗，按 Enter 键确认选择。命令行提示设置"底高度""高度""宽度"，重定义参数后按 Enter 键，即可完成修改参数的操作，如图 10-17 所示。

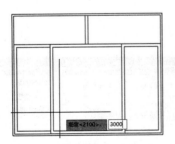
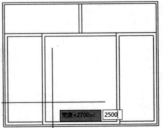
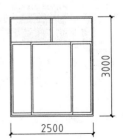

图 10-17　修改窗参数

3. 立面窗套

执行"立面窗套"命令，可为立面窗添加窗套、窗楣或者窗台。

单击【立面】|【立面窗套】菜单命令，根据命令行的提示，在图中指定左下角点、右上角点选择立面窗，如图 10-18 所示。

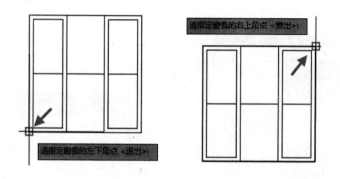

图 10-18　指定对角点选择立面窗

在弹出的【窗套参数】对话框中设置参数，单击"确定"按钮，即可添加窗套，如图 10-19 所示。

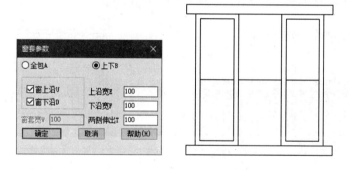

图 10-19　添加"上下"类型窗套

在【窗套参数】对话框中选择"全包 A"选项，在"窗套宽 W"选项中设置参数，可以为立面窗添加"全包"类型的窗套，如图 10-20 所示。

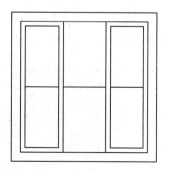

图 10-20　添加"全包"类型窗套

4. 立面阳台

执行"立面阳台"命令，可替换和添加立面图中阳台。

单击【立面】|【立面阳台】菜单命令，在弹出的【天正图库管理系统】对话框中选择阳台，如图 10-21 所示，单击"替换"按钮 。弹出【替换选项】对话框，选择"保持插入尺寸"选项，如图 10-22 所示。

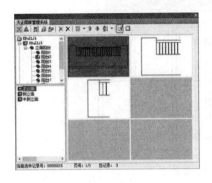

图 10-21　选择阳台

图 10-22　【替换选项】对话框

在图中选择立面阳台后按 Enter 键，即可替换立面阳台，如图 10-23 所示。

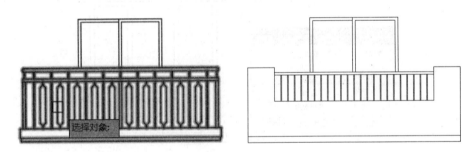

图 10-23　替换立面阳台

5. 立面屋顶

执行"立面屋顶"命令，可 在图中创建多种形式的立面屋顶。

单击【立面】|【立面屋顶】菜单命令，弹出【立面屋顶参数】对话框。在"坡顶类型"列表中选择屋顶，设置属性参数，单击"定位点 PT1-2"按钮，如图 10-24 所示。

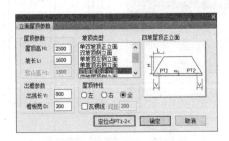

图 10-24　【立面屋顶参数】对话框

在图中指定墙顶的两个角点，如图 10-25 所示。

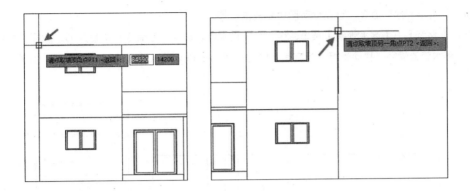

图 10-25　指定墙顶角点

返回【立面屋顶参数】对话框，单击"确定"按钮，即可创建立面屋顶，结果如图 10-26 所示。

图 10-26　创建立面屋顶

【立面屋顶参数】对话框中的选项介绍如下：

➢ 屋顶高：指定从屋檐到屋顶最高处的垂直距离。

➢ 坡长：指定坡屋顶倾斜部分的水平投影长度。

➢ 歇山高：选择有歇山的屋顶类型时，指定屋顶歇山部分的高度。

➢ 出挑长：指定建筑外墙距屋檐的水平距离。

➢ 檐板宽：指定建筑屋檐檐板的宽度。

➢ 坡顶类型：在列表中提供了多种屋顶类型，用户可根据需要进行选择。

➢ 屋顶特性：选择的屋顶类型为正立面时，"左""右""全"这三个选项可用，用户可根据需要
选择屋顶显示哪一部分或全部显示。

➢ 瓦楞线：当屋顶类型为正立面时，该选项可用。选中该选项，将会在正立面图上显示人字屋顶
的瓦楞线。

➢ 间距：确定瓦楞线的间距。

➢ 定位点 PT1-2：指定立面墙体顶部的左右两个端点。

6. 雨水管线

执行"雨水管线"命令，可在立面图中生成雨水管。

单击【立面】|【雨水管线】菜单命令，指定雨水管的起点，在命令行中输入 D，选择"管径"选项，指定雨水管的管径。移动光标，指定雨水管的终点，按 Enter 键，即可创建雨水管线，如图 10-27 所示。

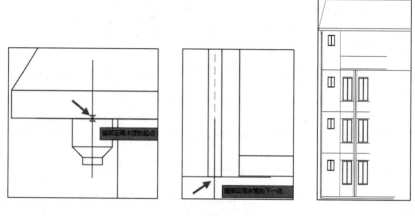

图 10-27　创建雨水管线

7. 柱立面线

执行"柱立面线"命令，可在柱子立面范围内绘制有立体感的竖向投影线。

单击【立面】|【柱立面线】菜单命令，根据命令行的提示，依次确认圆柱的起始角度、包含角和立面线数目，再指定矩形的两个对角点，即可创建柱立面线，如图 10-28 所示。

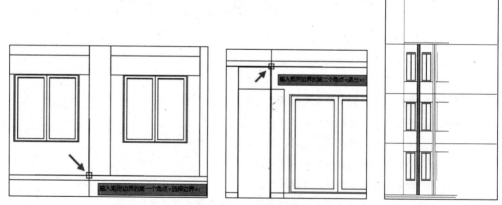

图 10-28　创建柱立面线

8. 图形裁剪

执行"图形裁剪"命令，可裁剪立面图中多余的部分。

单击【立面】|【图形裁剪】菜单命令，选择需要裁剪的图形（立面门），如图 10-29 所示。按 Enter 键，在命令行中显示几种裁剪方式，分别是"多边形裁剪""多段线定边界""图块定边界"，默认以"矩形裁剪"方式执行操作。

在图中指定矩形的对角点，如图 10-30、图 10-31 所示，选择裁剪范围。结束操作后观察裁剪结果，发现选中范围内的图形已被裁剪，如图 10-32 所示。

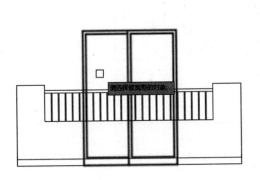

图 10-29 选择立面门

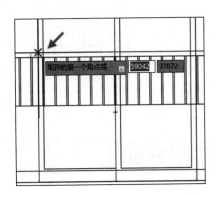

图 10-30 指定第一个角点

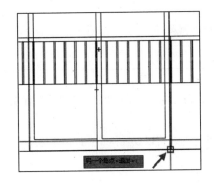

图 10-31 指定另一角点

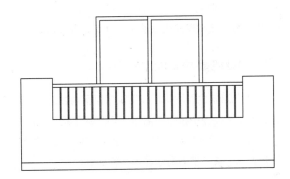

图 10-32 裁剪图形

9. 立面轮廓

执行"立面轮廓"命令，可自动搜索图形并创建立面外轮廓。

单击【立面】|【立面轮廓】菜单命令，选择二维图形后按 Enter 键，指定轮廓线宽度，如图 10-33 所示。

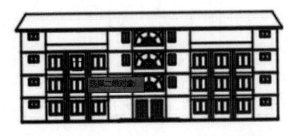

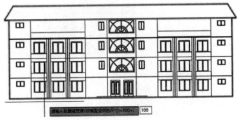

图 10-33 选择图形并输入轮廓线宽度

按 Enter 键，即可创建立面轮廓，如图 10-34 所示。

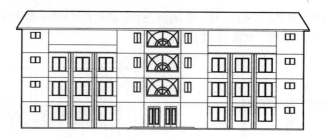

图 10-34　创建立面轮廓

10.2　建筑剖面图

建筑剖面图是假设用一个平面将建筑物沿着某一特定的位置剖开，移除剖切面与观察者之间的部分，将剩下的部分进行正投影而得到的图形。天正剖面图是通过平面构件中的三维信息在指定的剖切位置消隐获得的二维图形。

本节将介绍创建建筑剖面图、加深剖面图和修饰剖面图的方法。

10.2.1　创建建筑剖面图

与生成建筑立面图相同，建筑剖面图也依据"楼层表"数据生成，不同的是在创建建筑剖面图之前，要先在首层平面图中执行"剖面剖切"命令绘制剖切符号。

剖切符号用于指定剖面图的剖切位置，在生成建筑剖面图时，可以设置样式参数，包括尺寸和标高的显示方式，首层平面图的室内外标高等。

1．建筑剖面

在【工程管理】对话框中展开"楼层"选项组，单击"建筑剖面"按钮 图，如图 10-35 所示；或者单击【剖面】|【建筑剖面】菜单命令，都可以执行生成剖面的操作。

选择剖切线，如图 10-36 所示。当命令行提示"选择需要出现在剖面图上的定位轴线"时，按 Enter 键表示不需要在图上显示任何轴线。

图 10-35　单击该按钮

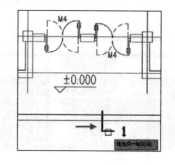

图 10-36　选择剖切线

弹出【剖面生成设置】对话框，设置参数，如图 10-37 所示。单击"生成剖面"按钮，弹出【输入要生成的文件】对话框，选择存储路径并输入文件名，如图 10-38 所示。

图 10-37 【剖面生成设置】对话框

图 10-38 【输入要生成的文件】对话框

单击"保存"按钮，即可创建建筑剖面图，结果如图 10-39 所示。

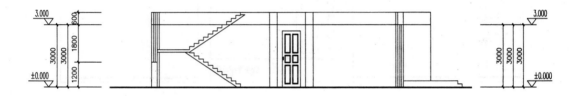

图 10-39 生成建筑剖面图

2. 构件剖面

执行"构件剖面"命令，可以所选对象为基础生成剖面图。

单击【剖面】|【构件剖面】菜单命令，选择剖切线，再选择建筑构件，按 Enter 键确认。然后指定插入点，即可创建构件剖面图，如图 10-40 所示。

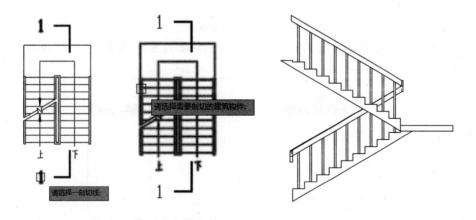

图 10-40 生成构件剖面

10.2.2 加深剖面图

检查生成的建筑剖面图，会发现图中有不少错误，需要用户对剖面图进一步深化处理。T20 提供了多种加深剖面图的命令，方便用户编辑剖面墙、楼板、梁、檐口和楼梯。下面将介绍加深剖面图的方法。

1. 画剖面墙

执行"画剖面墙"命令，可在图中指定起点、下一点绘制直墙或弧墙。

单击【剖面】|【画剖面墙】菜单命令，根据命令行提示，指定剖面墙的起点和下一点，即可画剖面墙，如图 10-41 所示。

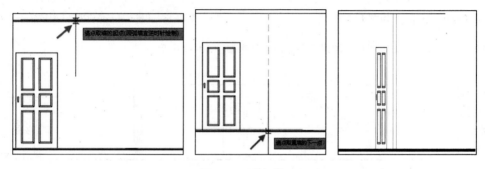

图 10-41 画剖面墙

"画剖面墙"命令行中的各选项介绍如下：

➢ 取参照点（F）：输入"F"，确定一个参照点，方便绘制剖面墙时确定位置。

➢ 单段（D）：输入"D"，仅绘制一段剖面墙体。

➢ 弧墙（A）：输入"A"，依次指定点绘制弧墙。

➢ 墙厚（U）：输入"U"，设置墙厚。

2. 双线楼板

执行"双线楼板"命令，可在剖面图中绘制双线楼板。

单击【剖面】|【双线楼板】菜单命令，指定双线楼板的起始点、结束点，如图 10-42 所示。

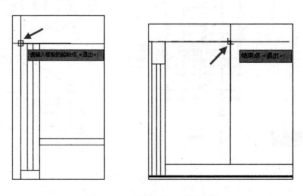

图 10-42 指定起始点和结束点

根据命令行的提示，设置楼板的顶面标高和板厚值，即可绘制双线楼板，结果如图 10-43 所示。

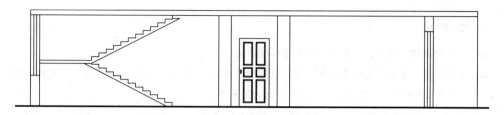

图 10-43　绘制双线楼板

3.　预制楼板

执行"预制楼板"命令，可在剖面图中创建预制楼板。

单击【剖面】|【预制楼板】菜单命令，弹出【剖面楼板参数】对话框。选择楼板的类型，设置宽度、高度等参数，如图 10-44 所示。单击"确定"按钮，指定楼板的插入点，如图 10-45 所示。

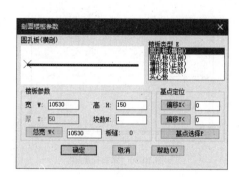

图 10-44　【剖面楼板参数】对话框

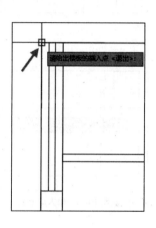

图 10-45　指定插入点

向右移动光标，指定插入方向，如图 10-46 所示。插入预制楼板的结果如图 10-47 所示。

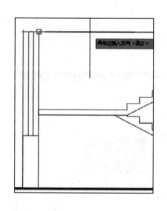

图 10-46　指定插入方向

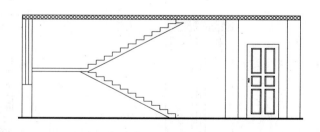

图 10-47　插入预制楼板

4. 加剖断梁

执行"加剖断梁"命令，可在剖面图中绘制剖断梁。

单击【剖面】|【加剖断梁】菜单命令，根据命令行的提示，指定剖断梁的参照点，依次设置剖断梁的左宽、右宽和高度参数，如图 10-48 所示。输入距离值，如图 10-49 所示。

按 Enter 键即可添加剖断梁，接着为梁填充"SOLID"图案，以方便用户识别，结果如图 10-50 所示。

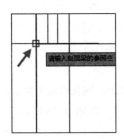  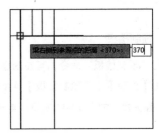

图 10-48 指定参照点并设置参数

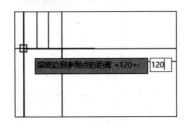

图 10-49 输入距离值

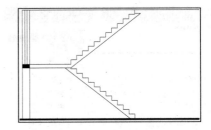

图 10-50 添加剖断梁

5. 剖面门窗

执行"剖面门窗"命令，可在剖面图中插入门窗，也可以替换已有的门窗，或者修改选中门窗的参数。

单击【剖面】|【剖面门窗】菜单命令，打开【剖面门窗样式】窗口，其中显示了窗样式，如图 10-51 所示。单击窗口，打开【天正图库管理系统】对话框，选择剖面门窗样式，如图 10-52 所示。

图 10-51 显示窗样式

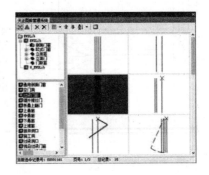

图 10-52 【天正图库管理系统】对话框

根据命令行的提示，选择剖面墙线，再指定门窗下口到墙下端距离和门窗高度，如图 10-53 和图 10-54

所示。按 Enter 键，即可创建剖面门窗，结果如图 10-55 所示。

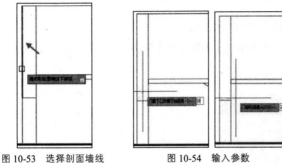

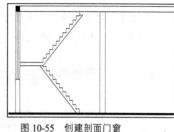

图 10-53　选择剖面墙线　　　　图 10-54　输入参数　　　　图 10-55　创建剖面门窗

6．剖面檐口

执行"剖面檐口"命令，可在剖面图中绘制檐口剖面，包括女儿墙、预制挑檐、现浇挑檐和现浇坡檐。

单击【剖面】|【剖面檐口】菜单命令，在弹出的【剖面檐口参数】对话框中选择檐口类型，并设置各项参数，单击"确定"按钮，在图中指定位置即可创建剖面檐口。绘制的女儿墙剖面图如图 10-56 所示。

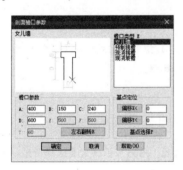

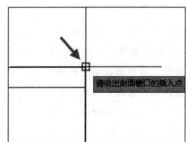

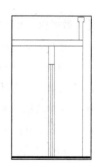

图 10-56　绘制女儿墙剖面图

7．门窗过梁

执行"门窗过梁"命令，可在剖面门窗的上方绘制梁剖面图，并填充图案。

单击【剖面】|【门窗过梁】菜单命令，选择剖面门窗，指定梁高，按 Enter 键即可绘制门窗过梁，结果如图 10-57 所示。

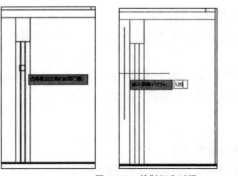

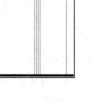

图 10-57　绘制门窗过梁

8. 参数楼梯

执行"参数楼梯"命令，可在剖面图中插入楼梯的剖面图。

单击【剖面】|【参数楼梯】菜单命令，在弹出的【参数楼梯】对话框中设置参数，在图中指定位置即可创建参数楼梯，如图 10-58 所示。

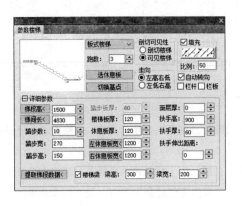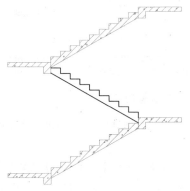

图 10-58　创建参数楼梯

【参数楼梯】对话框中的选项介绍如下：

➢ 楼梯类型：在列表框中提供了"板式楼梯""梁式现浇（L型）""梁式现浇（△型）"和"梁式预制"4 种类型，选择该选项，可创建不同样式的剖面楼梯。

➢ 跑数：确定梯段数目。当楼层较高时会使用多跑梯段。

➢ 选休息板：单击该按钮，选择是否为梯段添加休息板。

➢ 切换基点：单击该按钮，切换梯段的基点位置。

➢ 剖切可见性：包括"剖切楼梯"和"可见楼梯"两个选项。用户可根据需要选择所绘梯段的剖切结果。

➢ 走向：包括"左高右低"和"左低右高"两个选项，用来确定梯段的上楼方向。

➢ 填充：选择该选项，可为梯段的剖切部分和休息平台填充图案。梯段的可见部分不填充图案。

➢ 自动转向：选择该选项，在每次绘制单跑楼梯后自动更换楼梯走向，方便在多层建筑中绘制双跑楼梯。

➢ 栏杆/栏板：选择该选项，在剖面楼梯上显示栏杆、栏板。

➢ 面层厚：设置当前梯段的装饰面层厚度。

➢ 提取梯段数据：单击该按钮，在图中选择楼梯平面图，此时系统将提取梯段的属性参数作为当前创建梯段的依据。

➢ 楼梯梁：选中该选项，可在梯段的两个休息平台上分别添加梁的截面图。

该对话框中的其他参数可根据字面意思来理解，在此不再赘述。

9. 参数栏杆

执行"参数栏杆"命令，可生成楼板栏杆。

单击【剖面】|【参数栏杆】菜单命令，在弹出的【剖面楼梯栏杆参数】对话框中设置参数，单击"确定"按钮，在图中指定插入位置即可创建参数栏杆，如图 10-59 所示。

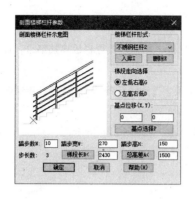

图 10-59　创建参数栏杆

【剖面楼梯栏杆参数】对话框中的选项介绍如下：

➢ 楼梯栏杆形式：在下拉列表中有多种栏杆样式可供选择。

➢ 入库 I：单击该按钮，可以选择栏杆样式，并将其添加到楼梯栏杆库中，以便随时调用。

➢ 删除 E：单击该按钮，删除选中的栏杆样式。

➢ 梯段走向选择：包括"左低右高 G"和"左高右低 D"两个选项，用于切换栏杆的排列方向。

➢ 基点位移（X、Y）：确定新基点向 X 轴和 Y 轴的偏移距离。

10. 楼梯栏杆

执行"楼梯栏杆"命令，可在剖面图中创建栏杆和扶手，自动处理两个相邻栏杆的遮挡关系。

单击【剖面】｜【楼梯栏杆】菜单命令，指定扶手的高度，如图 10-60 所示。在命令行提示"是否要打断遮挡线(Yes/No)? <Yes>:"时，按 Enter 键保持默认设置不变。

再在图中依次指定楼梯扶手的起始点和结束点，如图 10-61 和图 10-62 所示。即可创建楼梯栏杆，结果如图 10-63 所示。

图 10-60　指定扶手高度

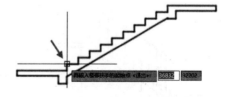

图 10-61　指定起始点

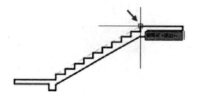

图 10-62　指定结束点

图 10-63　创建楼梯栏杆

11. 楼梯栏板

执行"楼梯栏板"命令，可在剖面楼梯上创建楼梯栏板，并自动处理栏板遮挡部分，被遮挡部分以虚线表示。

单击【剖面】|【楼梯栏板】菜单命令，指定扶手的高度。在命令行提示"是否要打断遮挡线(Yes/No)? <Yes>:"时，按 Enter 键保持默认设置不变。

再在图中依次指定起始点和结束点，即可创建楼梯栏板，如图 10-64 所示。

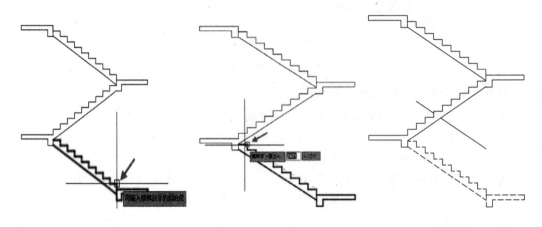

图 10-64　创建楼梯栏板

12. 扶手接头

执行"扶手接头"命令，可连接两端栏杆，并创建扶手接头。

单击【剖面】|【扶手接头】菜单命令，根据命令行提示，指定扶手的伸出距离，如图 10-65 所示。选择"增加栏杆"选项，表示在连接扶手后创建新的栏杆，如图 10-66 所示。

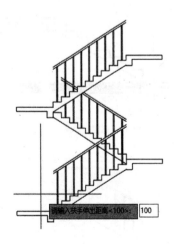

图 10-65　指定伸出距离

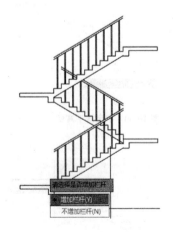

图 10-66　选择该选项

指定第一个和另一个角点选择扶手，如图 10-67 和图 10-68 所示，即可创建扶手接头，结果如图 10-69 所示。

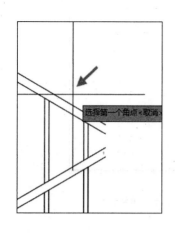

图 10-67　指定第一个角点

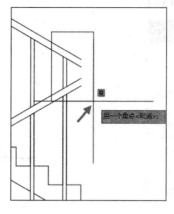

图 10-68　指定另一个角点

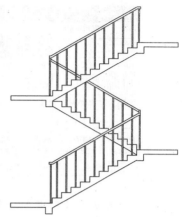

图 10-69　创建扶手接头

10.2.3　修饰剖面图

为了方便用户对建筑剖面图进行材料填充和线条加粗处理，T20 提供了多个编辑命令，包括剖面填充、居中加粗、向内加粗和取消加粗。下面将介绍执行编辑命令的方法。

1.　剖面填充

执行"剖面填充"命令，可选择材料图例，为剖面图形填充图案。值得注意的是，可以在开放的区域内创建填充图案，系统会自动闭合轮廓。

单击【剖面】|【剖面填充】菜单命令，选择对象，如图 10-70 所示。按 Enter 键结束选择，弹出【请点取所需的填充图案】对话框，其中显示了多种填充图案，如图 10-71 所示。

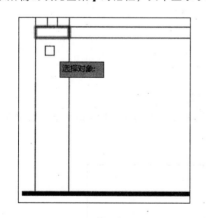

图 10-70　选择对象

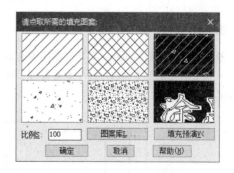

图 10-71　【请点取所需的填充图案】对话框

单击"图案库 L"按钮，打开【选择填充图案】对话框，如图 10-72 所示。单击"前页 P""次页 N"按钮，可翻转页面，方便用户选择图案。

选定填充图案后，单击"确定"按钮，即可为剖面图填充图案，结果如图 10-73 所示。

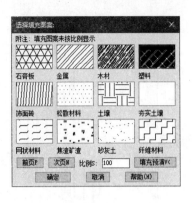

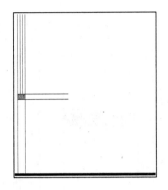

图 10-72 【选择填充图案】对话框　　　　图 10-73 填充图案

2. 居中加粗

执行"居中加粗"命令，选择剖面图中的墙线，以"居中"的方式加粗。

单击【剖面】|【居中加粗】菜单命令，根据命令行的提示，选择剖面墙线，按 Enter 键，即可居中加粗墙线，如图 10-74 所示。

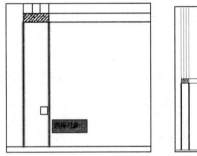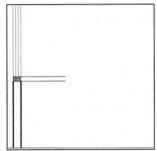

图 10-74 居中加粗

3. 向内加粗

执行"向内加粗"命令，可将剖面图中的墙线向内侧加粗。

单击【剖面】|【向内加粗】菜单命令，根据命令行的提示，选择墙线，按 Enter 键，即可向内加粗墙线，如图 10-75 所示。

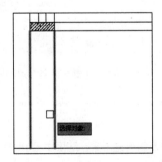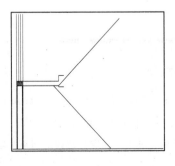

图 10-75 向内加粗

4．取消加粗

执行"取消加粗"命令，可撤消剖面墙线的加粗结果。

单击【剖面】|【取消加粗】菜单命令，选择剖面墙线，按 Enter 键即可撤消墙线的加粗结果。

10.3 实战演练——创建餐厅正立面图

本节将根据前面所学知识，在餐厅各层平面图的基础上创建餐厅正立面图，结果如图 10-76 所示。

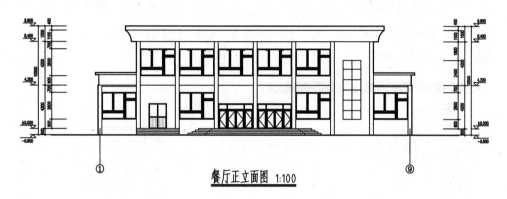

图 10-76　餐厅正立面图

1．新建工程

⬜01 打开素材。启动 T20，打开配套资源提供的"10\餐厅平面图.dwg"文件。

⬜02 新建工程项目。单击【文件布图】|【工程管理】菜单命令，弹出【工程管理】对话框。单击"工程管理"选项，在弹出的快捷菜单中选择"新建工程"命令，如图 10-77 所示。

⬜03 弹出【另存为】对话框，选择文件存储路径并输入工程名称，如图 10-78 所示。

图 10-77　选择"新建工程"选项

图 10-78　【另存为】对话框

⬜04 单击"保存"按钮，即可新建工程项目，如图 10-79 所示。

⬜05 添加图纸。在【工程管理】对话框中，将光标移到"平面图"选项上，单击鼠标右键，在弹出的快捷菜单中选择"添加图纸"命令，如图 10-80 所示。

图 10-79　新建工程

图 10-80　选择该命令

06 弹出【选择图纸】对话框，选择"餐厅平面图"文件，如图 10-81 所示。

07 单击"打开"按钮，即可添加平面图纸，如图 10-82 所示。

图 10-81　选择文件

图 10-82　添加图纸

08 设置楼层表。在【工程管理】对话框中展开"楼层"选项组，在表格的第 1 行输入"层号"为 1、"层高"为 4200，如图 10-83 所示。

09 将光标定位在"文件"选项中，单击"框选楼层范围"按钮，选择餐厅首层平面图，指定对齐基点为 1 轴与 A 轴的交点，如图 10-84 所示。

图 10-83　设置参数

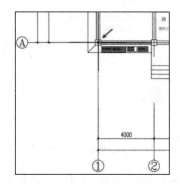

图 10-84　指定对齐点

2. 生成立面图

⌈01⌋ 重复上述操作，继续设置层号、层高，并选择平面图，结果如图 10-85 所示。

⌈02⌋ 生成立面图。在"楼层"选项组中单击"建筑立面"按钮 ▦，如图 10-86 所示。

图 10-85 设置"楼层表"参数

图 10-86 单击该按钮

⌈03⌋ 根据命令行提示输入"F"，选择"正立面"选项。选择需要出现在立面图中为 1 号轴线和 9 号轴线。按 Enter 键，弹出【立面生成设置】对话框，设置"内外高差"为 0.6，如图 10-87 所示。

⌈04⌋ 单击"生成立面"按钮，弹出【输入要生成的文件】对话框，选择存储路径，设置文件名，如图 10-88 所示。

图 10-87 设置参数

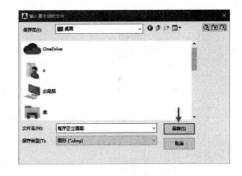

图 10-88 【输入要生成的文件】对话框

⌈05⌋ 单击"保存"按钮，生成正立面图，结果如图 10-89 所示。

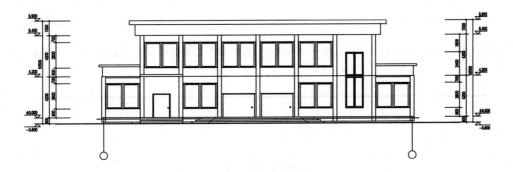

图 10-89 生成正立面图

3. 编辑立面图

01 增补尺寸。单击【尺寸标注】|【尺寸编辑】|【增补尺寸】菜单命令，选择立面图左侧的第一道尺寸标注，如图 10-90 所示。

02 向右移动光标，单击需增补尺寸的标注点，如图 10-91 所示。

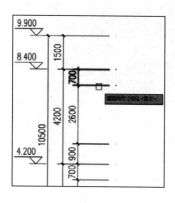

图 10-90　选择左侧第一道尺寸标注

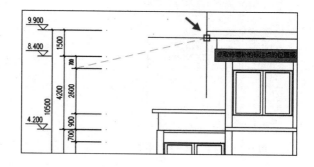

图 10-91　指定标注点

03 按 Esc 键退出命令，增补尺寸的结果如图 10-92 所示。

04 继续为立面图右侧的第一道尺寸标注执行增补尺寸的操作，结果如图 10-93 所示。

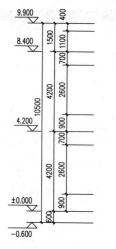

图 10-92　为左侧第一道尺寸标注增补尺寸

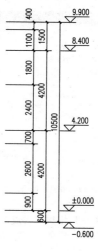

图 10-93　为右侧第一道尺寸标注增补尺寸

05 编辑轴号。双击轴号，进入在位编辑状态。输入轴号，在空白处单击鼠标左键，即可重定义轴号，如图 10-94 所示。

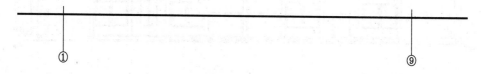

图 10-94　重定义轴号

06 替换窗。单击【立面】|【立面门窗】菜单命令，在弹出的【天正图库管理系统】对话框中选

择窗户样式，如图 10-95 所示。

[07] 单击"替换"按钮 ，在立面图中选择需要替换的窗户，如图 10-96 所示。

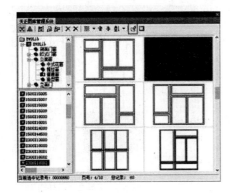

图 10-95 选择窗样式

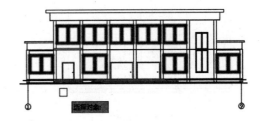

图 10-96 选择要替换的窗

[08] 按 Enter 键，即可替换窗，结果如图 10-97 所示。

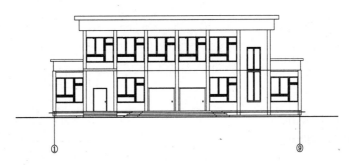

图 10-97 替换窗

[09] 绘制楼梯间窗户。执行"REC"（矩形）命令，根据命令行的提示，指定对角点绘制矩形，如图 10-98 所示。

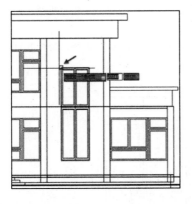
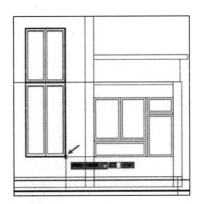

图 10-98 指定对角点绘制矩形

[10] 选择矩形，执行"X"（分解）命令，分解矩形。执行 "O"（偏移）命令，设置偏移距离，向内偏移矩形边，绘制窗户的结果如图 10-99 所示。

⑪ 替换左侧入口双扇门。单击【立面】|【立面门窗】菜单命令，在弹出的【天正图库管理系统】对话框中选择立面门样式，如图 10-100 所示。

图 10-99 绘制窗

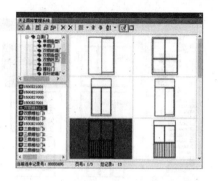

图 10-100 选择立面门样式

⑫ 单击"替换"按钮 ，在立面图中选择左侧的门，如图 10-101 所示。

⑬ 按 Enter 键，即可替换左侧入口门，结果如图 10-102 所示。

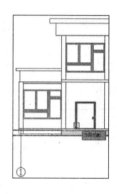

图 10-101 选择门

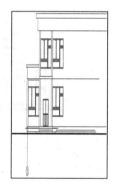

图 10-102 替换门

⑭ 绘制入口大门。执行"REC"（矩形）命令，绘制尺寸为 3600×2400 的矩形。执行"X"（分解）命令，分解矩形。执行"O"（偏移）命令，向内偏移矩形边。

⑮ 执行 "TR"（修剪）命令，修剪线段。执行 "PL"（多段线）命令，绘制入口大门的开启线。绘制完成的入口大门如图 10-103 所示。

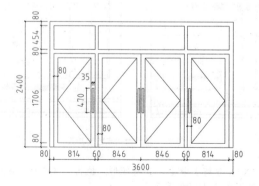

图 10-103 绘制入口大门

⏹16 新图入库。单击【立面】|【立面门窗】菜单命令，在弹出的【天正图库管理系统】对话框中单击"新图入库"按钮，选择入口大门，如图 10-104 所示。

⏹17 按 Enter 键，返回【天正图库管理系统】对话框，新图入库的结果如图 10-105 所示。

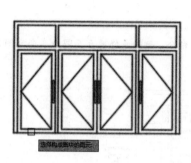

图 10-104　选择门

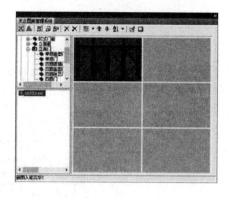

图 10-105　新图入库

⏹18 单击"替换"按钮，在立面图中选择需要替换的大门，按 Enter 键完成替换，结果如图 10-106 所示。

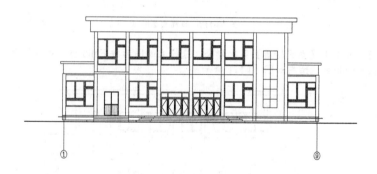

图 10-106　替换入口大门

⏹19 绘制屋顶造型轮廓线。执行 "A"（圆弧）命令，根据命令行的提示，指定三点绘制圆弧，如图 10-107 所示。

⏹20 执行 "E"（删除）命令，删除多余的线段，结果如图 10-108 所示。

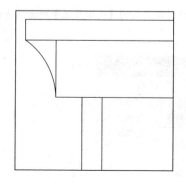

图 10-107　绘制圆弧

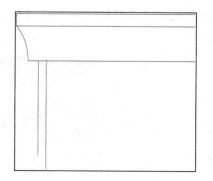

图 10-108　删除线段

21 选择圆弧，执行 "MI"（镜像）命令，向右镜像复制圆弧。执行 E "删除" 命令，删除线段，结果如图 10-109 所示。

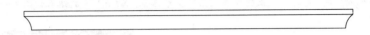

图 10-109　镜像圆弧

22 整理立面图。执行 "E"（删除）命令和 "TR"（修剪）命令，删除或修剪立面图中多余的图形，整理结果如图 10-110 所示。

图 10-110　整理立面图

23 单击【立面】|【立面轮廓】菜单命令，选择立面图后按 Enter 键，输入轮廓线宽度为 40，按 Enter 键即可加粗立面轮廓，结果如图 10-111 所示。

图 10-111　加粗立面轮廓

24 图名标注。单击【符号标注】|【图名标注】菜单命令，在弹出的【图名标注】对话框中设置参数，如图 10-112 所示。

图 10-112　【图名标注】对话框

25 在立面图下方指定插入位置，创建图名标注，结果如图 10-113 所示。

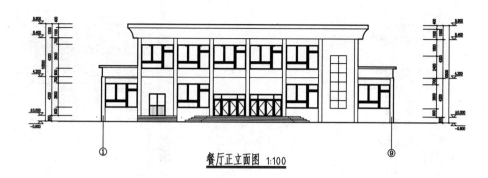

餐厅正立面图 1:100

图 10-113　图名标注

10.4 实战演练——创建餐厅剖面图

　　本节将以创建餐厅的剖面图为例，回顾前面所学的知识，帮助读者复习绘制建筑剖面图的方法和相关技巧。绘制完成的餐厅剖面图如图 10-114 所示。

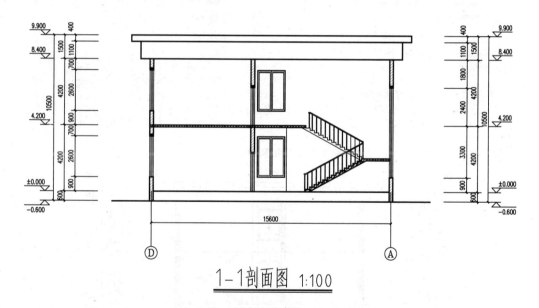

1-1剖面图 1:100

图 10-114　餐厅剖面图

1. 生成剖面图

　　[01] 生成建筑剖面图。单击【文件布图】|【工程管理】菜单命令，弹出【工程管理】对话框，可以看到在 10.3 节中创建的"餐厅工程项目"，如图 10-115 所示。

　　[02] 展开"楼层"选项组，单击"建筑剖面"按钮，如图 10-116 所示。

图 10-115　打开工程项目

图 10-116　单击该按钮

03　在平面图中选择 1—1 剖切线，拾取需要显示在剖面图上的 A 轴线和 D 轴线。按 Enter 键，弹出【剖面生成设置】对话框，设置参数，如图 10-117 所示。

04　单击"生成剖面"按钮，弹出【输入要生成的文件】对话框，输入文件名并选择存储路径，如图 10-118 所示。

图 10-117　设置参数

图 10-118　【输入要生成的文件】对话框

05　单击"保存"按钮，生成建筑剖面图，结果如图 10-119 所示。

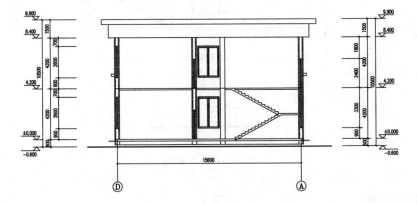

图 10-119　生成建筑剖面图

2．编辑剖面图

01　增补尺寸。单击【尺寸标注】|【尺寸编辑】|【增补尺寸】菜单命令，在立面图中选择左侧的尺寸标注，如图 10-120 所示。

02 根据命令行的提示，向右移动光标，指定标注点，如图 10-121 所示。

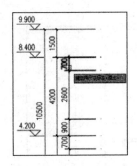

图 10-120　选择左侧的尺寸标注

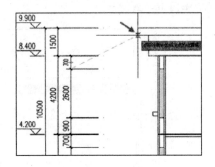

图 10-121　指定标注点

03 按 Esc 键退出命令，增补尺寸的结果如图 10-122 所示。

04 重复上述操作，继续编辑立面图右侧的尺寸标注，结果如图 10-123 所示。

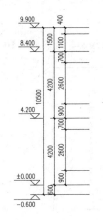

图 10-122　增补左侧尺寸

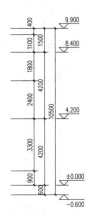

图 10-123　增补右侧尺寸

05 整理剖面图。执行 "E"（删除）命令和 "TR"（修剪）命令，删除或修剪多余的图形，整理结果如图 10-124 所示。

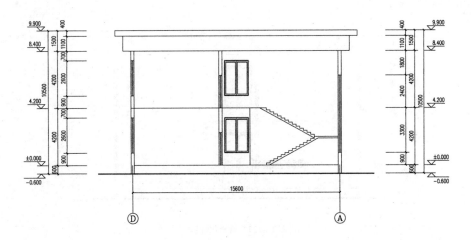

图 10-124　整理剖面图

06 绘制双线楼板。单击【剖面】|【双线楼板】菜单命令，在剖面图中指定双线楼板的起始点和结束点，如图 10-125 所示。

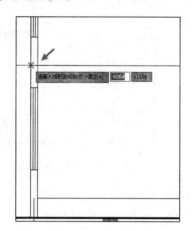
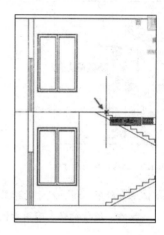

图 10-125　指定起始点和结束点

07 保持楼板的顶面标高不变，输入板厚为 120，按 Enter 键结束绘制，结果如图 10-126 所示。

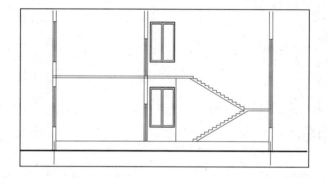

图 10-126　绘制双线楼板

08 添加门窗过梁。单击【剖面】|【门窗过梁】菜单命令，在剖面图中选择需要添加过梁的剖面窗，如图 10-127 所示。

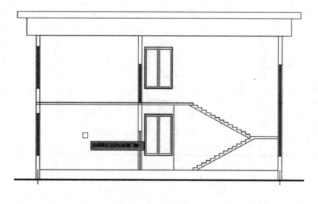

图 10-127　选择剖面窗

09 按 Enter 键，输入梁高为 120。按 Enter 键完成绘制，添加门窗过梁的结果如图 10-128 所示。

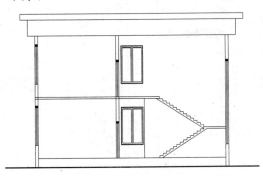

图 10-128　添加门窗过梁

10 创建楼梯栏杆。单击【剖面】|【楼梯栏杆】菜单命令，根据命令行提示，确认栏杆高度和打断遮挡线，然后在剖面图中依次指定楼梯扶手的起始点和结束点，如图 10-129 所示。

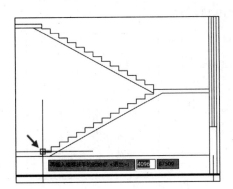
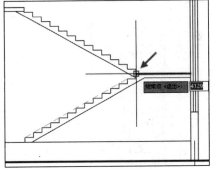

图 10-129　指定起始点和结束点

11 创建楼梯栏杆的结果如图 10-130 所示。

12 重复操作，继续指定起始点和结束点，创建楼梯栏杆的结果如图 10-131 所示。

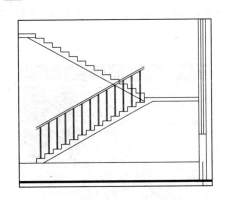
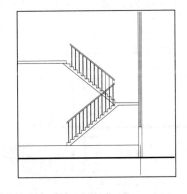

图 10-130　创建楼梯栏杆 1　　　　　　　　　图 10-131　创建楼梯栏杆 2

13 添加扶手接头。单击【剖面】|【扶手接头】菜单命令，在命令行中指定扶手的伸出距离为 100，选择"增加栏杆"选项。指定第一个和另一个角点选择栏杆，如图 10-132 所示。

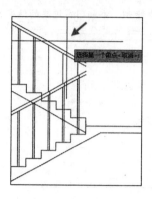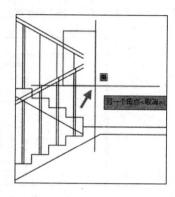

图 10-132　选择栏杆

14 添加扶手接头的结果如图 10-133 所示。

15 重复操作，继续添加扶手接头，结果如图 10-134 所示。

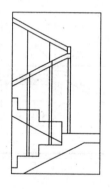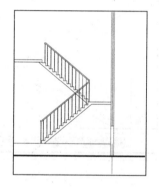

图 10-133　添加扶手接头 1　　　　　　　　　　　图 10-134　添加扶手接头 2

16 剖面填充。单击【剖面】|【剖面填充】菜单命令，选择需要填充的楼板和楼梯，如图 10-135 所示。

17 按 Enter 键，在弹出的【请点取所需的填充图案】对话框中选择图案并设置比例，如图 10-136 所示。

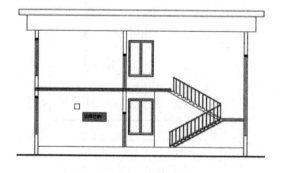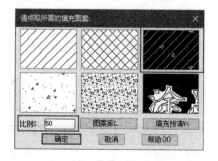

图 10-135　选择楼板和楼梯　　　　　　　图 10-136　【请点取所需的填充图案】对话框

18 单击"确定"按钮，完成剖面填充，结果如图 10-137 所示。

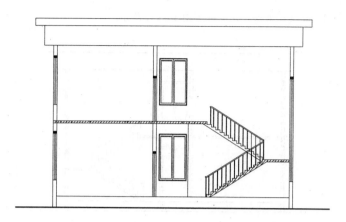

图 10-137　剖面填充

19　重复执行"剖面填充"命令，选择要填充的剖面图形，如图 10-138 所示。

20　按 Enter 键，在【请点取所需的填充图案】对话框中选择图案并设置参数，如图 10-139 所示。

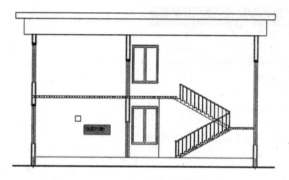

图 10-138　选择图形

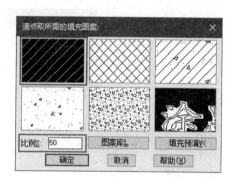

图 10-139　【请点取所需的填充图案】对话框

21　单击"确定"按钮，完成图案填充，结果如图 10-140 所示。

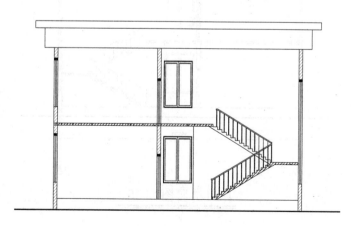

图 10-140　填充图案

22　居中加粗。单击【剖面】|【居中加粗】菜单命令，根据命令行提示，选择要加粗的墙面，指

定墙线宽度为 0.4，按 Enter 键结束操作，结果如图 10-141 所示。

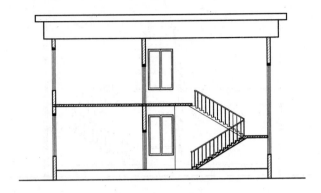

图 10-141　居中加粗

[23]　图名标注。单击【符号标注】|【图名标注】菜单命令，在弹出的【图名标注】对话框中设置参数，如图 10-142 所示。

图 10-142　【图名标注】对话框

[24]　在剖面图下方指定放置点，添加图名标注，结果如图 10-143 所示。

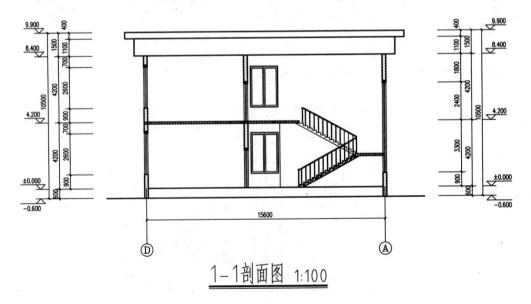

图 10-143　添加图名标注

10.5 本章小结

1. 本章介绍了创建和编辑建筑立面图、剖面图的方法。

2. 在创建立面图或者剖面图之前，需要先创建工程项目。新建工程后，再添加平面图，设置"楼层表"参数，即可生成立面图或者剖面图。

3. 系统自定义生成的立面图、剖面图中常常会有一些错误，需要用户编辑后才能使用。T20 提供了编辑立面图和剖面图的命令，执行这些命令，可以便捷地修改图形。

4. 本章最后的两个实例分别介绍了创建与编辑餐厅正立面图和剖面图的方法，以帮助读者了解如何运用已学知识来绘制立面图和剖面图。

10.6 思考与练习

一、填空题

1. 生成建筑立面图的步骤可分为两步，第一_____，第二_____。

2. 修改立面门窗的尺寸和底标高值可执行_____命令。

3. 执行"参数楼梯"命令，可以创建板式楼梯、_____楼梯、_____楼梯和_____楼梯。

4. 执行_____命令，创建不同形式的剖面楼梯栏杆。执行_____命令，可以连接两段不相连的扶手，并选择是否需要增加栏杆。

二、问答题

1. 创建"楼层表"有哪两种方式？分别介绍操作方法。

2. 简述建筑立面图和建筑剖面图的区别，分别介绍生成步骤。

3. 执行"参数栏杆"命令和"楼梯栏杆"命令绘制的栏杆有哪些区别？

三、操作题

1. 打开配套资源提供的"10.6 思考与练习\08 习题.tpr"项目文件，生成如图 10-144 所示的建筑正立面图。

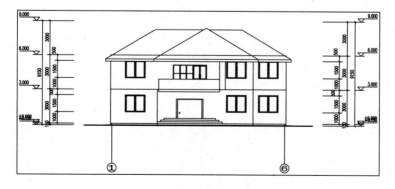

图 10-144　建筑正立面图

2. 打开配套资源提供的"10.6 思考与练习\08 习题.tpr"项目文件，生成如图 10-145 所示的建筑剖面图。

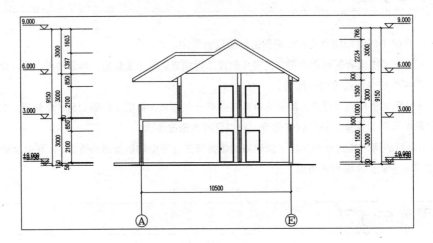

图 10-145 建筑剖面图

第11章 三维建模及图形导出

● **本章导读**

　　在 T20 中绘制建筑图，可同步生成平面图和立面图。但是，绘制平面图后，不会同步创建与之完全对应的三维模型，有时需要根据实际情况创建三维构件，才能创建完整的三维建筑模型。本章将介绍三维建模、三维编辑以及图形导出的方法。

● **本章重点**

　　◈ 三维建模　　　　　　　◈ 本章小结

　　◈ 图形导出

　　◈ 思考与练习

11.1　三维建模

　　T20 提供了多种三维建模和三维编辑命令，方便用户创建或编辑模型。本节将介绍创建和编辑三维模型的方法。

11.1.1　造型对象

　　T20 提供的"造型对象"系列命令专门用于创建各种三维图形，包括平板对象、竖板对象、路径曲面、变截面体和等高建模等。

1. 平板

　　执行"平板"命令，可创建板式构件。

　　单击【三维建模】|【造型对象】|【平板】菜单命令，选择作为平板外观形状的多段线，如图 11-1 所示。

　　命令行提示"请点取不可见的边"时，按 Enter 键保持默认选择不变。选择作为板内洞口的圆，如图 11-2 所示，按 Enter 键确认。

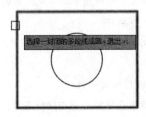

图 11-1　选择多段线

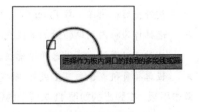

图 11-2　选择圆

输入板厚值，如图 11-3 所示，按 Enter 键，即可创建平板。在平面视图中无法观察三维建模的效果，单击绘图区域左上角的视图控件按钮，在列表中选择三维视图，例如选择"西南等轴侧"选项，如图 11-4 所示。

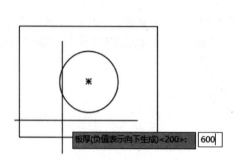

图 11-3　设置参数

图 11-4　选择选项

单击视觉样式控件按钮，在列表中显示多种视觉样式，选择其中的一种，如选择"概念"选项，如图 11-5 所示。调整模型的显示样式，可更加直观地观察创建的平板模型，如图 11-6 所示。

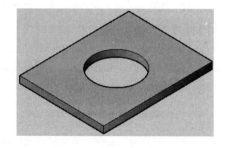

图 11-5　选择视觉样式

图 11-6　创建平板模型

命令行中的各选项含义介绍如下：

➢ 选择一封闭的多段线或圆：选择一闭合的多段线或圆，确定平板的外观。

➢ 请点取不可见的边：点取边，将其指定为"不可见"，即在平面视图中不可见，为的是与其他构件更好地衔接。按 Enter 键，不选择任何边，进入下一步操作。

➢ 选择作为板内洞口的封闭多段线或圆：创建楼板时，应在楼梯开洞口，作为上下楼层的出口。此时可以通过该选项选择轮廓线，创建楼梯洞口。

➢ 板厚（负值表示向下生成）：确定平板的厚度，按 Enter 键后创建平板。

双击平板，在弹出的如图 11-7 所示的快捷菜单中选择命令，或者在平板上单击鼠标右键，在弹出的快捷菜单中选择"对象编辑"命令，如图 11-8 所示，都可进入编辑平板属性参数的模式。

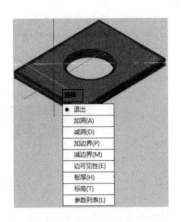

图 11-7　快捷菜单

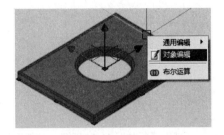

图 11-8　选择选项

平板编辑命令介绍如下：

➢ 加洞（A）：选择该命令，再选择平板内的闭合多段线，以该多段线为基础将创建洞口。

➢ 减洞（D）：选择该命令，在平板内单击已有的洞口，可以删除洞口。

➢ 加边界（P）：选择该命令，再选择平板以外的其他闭合曲线，可以扩大平板范围。

➢ 减边界（M）：选择该命令，再选择平板以内的其他闭合曲线，可以缩小平板范围。

➢ 边可见性（E）：选择该命令，在图中选择边，按 Enter 键，可以隐藏平板边界。

➢ 板厚（H）：重新设置平板的厚度。

➢ 标高（T）：设置新的标高值，此时平板将沿 Z 轴方向移动指定距离。

➢ 参数列表（L）：在命令行中显示平板对象的所有参数，并再次显示选项菜单。

2. 竖板

执行"竖板"命令，可创建垂直方向上的三维模型，多用来创建建筑物入口处的雨篷和阳台隔板等构件。

单击【三维建模】|【造型对象】|【竖板】菜单命令，在平面图中指定竖板的起点和终点。命令行提示"起点标高"（竖板起点的高度）为 0，按 Enter 键保持默认设置。

输入"终点标高"（竖板终点的高度），如图 11-9 所示。用户可根据实际情况设置标高值。

按 Enter 键，设置"起边高度"参数，如图 11-10 所示。

图 11-9　设置"终点标高"

图 11-10　设置"起边高度"参数

设置"终边高度"参数，如图 11-11 所示。如果"起边高度"与"终边高度"不一致，则竖板为倾斜样式。设置"板厚"参数，如图 11-12 所示，默认厚度为 200。

按 Enter 键，命令行询问"是否显示二维竖板？"，如图 11-13 所示。选择"是"选项，在平面图中显示竖板图形。反之亦然。

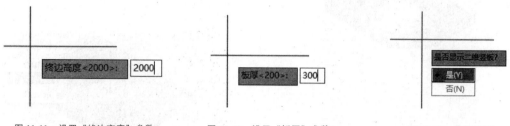

图 11-11　设置"终边高度"参数　　　　图 11-12　设置"板厚"参数　　　　图 11-13　选择选项

平面竖板如图 11-14 所示。切换至三维视图，观察竖板的三维效果，如图 11-15 所示。

图 11-14　创建平面竖板

图 11-15　竖板三维效果

3. 路径曲面

执行"路径曲面"命令，可沿路径执行"放样"操作创建三维模型。路径可以是三维多段线，也可以是二维多段线或圆，多段线不要求封闭。双击路径曲面，可进入编辑模式执行修改操作。

单击【三维建模】|【造型对象】|【路径曲面】菜单命令，弹出【路径曲面】对话框，单击"选择路径曲线或可绑定对象"选项组下的按钮，如图 11-16 所示，返回图中选择路径曲线，如图 11-17 所示。

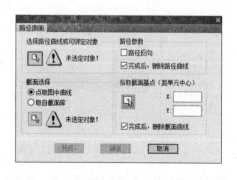

图 11-16　单击该按钮

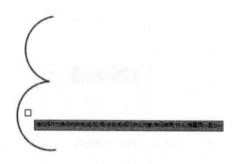

图 11-17　选择路径

按 Enter 键返回【路径曲面】对话框，可以看到已经正确选择路径曲线的提示。在"截面选择"选项组下单击该按钮 ⬚，如图 11-18 所示。返回图中选择截面形状，如图 11-19 所示。

图 11-18　单击该按钮

图 11-19　选择截面

按 Enter 键返回【路径曲面】对话框，可以看到已经正确地选择截面，如图 11-20 所示。单击"预览"按钮，预览建模效果。单击"确定"按钮，退出命令。转换至三维视图，可观察放样建模的三维效果，如图 11-21 所示。

图 11-20　【路径曲面】对话框

图 11-21　创建模型

【路径曲面】对话框中的选项介绍如下：

➢ 选择路径曲线或可绑定对象：单击该按钮 ⬚，可进入图中选择作为路径的曲线，可以是直线、圆、圆弧、多段线或可绑定对象的路径曲面、扶手以及多坡屋顶边线，但不能选择墙体作为路径。

➢ 截面选择：选中"点取图中曲线"选项，单击"选择对象"按钮 ⬚，可进入图中选择路径。选中"取自截面库"选项，单击"选择对象"按钮 ⬚，可打开【天正图库管理系统】对话框，在其中选择截面形状，如图 11-22 所示。

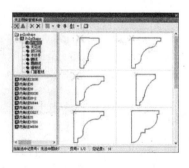
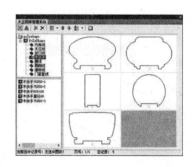

图 11-22　【天正图库管理系统】对话框

➢ 拾取截面基点：截面基点即截面与路径的交点。默认的基点是截面外包轮廓的中心，可单击该按钮，在图中选择或直接输入坐标值。

4. 变截面体

执行"变截面体"命令，可选择不同的截面，沿着路径曲线执行"放样"操作，创建三维模型。变截面体采用三个或两个不同形状的截面，截面之间平滑过渡，常用于创建建筑装饰造型。

单击【三维建模】|【造型对象】|【变截面体】菜单命令，在图中选择路径曲线，如图 11-23 所示。需要注意的是，路径曲线必须是多段线。如果不是多段线，需要先转换为多段线。

根据命令行的提示，选择第 1 个封闭曲线，如图 11-24 所示，点取截面对齐用的基点。

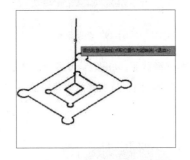

图 11-23　选择路径曲线

图 11-24　选择第 1 个封闭曲线

重复上述操作，继续选择第 2 个和第 3 个封闭曲线，指定对齐基点，如图 11-25 所示。

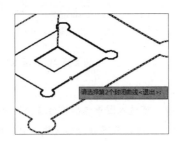

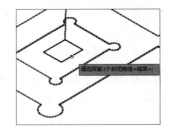

图 11-25　选择封闭曲线

在路径曲线上单击指定第 2 个截面的位置，如图 11-26 所示。创建变截面体造型的结果如图 11-27 所示。

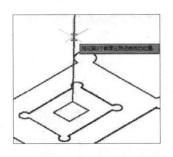

图 11-26　指定第 2 个截面的位置

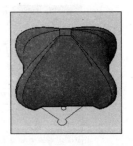

图 11-27　创建变截面体造型

5. 等高建模

执行"等高建模"命令，可以等高线为基础生成三维地面模型，常用于创建规划设计的地面模型。

在执行命令之前，首先绘制闭合多段线，然后在平面图、立面图、三维视图中执行 M "移动"命令，调整多段线的位置，如图 11-28 所示。

图 11-28　绘制闭合多段线并调整位置

单击【三维建模】｜【造型对象】｜【等高建模】菜单命令，选择闭合多段线，按 Enter 键结束操作，创建等高建模的结果如图 11-29 所示。

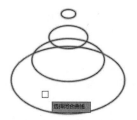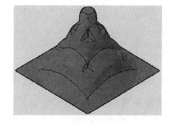

图 11-29　创建等高建模

6. 栏杆库

执行"栏杆库"命令，可从通用图库的栏杆单元库中调出栏杆单元，以便编辑后进行排列生成栏杆。

单击【三维建模】｜【造型对象】｜【栏杆库】菜单命令，打开【天正图库管理系统】对话框。在该对话框中显示了各种类型的栏杆，如图 11-30 所示。

需要注意的是，用户插入的栏杆是平面视图，图库中显示的侧视图是为增强识别性重制的。

双击栏杆图标，弹出【图块编辑】对话框，如图 11-31 所示。设置参数，在"图块类型"选项组中选择图块，通常选择"天正图块"类型。

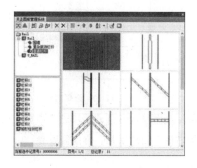

图 11-30　【天正图库管理系统】对话框　　　　图 11-31　【图块编辑】对话框

命令行提示"点取插入点[转 90(A)/左右(S)/上下(D)/对齐(F)/外框(E)/转角(R)/基点(T)/更换(C)]<退出>:"。输入选项后的字母，选择选项，设置插入栏杆的方式。

也可以直接指定插入点，创建栏杆，结果如图 11-32 所示。在三维视图中观察栏杆的三维效果，如图 11-33 所示。

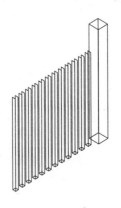

图 11-32 栏杆平面图

图 11-33 栏杆三维效果

7. 路径排列

执行"路径排列"命令，沿着路径排列生成指定间距的块对象，常用于生成楼梯栏杆。但是其功能不仅仅限于此，故没有命名为"栏杆"命令。

在执行本命令之前，先在图上创建作为路径的曲线或者楼梯扶手，还有用于排列的单元图块。例如，从栏杆库中调出栏杆，并执行"对象编辑"命令设置块的尺寸。

单击【三维建模】|【造型对象】|【路径排列】菜单命令，选择作为路径的曲线，如选择扶手，如图 11-34 所示。移动光标，选择作为排列单元的对象，如选择栏杆，如图 11-35 所示。

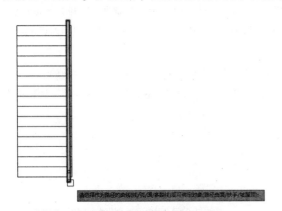

图 11-34 选择曲线

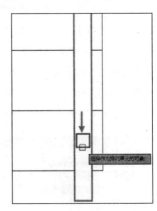

图 11-35 选择对象

按 Enter 键，弹出【路径排列】对话框，在其中设置参数，如图 11-36 所示。单击"预览"按钮，预览排列效果。如果对效果不满意，可按 Enter 键或者单击鼠标右键返回对话框，继续修改参数，直至满意为止。

单击"确定"按钮，即可沿着曲线排列栏杆，结果如图 11-37 所示。

图 11-36 【路径排列】对话框

图 11-37 复制栏杆

转换至三维视图，观察路径排列栏杆的三维效果，如图 11-38 所示。

选择栏杆，单击右键，在快捷菜单中选择"对象编辑"命令，如图 11-39 所示。进入编辑模式，根据命令行的提示，选择选项，编辑栏杆的显示样式。如选择"上下移动"选项，如图 11-40 所示。命令行提示"移动距离(正数--上移;负数--下移)<0>:"，输入负数，如图 11-41 所示，使栏杆向下移动，以便更好地连接扶手。

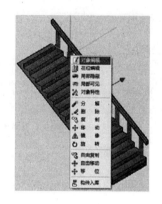

图 11-38 三维效果

图 11-39 选择命令

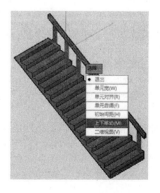

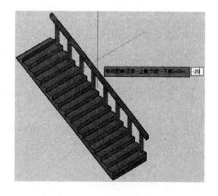

图 11-40 选择选项

图 11-41 设置参数

【路径排列】对话框中的选项介绍如下：

- ➤ 重新选择单元对象：单击该按钮，可返回图中重新选择单元对象，该对象将沿着指定的曲线排列复制。
- ➤ 单元基点（距单元中心）：单击该按钮，可在单元对象中指定基点，基点参数显示在对话框中。
- ➤ 自动调整单元宽度：选择该选项，系统根据"单元宽度"值自动调整单元对象的位置。
- ➤ 删除路径曲线：选择该选项，路径排列完毕后，路径曲线被删除。
- ➤ 单元宽度：设置单元的间距。
- ➤ 初始间距：设置单元的初始间距。
- ➤ 单元对齐：提供两种对齐方式，分别是"中间对齐""左边对齐"，默认选择"中间对齐"方式。
- ➤ 二维视图/三维视图/二维和三维视图：选择该选项，可确定排列结果在哪一类视图中显示。

8. 三维网架

执行"三维网架"命令，可选择沿着网架杆件中心绘制一组空间关联直线，并将其转换为有球节点的等直径空间钢管网架三维模型，但在平面图上只能看到杆件中心线。

单击【三维建模】|【造型对象】|【三维网架】菜单命令，选择直线或多段线后按 Enter 键，在弹出的【网架设计】对话框中设置参数，单击"确定"按钮，即可创建三维网架，如图 11-42 所示。

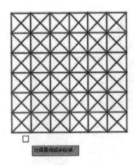

图 11-42　创建三维网架

【网架设计】对话框中的选项介绍如下：

- ➤ 网架图层：在"球"和"网架"两个下拉列表中选择"球"和"网架"的图层。
- ➤ 网架参数：设置节点球和连接杆的半径值。
- ➤ 单用节点加球：选中该选项，在直接的端点上也将产生球节点。取消选择该选项，只会在两根直线以上相交的位置生成节点球。

11.1.2　三维编辑

T20 提供了多种三维编辑工具，使用这些工具可以将二维图形转换为三维图形，或对三维图形进行编辑处理。下面介绍使用三维编辑工具的方法。

1. 线转面

执行"线转面"命令，可将二维图形转换成三维网格面。

单击【三维建模】|【编辑工具】|【线转面】菜单命令，选择构成面的边，按 Enter 键。命令行提示 "是否删除原始的边线?[是(Y)/否(N)]<Y>:" 选择选项，确认是否删除原始的边线，即可完成线转面，如图 11-43 所示。

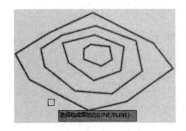 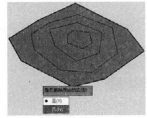 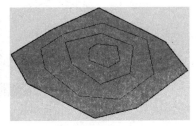

图 11-43　线转面

2．实体转面

执行 "实体转面" 命令，可将 AutoCAD 的三维实体转化为网格面对象。

单击【三维建模】|【编辑工具】|【实体转面】菜单命令，选择实体后按 Enter 键，即可将实体模型转换为面模型。实体模型与面片模型外表上没有区别。

3．面片合成

执行 "面片合成" 命令，可将三维面对象转化为网格面对象。

单击【三维建模】|【编辑工具】|【面片合成】菜单命令，选择多个三维面后按 Enter 键，即可将其合并为一个更大的三维网格面。

4．隐去边线

执行 "隐去边线" 命令，可将三维面对象与网格面对象的指定边线隐藏。

单击【三维建模】|【编辑工具】|【面片合成】菜单命令，单击面片中需隐藏的边线，即可完成 "隐去边线" 的操作。

5．三维切割

执行 "三维切割" 命令，可切割三维模型，得到两个独立的模型，以方便用户编辑。

单击【三维建模】|【编辑工具】|【三维切割】菜单命令，根据命令行的提示，选择三维对象，如图 11-44 所示。按 Enter 键，指定切割线的起点，如图 11-45 所示。

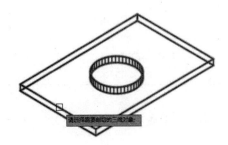 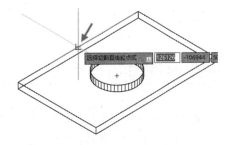

图 11-44　选择三维对象　　　　　　　　图 11-45　指定起点

移动光标，指定切割线的终点，如图 11-46 所示。在指定起点、终点的过程中，按 F8 键，启用正交功能，在水平方向或垂直方向上切割对象。

切割三维对象的结果如图 11-47 所示。

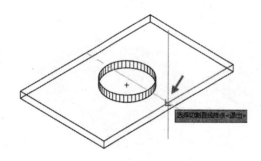

图 11-46　指定终点

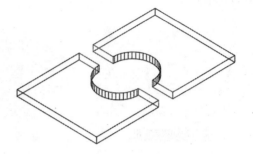

图 11-47　切割三维对象

6. 厚线变面

在 AutoCAD 中绘制的直线、多段线和圆弧等都可以在【特性】选项板中为其设置宽度。

执行"厚线变面"命令，可将具有厚度的线转换为面。

单击【三维建模】|【编辑工具】|【厚线变面】菜单命令，选择具有厚度的线后按 Enter 键，即可完成"厚线变面"的操作。

7. 线面加厚

执行"线面加厚"命令，可将曲线沿 Z 轴方向加厚，使其转换为曲面对象。

单击【三维建模】|【编辑工具】|【线面加厚】菜单命令，选择需拉伸的对象后按 Enter 键，打开【线面加厚】对话框，在其中设置"拉伸厚度"值，单击"确定"按钮关闭对话框。

线面加厚的步骤和结果如图 11-48 所示。

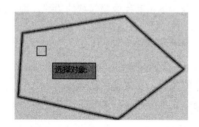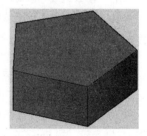

图 11-48　线面加厚

11.2 图形导出

很多建筑绘图软件都存在版本兼容问题，利用高版本的软件可以查看低版本软件的文件，反之则不行。例如，在 TArch 7.5 中就不能正常打开 T20 文件。

本节将介绍如何导出 T20 文件，使其能在低版本的软件中打开，以便解决图纸交流过程中出现的问题。

11.2.1 旧图转换

执行"旧图转换"命令，可对 TArch 3.0 格式的平面图进行转换，将原来用 ACAD 图形对象表示的内容升级为新版本的自定义专业对象格式。

在 T20 中打开低版本的 TArch 文件，单击【文件布图】|【旧图转换】菜单命令，弹出【旧图转换】对话框，如图 11-49 所示。单击"确定"按钮，即可将低版本文件转换为 T20 可兼容的图形文件。

当用户需对图形的局部区域进行转换时，选中"局部转换"选项，然后在图中选择需转换的区域即可。

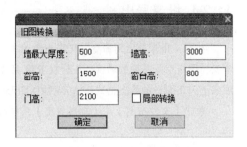

图 11-49 【旧图转换】对话框

11.2.2 整图导出

执行"整图导出"命令，可将最新的天正格式 DWG 图纸导出为天正软件各版本的 DWG 图纸或者各专业条件图纸。该命令支持图纸空间布局的导出。

天正图形的导出格式不与 AutoCAD 图形版本关联，用户可以根据需要单独选择转换后的 AutoCAD 图形版本。

单击【文件布图】|【整图导出】菜单命令，弹出【图形导出】对话框，如图 11-50 所示。在该对话框中选择文件的保存类型和文件名称后，单击"保存"按钮，即可以导出图形。

在该对话框中单击"保存类型"选项，可在列表中选择各种版本的天正软件供用户选择，如图 11-51 所示。单击"CAD 版本"选项，可在列表中选择 CAD 版本。单击"导出内容"选项，选择需要导出的内容。

图 11-50 【图形导出】对话框

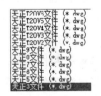

图 11-51 类型列表

11.2.3 局部导出

"局部导出"命令类似于"整图导出"命令，也可以将最新的天正格式 DWG 图纸导出为天正软件各版本的 DWG 图纸或者各专业条件图纸。不同之处是，执行"整图导出"命令是将当前图形的全部内容导出，而本命令是选择当前图形中的任意部分进行导出。

单击【文件布图】│【局部导出】菜单命令，选择要导出的对象，打开【图形导出】对话框。设置文件类型、CAD 版本、导出内容、名称和保存路径，然后单击"保存"按钮，即可导出选中的图形。

11.2.4 批量导出

执行"批量导出"命令，可将当前版本的图纸批量转化为天正软件旧版本的 DWG 格式。该命令同样支持图纸空间布局的转换，在转换 R14 版本时只转换第一个图纸空间布局。用户可以自定义文件的扩展名。天正图形的导出格式与 AutoCAD 图形的版本无关。

单击【文件布图】│【批量导出】菜单命令，打开【请选择待转换的文件】对话框，如图 11-52 所示。

在该对话框中允许多选文件，自定义"天正版本"，选择转换后的文件所属的 CAD 版本（与"整图导出"命令相同）。还可以选择导出后的文件末尾是否添加 t3/t20V3 等扩展名。

在该对话框中单击"打开"按钮，弹出【浏览文件夹】对话框，如图 11-53 所示。选择文件转换后的保存路径，单击"确定"按钮即可开始转换，并在命令行中提示转换文件的结果。

图 11-52　【请选择待转换的文件】对话框　　　　　图 11-53　【浏览文件夹】对话框

11.2.5 分解对象

执行"分解对象"命令，可将专业图形分解为 AutoCAD 普通图形。要注意的是，墙和门窗是关联的，分解墙的时候要一起选中门窗。

分解自定义专业对象的用处介绍如下：

➢ 使得施工图脱离天正建筑环境，可在 AutoCAD 中浏览和打印输出。

➢ 将专业对象转换为可以渲染的三维模型。很多渲染软件（包括 AutoCAD 本身的渲染插件在内）并不支持自定义对象，尤其是块的材质。如果要导入 3ds Max 软件渲染，必须将专业对象分解为 AutoCAD 的标准图形对象。

分解对象时应该注意的事项如下：

➢ 自定义对象被分解后，丧失了智能化的专业特征，建议用户保留分解前的模型。将分解后的图形执行"另存为"操作，以便于以后进行修改。

➢ 分解的结果与当前视图有关，如果要获得三维图形（墙体分解成三维网面或实体），必须先转换至轴测视图，在平面视图中只能得到二维对象。

➢ 不能使用 AutoCAD 的 "Explode"（分解）命令分解对象。"分解"命令只能进行分解一层的操作，而天正图形是多层结构，只有使用"分解对象"命令才能彻底分解。

单击【文件布图】｜【分解对象】菜单命令，选择对象，按 Enter 键，即可分解对象，如图 11-54 所示。观察分解后的对象可以独立选择对象的某个部分进行修改，如选择内墙线和外墙线。

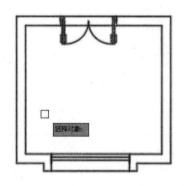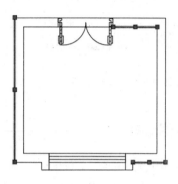

图 11-54　分解对象

11.2.6　备档拆图

执行"备档拆图"命令，可把一张 dwg 文件中的多张图纸按图框拆分，保存为多个 dwg 文件，并且每个文件都包含一个图框。

单击【文件布图】｜【备档拆图】菜单命令，根据命令行的提示，选择图框范围，如图 11-55 所示。按 Enter 键，打开【拆图】对话框。在该对话框中显示了拾取的图框信息，用户可以自定义"文件名""图名""图号"参数。

单击"拆分文件存放路径"选项右侧的按钮，打开【浏览文件夹】对话框，选择拆分文件的保存路径，如图 11-56 所示。

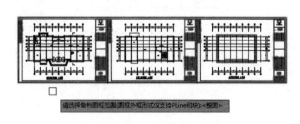

图 11-55　选择图框

图 11-56　选择保存路径

返回【拆图】对话框，显示图纸信息，如图 11-57 所示。单击"确定"按钮，执行"拆图"操作。打开目标文件夹，观察拆分结果，可以发现已拆分为三个独立的 dwg 文件，如图 11-58 所示。

在【拆图】对话框中选择"拆分后自动打开文件"选项，"拆图"操作结束后会依次打开所有的图纸。

图 11-57 【拆图】对话框

图 11-58 拆分图纸

11.2.7 整图比对

执行"整图比对"命令，可选择两个 dwg 文件进行比对，并显示差异性。

比对图纸时，建议在一张空白图纸上进行。比对图纸要求基点要一致，并且被比对的两张图纸在执行命令前不能打开，否则会退出命令。比对时系统会自动打开两张图纸的所有图层，比对结果显示为，白色为完全一致部分（在白色绘图背景中，一致部分显示为黑色），红色为原图部分，黄色为新图部分。

单击【文件布图】｜【整图比对】菜单命令，打开【图纸比对】对话框，单击在"文件 1"选项右侧的"加载文件 1"按钮，打开【选择要比对的 DWG 文件】对话框，选择待比对的文件，然后单击"文件 2"选项右侧的"加载文件 2"按钮，打开【选择要比对的 DWG 文件】对话框，选择待比对的文件，如图 11-59 所示。

单击"开始比对"按钮，系统自动打开图纸，显示比对结果，如图 11-60 所示。通过颜色可分辨两张图纸的异同之处。

图 11-59 【图纸比对】对话框

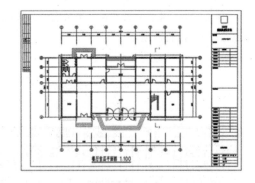

图 11-60 比对结果

11.2.8 图纸保护

执行"图纸保护"命令，可对用户指定的天正图形和 AutoCAD 基本图形进行合并处理，创建不能修改的只读对象。该命令使得用户发布的图形文件保留原有的显示特性，只可以被观察，或者可以被观察也可以被打印，但不能修改，也不能导出，即通过对编辑与导出功能的控制，达到保护设计成果的目的。

单击【文件布图】|【图纸保护】菜单命令，选择需保护的图形对象后按 Enter 键，弹出【图纸保护设置】对话框，如图 11-61 所示。在该对话框中设置保护方式和密码，单击"确定"按钮即可设置图纸保护。

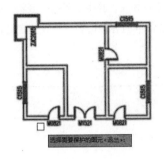
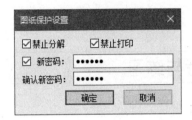

图 11-61　设置图纸保护

设置密码的注意事项如下：

➤ 密码可以是字符和数字，最长为 255 个英文字符，需要区分大小写。

➤ 被保护后的图形不能嵌套执行多次保护，更严禁通过执行 block（写块）命令创建块。插入的外部文件除外。

➤ 为防止误操作或忘记密码，执行图纸保护前请先备份原文件。

双击受到保护的图形，命令行提示用户输入密码。只要输入的密码正确，只读对象即可改变为可分解状态。

11.2.9　插件发布

执行"插件发布"命令，可将随 T20 附带的天正图形解释插件发布到用户指定的路径下，帮助用户观察和打印带有天正图形的文件，特别是带有保护图形的新文件。

单击【文件布图】|【插件发布】菜单命令，弹出【另存为】对话框，如图 11-62 所示，在该对话框中选择存储路径，单击"保存"按钮，即可完成操作。

图 11-62　【另存为】对话框

11.3 本章小结

本章介绍了创建三维造型对象以及使用三维编辑工具的方法。其中，平板、竖板、路径曲面、栏杆库和路径排列等命令的应用非常广泛，常用来创建建筑装饰中的各种造型，建议读者通过多加练习掌握其使用方法。

11.4 思考与练习

一、 填空题

1. 执行_____命令，绘制板式构件。在创建平板模型之前，首先需要创建一个封闭的_____。

2. 执行"竖板"命令，可以在建筑入口处创建雨篷和_____等构件。

3. 执行"栏杆库"命令，可以插入_____和_____单元。

4. 为了适应不同版本 TArch 文件的相互交流，应执行_____命令将图形导出为低版本的文件。

二、 问答题

1. 简述"平板"和"竖板"的区别，分别介绍其创建方法。

2. 简述使用"变截面体"命令绘制图形的操作步骤。

3. 简述"路径曲面"命令的操作步骤。

三、 操作题

首先打开"10 章\餐厅工程"文件夹中的"餐厅工程.tpr"文件，然后执行"工程管理"命令，打开【工程管理】对话框。在"楼层"选项组中单击"三维组合建筑模型"按钮🏛，生成餐厅的三维模型，结果如图 11-63 所示。

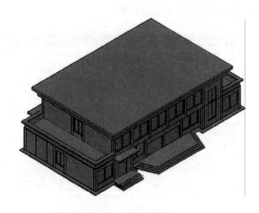

图 11-63 生成餐厅的三维模型

第12章 综合实例——绘制办公楼全套施工图

● **本章导读**

本章将以办公楼施工图为例，介绍利用 T20 绘制办公类型建筑施工图的方法，包括办公楼各层平面图、立面图和剖面图的绘制。

● **本章重点**

◇ 绘制办公楼平面图

◇ 创建办公楼立面图

◇ 创建办公楼剖面图

12.1 绘制办公楼平面图

本例办公楼平面图包括首层平面图、二层平面图、三层平面图、四层平面图和屋顶平面图。

12.1.1 绘制办公楼首层平面图

下面介绍绘制办公楼首层平面图的方法，内容包括绘制轴网、墙体、柱子、门窗、台阶和散水等。办公楼首层平面图的绘制结果如图 12-1 所示。

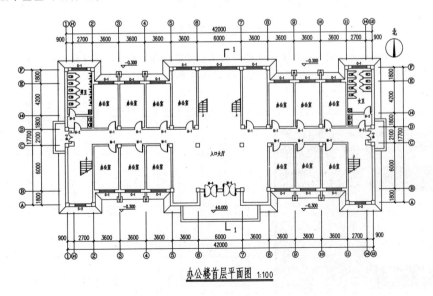

图 12-1 办公楼首层平面图

1. 绘制轴网

01 绘制轴网。启动 T20，软件自动创建一个空白文件。单击【轴网柱子】|【绘制轴网】菜单命令，在弹出的【绘制轴网】对话框中选择"下开"选项，设置参数，如图 12-2 所示。

02 选择"左进"选项，设置参数，如图 12-3 所示。

图 12-2 设置"下开"参数

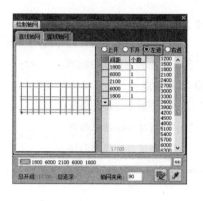

图 12-3 设置"左进"参数

03 在图中指定位置创建轴网，如图 12-4 所示。

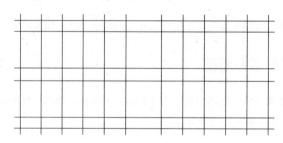

图 12-4 绘制轴网

04 轴网标注。单击【轴网柱子】|【轴网标注】菜单命令，在弹出的【轴网标注】对话框中设置参数，再在图中依次指定起始轴线和终止轴线，即可标注轴网，如图 12-5 所示。

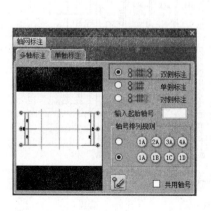

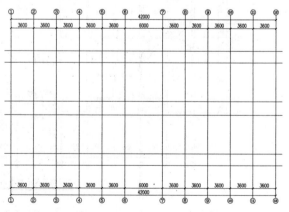

图 12-5 标注轴网

05 再次打开【轴网标注】对话框，在"输入起始轴号"选项中输入"A"。在图中拾取起始轴线和终止轴线，完成轴网的标注，结果如图 12-6 所示。

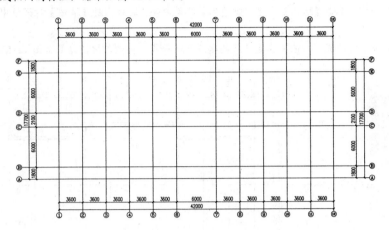

图 12-6 完成轴网标注

06 添加附加轴线。单击【轴网柱子】|【添加轴线】菜单命令，打开【添加轴线】对话框，设置参数，如图 12-7 所示。

07 在图中选择 2 号轴线为参考轴线，如图 12-8 所示。

图 12-7 【添加轴线】对话框

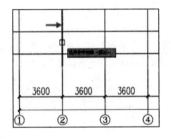

图 12-8 选择参考轴线

08 输入距参考轴线的距离，如图 12-9 所示。

09 按 Enter 键即可添加一条附加轴线，如图 12-10 所示。

10 使用同样的方法，在 11 轴的右侧添加附加轴线，结果如图 12-11 所示。

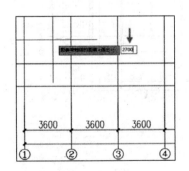

图 12-9 设置距离

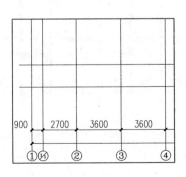

图 12-10 添加附加轴线

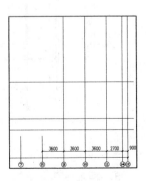

图 12-11 添加附加轴线

2. 绘制墙体

01 绘制外墙。单击【墙体】|【绘制墙体】菜单命令，在弹出的【墙体】对话框中设置参数，如图 12-12 所示。

02 根据命令行的提示，依次指定墙线的起点和下一点，绘制外墙，结果如图 12-13 所示。

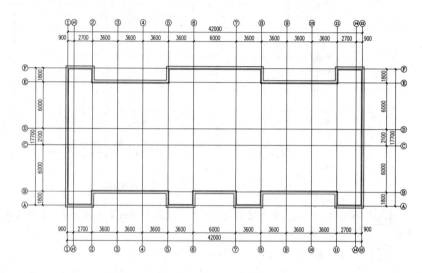

图 12-12 设置参数

图 12-13 绘制外墙

03 在【墙体】对话框中设置"左宽"为 120，"右宽"为 120、"墙高"为 3600、"用途"为"内墙"。在图中指定起点和下一点，绘制内墙，结果如图 12-14 所示。

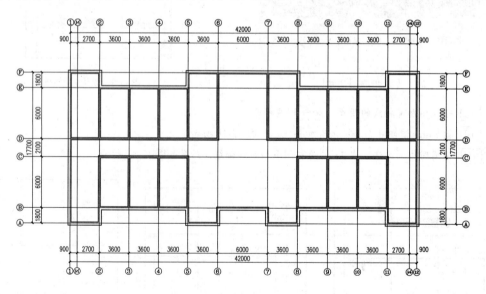

图 12-14 绘制内墙

3. 插入柱子

01 插入标准柱。单击【轴网柱子】|【标准柱】菜单命令，在弹出的【标准柱】对话框中设置参数，然后在图中依次单击各轴线的交点添加标准柱，按 Esc 键退出命令，结果如图 12-15 所示。

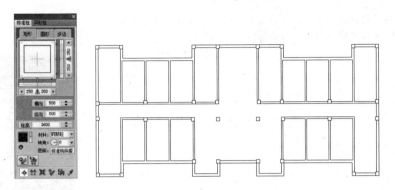

图 12-15　插入标准柱

02　绘制与异形柱相连的墙体。单击【墙体】|【绘制墙体】菜单命令，打开【墙体】对话框，设置宽度与高度参数。参考 3 号轴线，指定起点与终点，在室外绘制墙体，如图 12-16 所示。

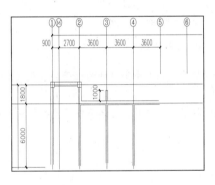

图 12-16　绘制墙体

03　重复上述操作，分别参考 4 轴、9 轴、10 轴绘制墙体，结果如图 12-17 所示。

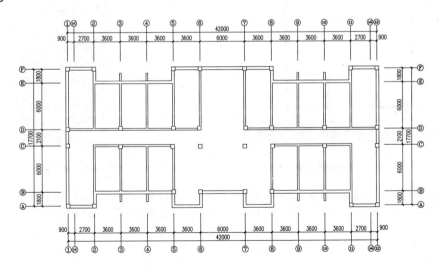

图 12-17　绘制墙体

04　绘制异形柱轮廓。执行 "PL"（多段线）命令，在图中指定起点和下一点，绘制闭合多段线，如图 12-18 所示。

05 将异形柱添加入库。单击【轴网柱子】|【标准柱】菜单命令，在弹出的【标准柱】对话框单击 "选择 Pline 线创建异形柱" 按钮 ，如图 12-19 所示。

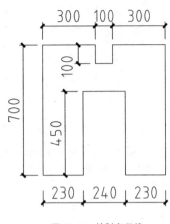

图 12-18　绘制多段线

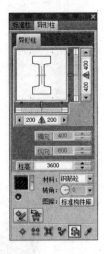

图 12-19　单击按钮

06 根据命令行的提示，在图中拾取作为柱子的多段线，如图 12-20 所示。按 Enter 键，可以将选中的多段线转换为柱子。

07 双击已转换的柱子，在打开的对话框中预览异形柱入库的结果，同时设置 "柱高" 参数，如图 12-21 所示。

请选择作为柱子的封闭多段线：

图 12-20　选择多段线

图 12-21　设置参数

08 执行 "M"（移动）命令，移动异形柱，使之与墙体相接。执行 "CO"（复制）命令、"RO"（旋转）命令，复制异形柱，并调整柱子的角度。插入异形柱的结果如图 12-22 所示。

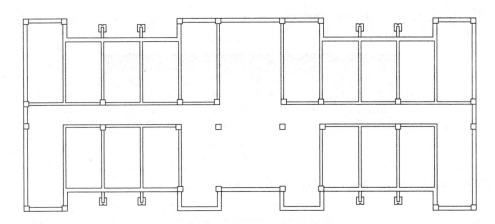

图 12-22　插入异形柱

4．插入窗

01　插入 C-1。单击【门窗】|【门窗】菜单命令，在弹出的【窗】对话框中设置参数，如图 12-23 所示，然后单击"在点取的墙段上等分插入"按钮。

图 12-23　设置 C-1 参数

02　在墙体上单击左键，指定窗的大致位置，确认窗户个数后按 Enter 键，插入 C-1，结果如图 12-24 所示。

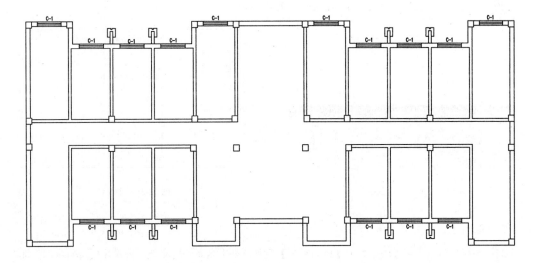

图 12-24　插入 C-1

T20-Arch V6.0 天正建筑软件标准教程

03 插入 C-2。在【窗】对话框中修改窗编号为 C-2，设置"窗高""窗宽""窗台高"参数，如图 12-25 所示。

图 12-25　设置 C-2 参数

04 在墙上指定位置，插入 C-2 的结果如图 12-26 所示。

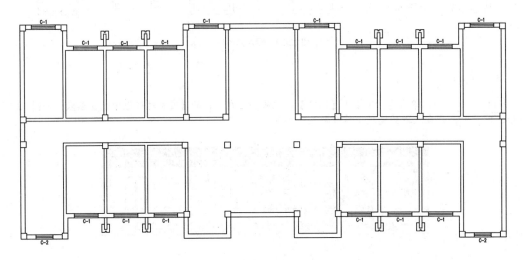

图 12-26　插入 C-2

05 插入 C-3。在【窗】对话框中修改窗编号为 C-3，并设置其他参数，如图 12-27 所示。

06 在墙上点取位置，插入 C-3，结果如图 12-28 所示。

图 12-27　设置 C-3 参数

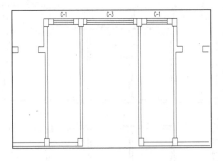

图 12-28　插入 C-3

5. 插入门

01 编辑墙体。单击【墙体】|【绘制墙体】菜单命令，参考外墙参数，沿着轴线绘制墙体。执行"E"（删除）命令，删除多余的墙体，结果如图 12-29 所示。

02 重复上述操作，编辑平面图右侧 C 轴与 D 轴间的墙体，如图 12-30 所示。

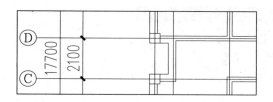

图 12-29　编辑墙体　　　　　　　　　　图 12-30　编辑墙体

03 添加附加轴线。单击【轴网柱子】|【添加轴线】菜单命令，拾取 D 轴为参考轴线，设置偏移距离为 1800，添加附加轴线，结果如图 12-31 所示。

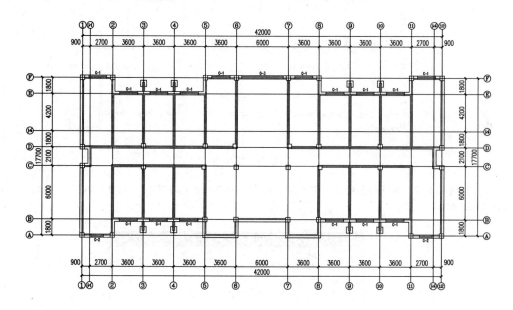

图 12-31　添加附加轴线

04 绘制内墙。单击【墙体】|【绘制墙体】菜单命令，参考内墙参数，拾取附加轴线绘制内墙，如图 12-32 所示。

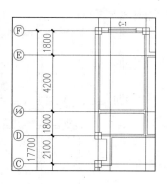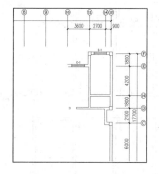

图 12-32　绘制内墙

05 插入 M-1。单击【门窗】|【门窗】菜单命令，在弹出的【门】对话框中设置参数，如图 12-33 所示。

图 12-33　设置 M-1 参数

06 在墙上指定门的大致位置，确定门的插入个数后，按 Enter 键即可插入 M-1，如图 12-34 所示。

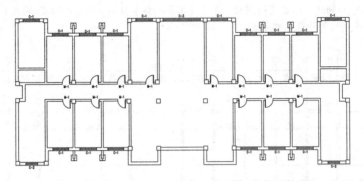

图 12-34　插入 M-1

07 插入 M-2。在【门】对话框中修改门编号为 M-2，设置"门宽""门高"以及"门槛高"参数，如图 12-35 所示。

图 12-35　设置 M-2 参数

08 在墙上指点位置，插入 M-2 的结果如图 12-36 所示。

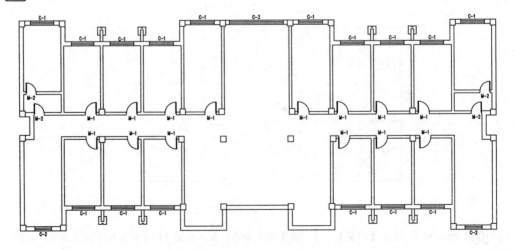

图 12-36　插入 M-2

09 插入 M-3。在【门】对话框中设置门编号为 M-3，设置其他参数，如图 12-37 所示。

图 12-37　设置 M-3 参数

10 在墙上指点位置，插入 M-3，结果如图 12-38 所示。

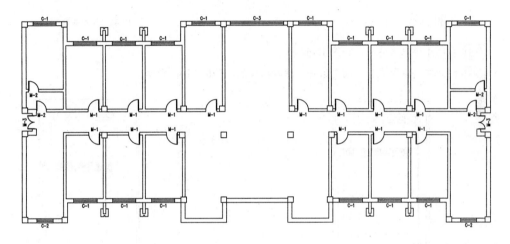

图 12-38　插入 M-3

11 插入 M-4。在【门】对话框中设置门编号为 M-4，设置其他参数，然后在墙上指定位置，插入 M-4，结果如图 12-39 所示。

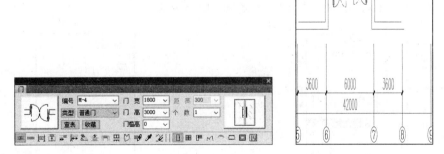

图 12-39　插入 M-4

6. 布置洁具

01 布置蹲便器。单击【房间屋顶】|【房间布置】|【布置洁具】菜单命令，在弹出的【天正洁具】对话框中选择洁具，如图 12-40 所示。

02 双击洁具图标，弹出【布置蹲便器（延迟自闭）】对话框，设置参数，如图 12-41 所示。

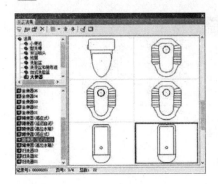

图 12-40 选择洁具

图 12-41 设置参数

03 在图中拾取内墙线，如图 12-42 所示。

04 向右下角拖曳光标，指定第一个洁具的位置，如图 12-43 所示。

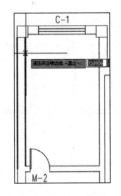

图 12-42 选择内墙线

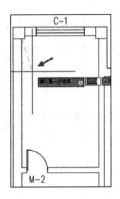

图 12-43 指定第一个洁具的位置

05 单击鼠标左键，在指定的位置插入第一个洁具。继续向右下角拖曳光标，指定下一个洁具的位置，如图 12-44 所示。

06 重复上述操作，沿墙边布置洁具，结果如图 12-45 所示。

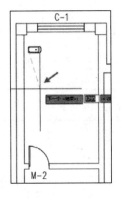

图 12-44 指定下一个洁具的位置

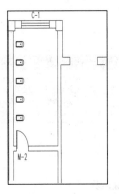

图 12-45 布置洁具

07 布置小便器。在【天正洁具】对话框中选择洁具，如图 12-46 所示。

08 双击洁具图标，弹出【布置小便器（感应式）01】对话框，设置参数，如图 12-47 所示。

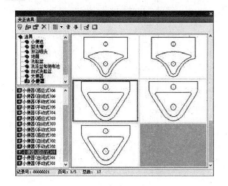

图 12-46 选择洁具

图 12-47 设置参数

09 在图中选择沿墙边线，指定洁具的位置，沿墙布置洁具，结果如图 12-48 所示。

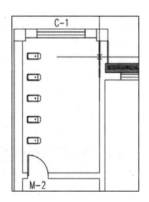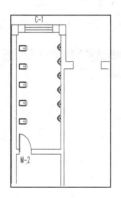

图 12-48 布置洁具

10 布置隔断。单击【房间屋顶】|【房间布置】|【布置隔断】菜单命令，指定起点和终点，选择洁具，如图 12-49 所示。

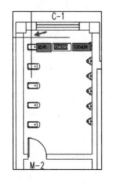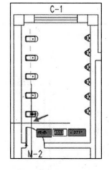

图 12-49 选择洁具

11 按 Enter 键，保持隔板长度和隔断门宽的默认值不变，布置隔断，结果如图 12-50 所示。

12 布置隔板。单击【房间屋顶】|【房间布置】|【布置隔板】菜单命令，指定起点和终点，选

择洁具，按 Enter 键，保持隔板长度的默认值不变，布置隔板，结果如图 12-51 所示。

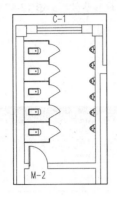

图 12-50　布置隔断

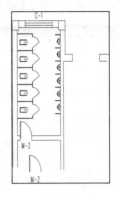

图 12-51　布置隔板

[13]　布置拖布池。单击【房间屋顶】|【房间布置】|【布置洁具】菜单命令，在弹出的【天正洁具】对话框选择拖布池，如图 12-52 所示。

[14]　双击拖布池图标，弹出【布置拖布池】对话框，设置参数，如图 12-53 所示。

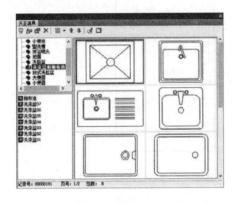

图 12-52　选择拖布池

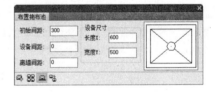

图 12-53　设置参数

[15]　指定沿墙边线和洁具的位置，即可布置拖布池，如图 12-54 所示。

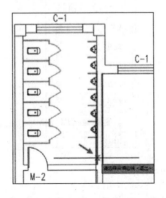

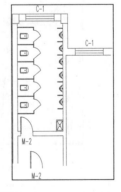

图 12-54　布置拖布池

16 布置洗脸盆。单击【房间屋顶】|【房间布置】|【布置洁具】菜单命令，在弹出的【天正洁具】对话框中选择洗脸盆，如图 12-55 所示。

17 双击洁具图标，弹出【布置台上式洗脸盆 1】对话框，设置参数，如图 12-56 所示。

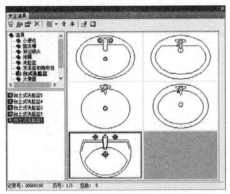

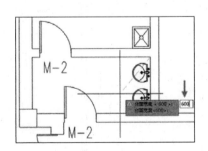

图 12-55　选择洗脸盆

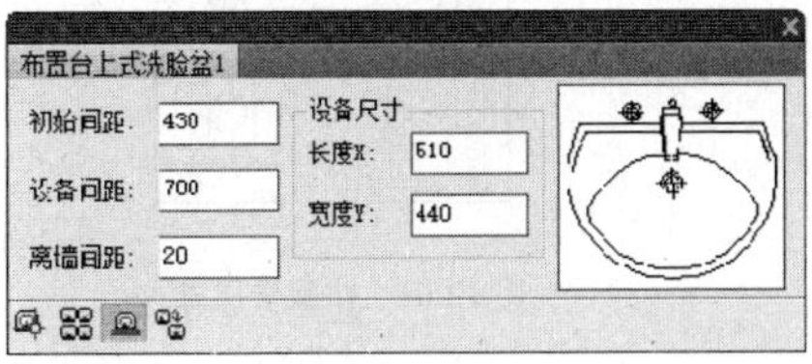

图 12-56　设置参数

18 根据命令行的提示，选择沿墙边线，如图 12-57 所示。

19 向左下角拖曳光标，指定第一个洁具的位置，如图 12-58 所示。

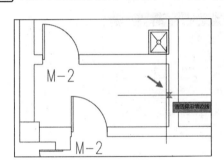

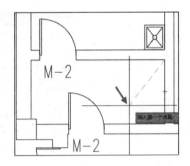

图 12-57　选择墙线

图 12-58　指定位置

20 继续向左下角拖曳光标，指定下一个洁具的位置。此时命令提示"台面宽度<600>"，如图 12-59 所示，按 Enter 键确认。

21 命令行提示"台面长度<1560>"，如图 12-60 所示，按 Enter 键确认。

图 12-59　设置台面宽度

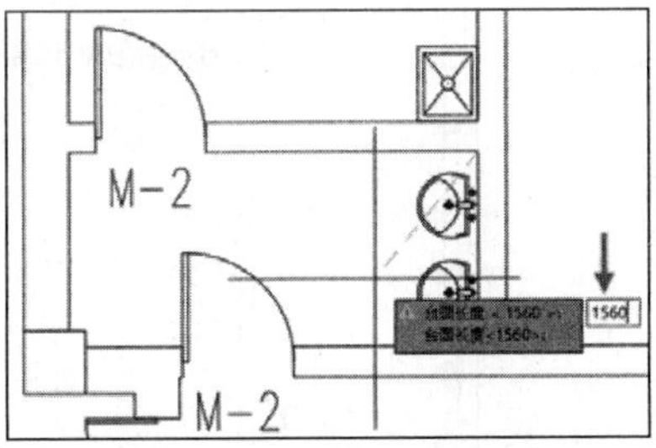

图 12-60　设置台面长度

22 布置台上洗脸盆，结果如图 12-61 所示。

23 重复上述布置洁具的操作，为另一卫生间布置洁具，结果如图 12-62 所示。

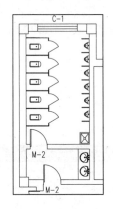

图 12-61 布置洗脸盆

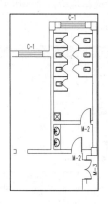

图 12-62 为另一卫生间布置洁具

7. 创建室内外设施

01 创建主楼梯。单击【楼梯其他】｜【双分平行】菜单命令，在弹出的【双分平行楼梯】对话框中设置参数，如图 12-63 所示。

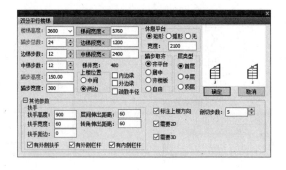

图 12-63 设置参数

02 单击"确定"按钮，在图中指定位置，创建主楼梯，结果如图 12-64 所示。

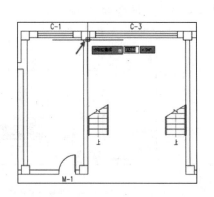
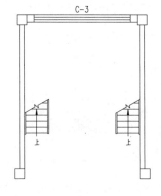

图 12-64 创建主楼梯

03 绘制辅助楼梯。单击【楼梯其他】｜【双跑楼梯】菜单命令，在弹出的【双跑楼梯】对话框中设置参数，如图 12-65 所示。

[04] 在命令行中输入"A"，选择"转 90 度"选项，调整楼梯的角度。然后指定插入位置，如图 12-66 所示。

图 12-65 设置参数

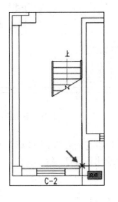

图 12-66 指定位置

[05] 创建楼梯，结果如图 12-67 所示。

[06] 采用同样方法，在平面图的右侧创建另一个楼梯，结果如图 12-68 所示。

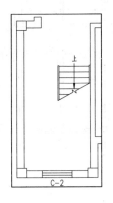

图 12-67 创建楼梯

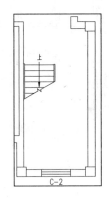

图 12-68 创建另一个楼梯

[07] 绘制台阶。单击【楼梯其他】|【台阶】菜单命令，在弹出的【台阶】对话框中设置参数，单击"矩形三面台阶"按钮，选择台阶样式，如图 12-69 所示。

[08] 在图中指定台阶的第一点，如图 12-70 所示。

图 12-69 【台阶】对话框

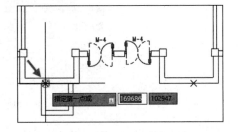

图 12-70 指定第一点

[09] 向右移动光标，指定台阶的第二点，如图 12-71 所示。

[10] 创建台阶，结果如图 12-72 所示。

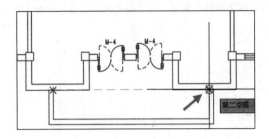

图 12-71 指定第二点

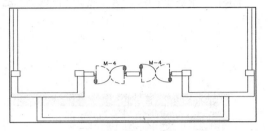

图 12-72 创建台阶

[11] 在【台阶】对话框中修改"平台宽度"为 1300，其他参数保持不变。在平面图中为侧门绘制台阶，结果如图 12-73 所示。

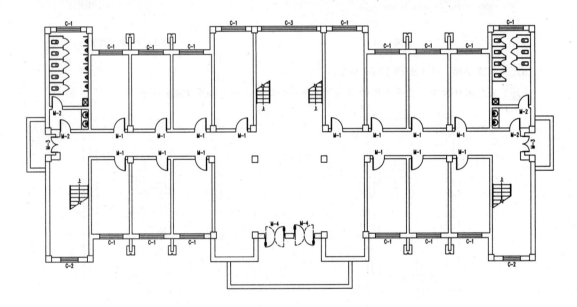

图 12-73 绘制侧门台阶

[12] 绘制散水。单击【楼梯其他】|【散水】菜单命令，在弹出的【散水】对话框中设置参数，如图 12-74 所示。

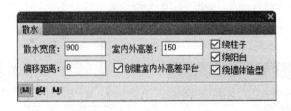

图 12-74 设置参数

[13] 选择平面图后按 Enter 键，绘制散水，结果如图 12-75 所示。

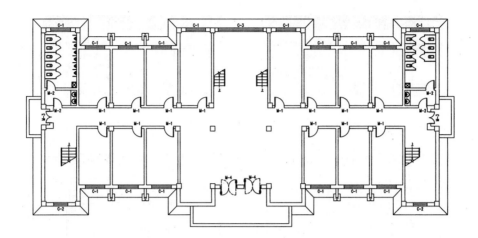

图 12-75　绘制散水

14 标注房间名称。单击【文字表格】|【单行文字】菜单命令，在弹出的【单行文字】对话框中设置参数，如图 12-76 所示。

单行文字	单行文字
O₂ m² ① ° ± φ % Φ ⊕ ⊛ ⊞ ζ 词 ↳	O₂ m² ① ° ± φ % Φ ⊕ ⊛ ⊞ ζ 词 ↳
办公室	入口大厅
文字样式：Standard　转角<0　□背景屏蔽	文字样式：Standard　转角<0　□背景屏蔽
对齐方式：左下（BL）　字高<7.0　☑连续标注	对齐方式：左下（BL）　字高<7.0　☑连续标注

图 12-76　设置参数

15 在图中指定插入位置，标注房间名称，结果如图 12-77 所示。

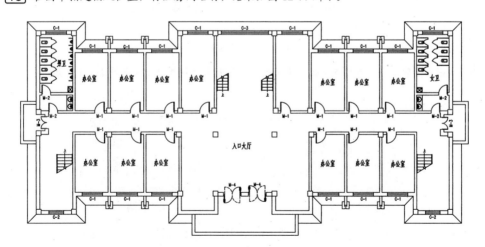

图 12-77　标注房间名称

16 创建标高标注。单击【符号标注】|【标高标注】菜单命令，在弹出的【标高标注】对话框中设置参数，如图 12-78 所示。

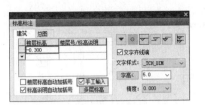

图 12-78　设置参数

⑰　在图中指定标高点的位置和标高方向，即可创建标高标注，结果如图 12-79 所示。

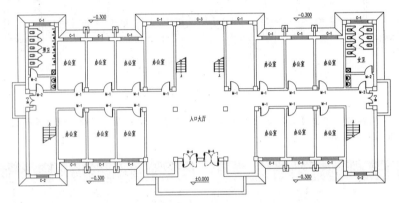

图 12-79　创建标高标注

⑱　创建剖切符号。单击【符号标注】|【剖面剖切】菜单命令，弹出【剖切符号】对话框，设置参数，如图 12-80 所示。

图 12-80　设置参数

⑲　在图中点取第一个剖切点和第二个剖切点，绘制剖切符号，结果如图 12-81 所示。

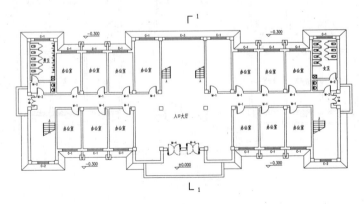

图 12-81　绘制剖切符号

⑳　创建指北针。单击【符号标注】|【画指北针】菜单命令，在平面图的右上角指定插入位置，

输入角度值为 90 后按 Enter 键，即可创建指北针，结果如图 12-82 所示。

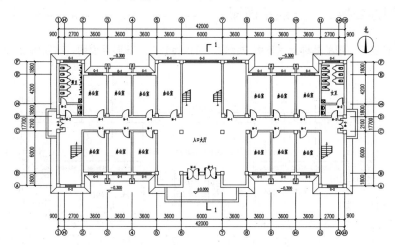

图 12-82　创建指北针

[21]　创建图名标注。单击【符号标注】|【图名标注】菜单命令，在弹出的【图名标注】对话框中设置参数，如图 12-83 所示。

图 12-83　设置参数

[22]　在平面图下方指定位置，即可创建图名标注，结果如图 12-84 所示。

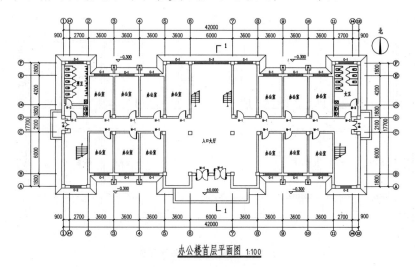

图 12-84　创建图名标注

12.1.2 绘制办公楼二、三层平面图

在办公楼首层平面图的基础上进行编辑操作，可以得到二、三层平面图，结果如图 12-85 所示。下面介绍绘制方法。

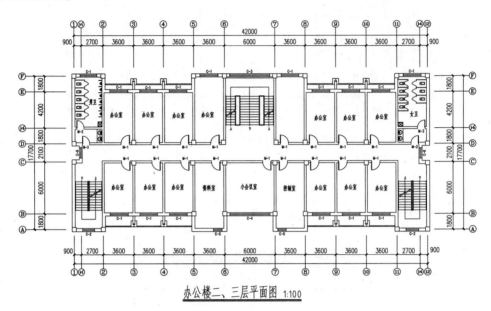

办公楼二、三层平面图 1:100

图 12-85　办公楼二、三层平面图

01 复制并清理首层平面图。执行 "CO"（复制）命令，创建首层平面图的副本。执行 "E"（删除）命令，删除入口大门、台阶和散水等图形，如图 12-86 所示。

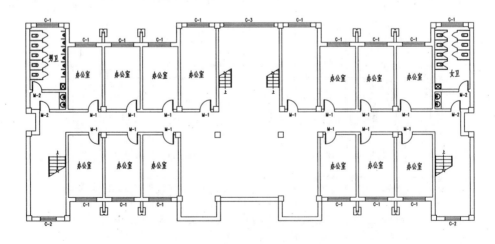

图 12-86　复制并清理首层平面图

02 绘制内墙。单击【墙体】|【绘制墙体】菜单命令，在弹出的【墙体】对话框中设置参数，如图 12-87 所示。

03 依次指定起点和下一点，即可绘制一段墙体。重复上述操作，绘制结果如图 12-88 所示。

图 12-87　设置参数

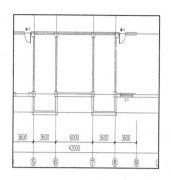

图 12-88　绘制墙体

04 插入 C-4。单击【门窗】|【门窗】菜单命令，在弹出的【窗】对话框设置参数，然后在墙上指定位置，插入 C-4，结果如图 12-89 所示。

图 12-89　插入 C-4

05 插入 C-5。在【窗】对话框中设置窗参数，单击"垛宽定距插入"按钮，设置"距离"值，然后在墙上指定位置，插入 C-5，结果如图 12-90 所示。

图 12-90　插入 C-5

06 插入 C-6。在【窗】对话框中修改窗编号，并设置其他参数，然后在墙上指定位置，插入 C-6，结果如图 12-91 所示。

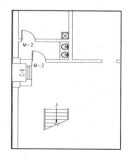

图 12-91　插入 C-6

07 插入 M-1。单击【门窗】|【门窗】菜单命令，在弹出的【门】对话框中选择 M-1，保持参数设置不变，然后在墙上指定位置，插入 M-1，结果如图 12-92 所示。

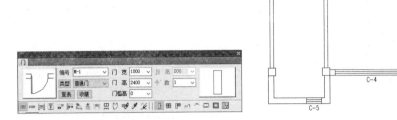

图 12-92　插入 M-1

08 编辑楼梯。双击双分平行楼梯，在弹出的【双分平行楼梯】对话框中选择"中层"选项，单击"确定"按钮，修改双分平行楼梯，结果如图 12-93 所示。

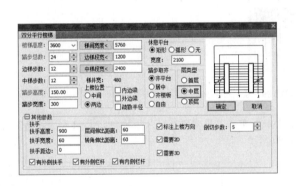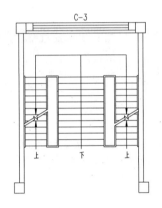

图 12-93　修改双分平行楼梯

09 双击双跑楼梯，在弹出的【双跑楼梯】对话框中选择"中层"选项，单击"确定"按钮，修改双跑楼梯，结果如图 12-94 所示。

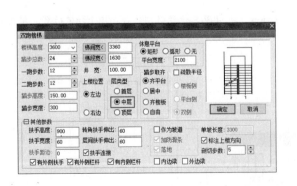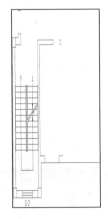

图 12-94　修改双跑楼梯

10 绘制装饰板。执行"REC"（矩形）命令，指定对角点绘制矩形，如图 12-95 所示。

图 12-95　绘制矩形

⑪　单击【三维建模】｜【造型对象】｜【平板】菜单命令，选择在上一步骤中创建的矩形，如图 12-96 所示。命令行提示"请点取不可见的边<结束>""选择作为板内洞口的封闭的多段线或圆："时，按 Enter 键。

⑫　输入板厚值为 1500，如图 12-97 所示，在矩形的基础上创建平板。

⑬　双击平板，命令行提示"选择 [加洞（A）/减洞（D）/加边界（P）/减边界（M）/边可见性（E）/板厚（H）/标高（T）/参数列表（L）]<退出>："。输入 T，选择"标高"选项，设置标高值为 -600。

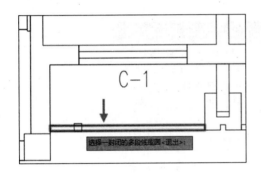

图 12-96　选择矩形

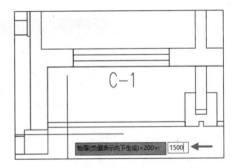

图 12-97　设置参数

⑭　重复上述操作，继续创建平板，结果如图 12-98 所示。

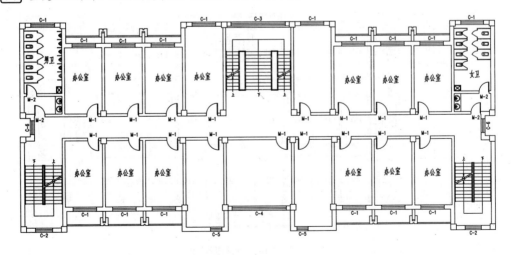

图 12-98　创建平板

[15] 标注房间名称。单击【文字表格】|【单行文字】菜单命令，在弹出的【单行文字】对话框中设置参数，然后在图中指定位置，标注房间名称，结果如图 12-99 所示。

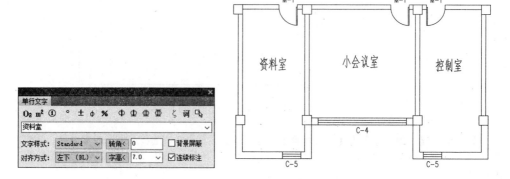

图 12-99　标注房间名称

[16] 创建图名标注。单击【符号标注】|【图名标注】菜单命令，在弹出的【图名标注】对话框中设置参数，如图 12-100 所示。

图 12-100　设置参数

[17] 在平面图的下方指定位置，创建图名标注，结果如图 12-101 所示。

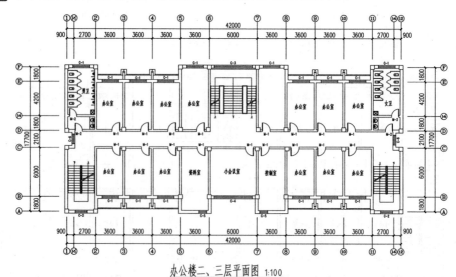

办公楼二、三层平面图 1:100

图 12-101　创建图名标注

12.1.3 绘制办公楼四层平面图

在办公楼二、三层平面图基础上进行编辑修改，可以得到办公楼四层平面图，结果如图 12-102 所示。下面介绍绘制方法。

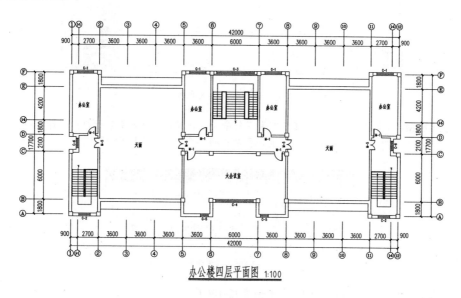

图 12-102 办公楼四层平面图

01 复制并清理平面图。执行 "CO"（复制）命令，创建平面图副本。执行 E "删除"命令，删除图中多余的墙体、门窗等图形，然后拉伸墙线，结果如图 12-103 所示。

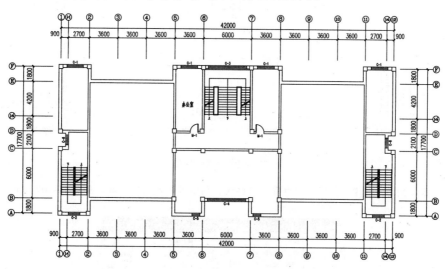

图 12-103 复制并清理平面图

02 修改女儿墙高度。选择并双击女儿墙，在弹出的【墙体】对话框中修改"墙高"为 1200。

03 按 Enter 键关闭对话框，修改女儿墙的高度，如图 12-104 所示。利用同样的方法，修改其他女儿墙的高度。

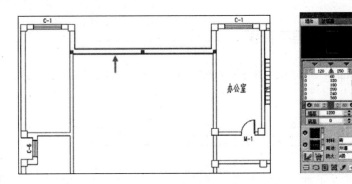

图 12-104　修改女儿墙的高度

04 插入 M-1。单击【门窗】|【门窗】菜单命令，在弹出的【门】对话框中选择 M-1。单击"垛宽定距插入"按钮 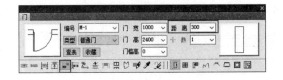，设置"距离"值，其他参数保持不变，如图 12-105 所示。

图 12-105　设置参数

05 在墙上指定位置，插入 M-1，结果如图 12-106 所示。

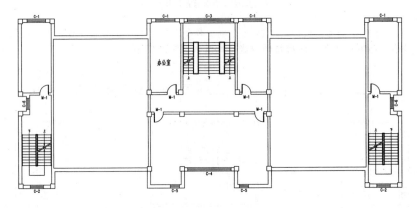

图 12-106　插入 M-1

06 插入 M-5。在【门】对话框中修改门样式、门编号以及其他参数，如图 12-107 所示。

图 12-107　设置参数

07 在墙上指定位置，插入 M-5，结果如图 12-108 所示。

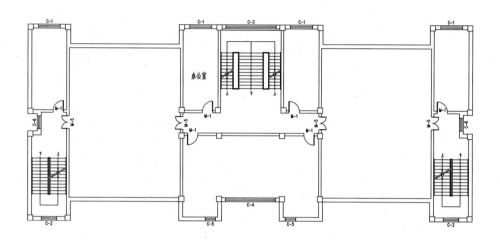

图 12-108　插入 M-5

08　修改楼梯。双击双分平行楼梯，打开【双分平行楼梯】对话框，设置"层类型"为"顶层"。单击"确定"按钮，修改双分平行楼梯，结果如图 12-109 所示。

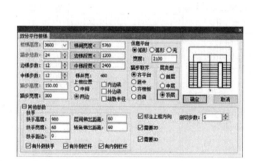

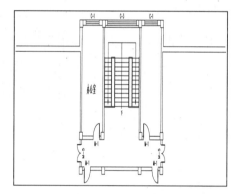

图 12-109　修改双分平行楼梯

09　双击双跑楼梯，打开【双跑楼梯】对话框，设置"层类型"为"顶层"。单击"确定"按钮，修改双跑楼梯，结果如图 12-110 所示。

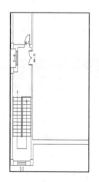

图 12-110　修改双跑楼梯

10　绘制装饰盖板。执行"REC"（矩形）命令，沿墙线绘制矩形，设置宽度为 950，如图 12-111

所示。

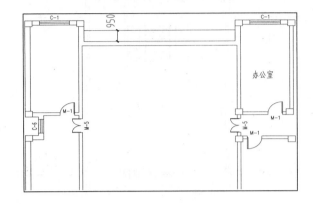

图 12-111 绘制矩形

11 单击【三维建模】|【造型对象】|【平板】菜单命令，选择矩形。命令行提示"请点取不可见的边<结束>""选择作为板内洞口的封闭的多段线或圆:"时，按 Enter 键。

12 输入板厚值为 120 后按 Enter 键，即可创建装饰盖板。利用同样方法，创建其他装饰盖板，结果如图 12-112 所示。

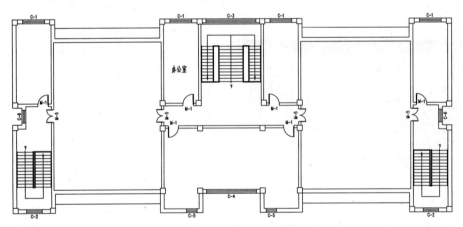

图 12-112 创建装饰盖板

13 标注房间名称。单击【文字表格】|【单行文字】菜单命令，在弹出的【单行文字】对话框中设置参数，如图 12-113 所示。

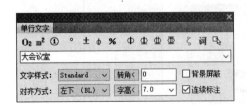
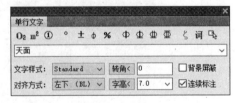

图 12-113 设置参数

14 指定插入位置，标注房间名称，结果如图 12-114 所示。

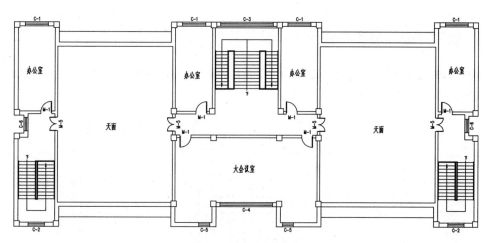

图 12-114　标注房间名称

⒂　创建图名标注。单击【符号标注】|【图名标注】菜单命令，在弹出的【图名标注】对话框中设置参数，如图 12-115 所示。

图 12-115　设置参数

⒃　在平面图的下方指定位置，创建图名标注，结果如图 12-116 所示。

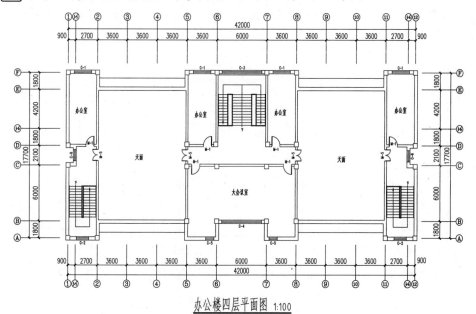

办公楼四层平面图 1:100

图 12-116　创建图名标注

12.1.4 绘制办公楼屋顶平面图

本例是以四坡顶为主，需要先绘制屋顶的轮廓线，然后执行"任意坡顶"命令生成四坡屋顶。绘制办公楼屋顶平面图的结果如图 12-117 所示。

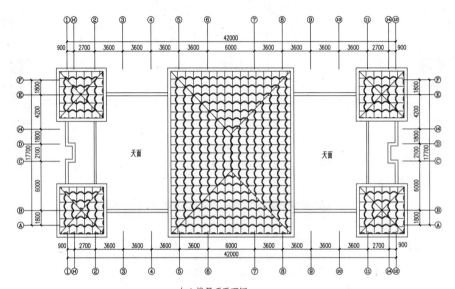

图 12-117 办公楼屋顶平面图

01　绘制坡屋顶轮廓线。执行 CO"复制"命令，创建办公楼四层平面图的副本。执行 REC"矩形"命令，绘制坡屋顶轮廓线，如图 12-118 所示。

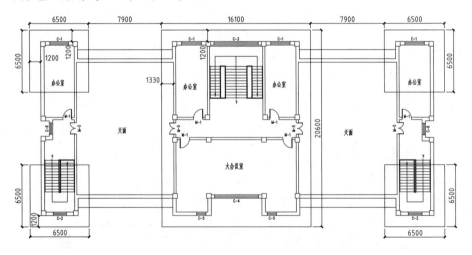

图 12-118 绘制坡屋顶轮廓线

02　执行"L"（直线）命令，沿着外墙线绘制轮廓线，作为修剪边界，如图 12-119 所示。

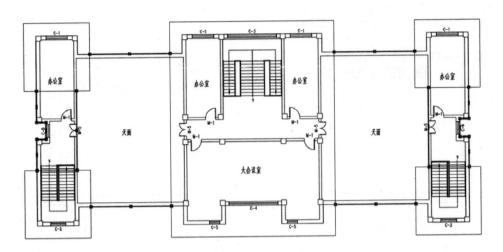

图 12-119　绘制轮廓线

03 执行 "E"（删除）命令，删除多余的墙线、门窗和楼梯等图形，结果如图 12-120 所示。

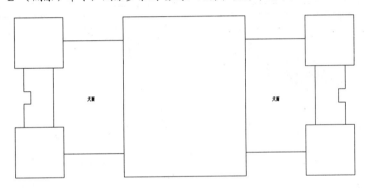

图 12-120　删除图形

04 执行 "O"（偏移）命令，设置偏移距离，向内偏移轮廓线，结果如图 12-121 所示。

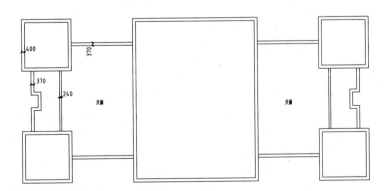

图 12-121　偏移轮廓线

05 创建任意坡顶。单击【房间屋顶】|【任意坡顶】菜单命令，选择一条封闭的多段线作为屋顶轮廓线，如图 12-122 所示。

06 输入坡度角为 45，如图 12-123 所示。

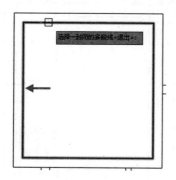

图 12-122 选择轮廓线

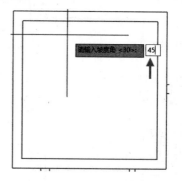

图 12-123 输入坡度角

07 按 Enter 键，确认出檐长为 600，如图 12-124 所示。

08 再按 Enter 键，即可创建任意坡屋顶，如图 12-125 所示。

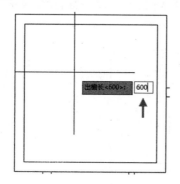

图 12-124 设置参数

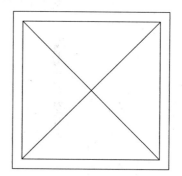

图 12-125 创建坡屋顶

09 重复上述操作，继续创建坡屋顶，结果如图 12-126 所示。

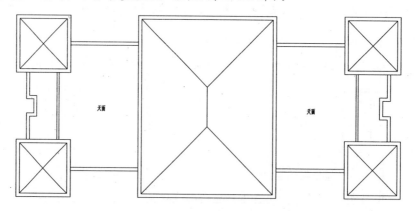

图 12-126 创建全部坡屋顶

10 填充坡屋顶材料。执行 "H"（图案填充）命令，在命令行中输入 "T"，选择 "设置" 选项，弹出【图案填充和渐变色】对话框。单击 "图案" 选项右侧的按钮....，如图 12-127 所示，打开【填充图案选项板】对话框。

11 在【填充图案选项板】对话框中选择"西班牙屋面"图案，如图 12-128 所示。

图 12-127 【图案填充和渐变色】对话框   图 12-128 选择图案

12 设置"角度"为 0、"比例"为 500，如图 12-129 所示。

13 在图中拾取填充区域，填充屋顶图案，结果如图 12-130 所示。

图 12-129 设置参数   图 12-130 填充屋顶图案

14 返回【图案填充和渐变色】对话框，修改"角度"为 90，如图 12-131 所示。

15 在图中拾取区域，完成填充屋顶图案的操作，结果如图 12-132 所示。

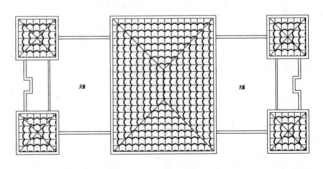

图 12-131 修改参数   图 12-132 填充屋顶图案

16 创建图名标注。单击【符号标注】|【图名标注】菜单命令，在弹出的【图名标注】对话框中设置参数，如图 12-133 所示。

图 12-133 设置参数

17　在办公楼屋顶平面图的下方指定位置，添加图名标注，结果如图 12-134 所示。

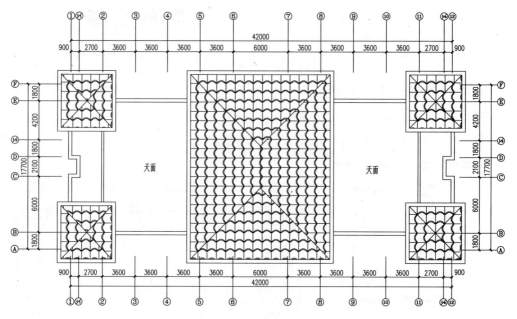

办公楼屋顶平面图 1:100

图 12-134 添加图名标注

12.2　创建办公楼立面图和剖面图

12.2.1　创建办公楼正立面图

　　创建办公楼立面图的方法是，执行"工程管理"命令创建工程项目，设置"楼层表"参数，调用"建筑立面"命令生成办公楼立面图。

　　由于自定义创建的立面图容易出现错误，因此需要用户再编辑。利用立面编辑工具可以深化立面图。在绘制建筑施工图集时，需要绘制多个方向的建筑立面图。

　　创建办公楼正立面图的结果如图 12-135 所示。下面介绍绘制方法。

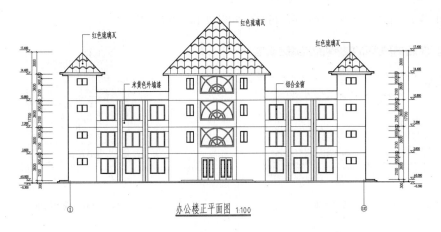

图 12-135　办公楼正立面图

1. 创建工程项目

01 新建工程。单击【文件布图】|【工程管理】菜单命令，在弹出的【工程管理】对话框中单击"工程管理"选项，在列表中选择"新建工程"选项，如图 12-136 所示。

02 弹出【另存为】对话框，选择存储路径并输入文件名，如图 12-137 所示。

图 12-136　选择选项

图 12-137　【另存为】对话框

03 单击"保存"按钮，即可新建工程项目，如图 12-138 所示。

04 添加图纸。在图纸列表中选择"平面图"，单击鼠标右键，在弹出的快捷菜单中选择"添加图纸"命令，如图 12-139 所示。

图 12-138　创建工程项目

图 12-139　选择命令

05 弹出【选择图纸】对话框，选择"办公楼平面图"图纸，如图 12-140 所示。

06 单击"打开"按钮，即可添加图纸，如图 12-141 所示。

图 12-140　选择图纸

图 12-141　添加图纸

2. 生成立面图

01 创建楼层表。展开"楼层"选项组，设置"层号"和"层高"，将光标定位到最后一列的单元格中，单击"框选楼层范围"按钮，如图 12-142 所示。

02 选择办公楼首层平面图，单击 1 轴与 A 轴的交点作为对齐点，如图 12-143 所示。

图 12-142　设置参数

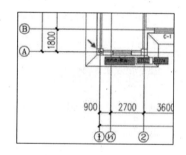

图 12-143　指定对齐点

03 创建楼层表信息，结果如图 12-144 所示。

04 利用同样方法，继续在楼层表中输入信息，结果如图 12-145 所示。

图 12-144　创建楼层表信息

图 12-145　在楼层表中输入信息

05 生成正立面图。在"楼层"选项组中单击"建筑立面"按钮，根据命令行提示输入"F"，选择"正立面选项"。选择 1 轴和 12 轴，按 Enter 键，弹出【立面生成设置】对话框，设置"内外高差"为 0.3，如图 12-146 所示。

06 单击"生成立面"按钮，弹出【输入要生成的文件】对话框，在"文件名"选项栏中输入文件名，如图 12-147 所示。

图 12-146 【立面生成设置】对话框

图 12-147 设置文件名称

[07] 单击"保存"按钮，即可生成正立面图，如图 12-148 所示。查看正立面图，存在多余的线条，图形的位置也出现错误，需要用户对其再编辑。

图 12-148 生成正立面图

3. 编辑立面图

[01] 替换立面图。单击【立面】|【立面门窗】菜单命令，在弹出的【天正图库管理系统】对话框中选择立面门，单击"替换"按钮，如图 12-149 所示。

[02] 在图中选择需要替换的立面门，如图 12-150 所示。

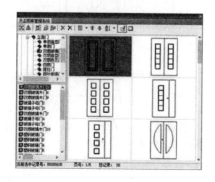

图 12-149 选择立面门

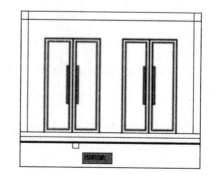

图 12-150 选择要替换的立面门

[03] 按 Enter 键，即可替换立面门，结果如图 12-151 所示。

04 替换立面窗。单击【立面】|【立面门窗】菜单命令，在弹出的【天正图库管理系统】对话框中选择立面窗，单击"替换"按钮，如图 12-152 所示。

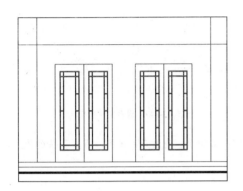

图 12-151　替换立面门

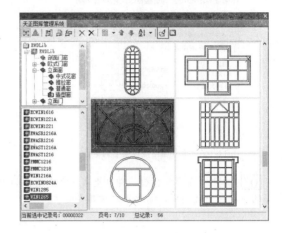

图 12-152　选择立面窗

05 在图中选择需要替换的立面窗，如图 12-153 所示。

06 按 Enter 键，即可替换立面窗，结果如图 12-154 所示。

图 12-153　选择要替换的立面窗

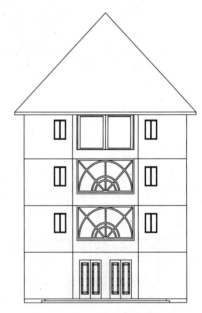

图 12-154　替换立面窗

07 在【天正图库管理系统】对话框中双击立面窗图标，弹出【图块编辑】对话框。选择"输入尺寸"选项，取消选择"统一比例"选项，然后分别设置选项参数，如图 12-155 所示。

08 在图中指定位置，插入立面窗，然后执行 "E"（删除）命令，删除原有的窗户，结果如图 12-156 所示。

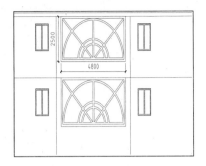

图 12-155 【图块编辑】对话框   图 12-156 插入立面窗

09 清理多余立面图形。执行 E "删除"命令，删除多余的立面窗和线条，结果如图 12-157 所示。

图 12-157 清理图形

10 编辑其他立面窗。执行"CO"（复制）命令，选择立面窗，移动复制到各楼层。执行"L"（直线）命令，绘制立面装饰线，结果如图 12-158 所示。

图 12-158 复制立面窗并绘制装饰线

11 绘制屋顶造型。执行"O"（偏移）命令，偏移立面图左侧屋顶的轮廓线，再执行"TR"（修剪）命令，修剪线段，结果如图 12-159 所示。

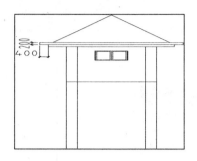

图 12-159　绘制左侧屋顶造型

12 重复上述操作，继续绘制立面图右侧的屋顶造型，结果如图 12-160 所示。

图 12-160　绘制右侧屋顶造型

13 填充屋顶图案。执行"H"（图案填充）命令，在弹出的【图案填充和渐变色】对话框中单击"图案"右侧的按钮 ... ，打开【填充图案选项板】对话框，选择"西班牙屋面"图案，如图 12-161 所示。

14 单击"确定"按钮，返回【图案填充和渐变色】对话框，设置"比例"为 500，如图 12-162 所示。

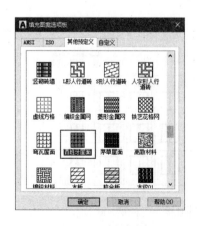

图 12-161　选择图案

图 12-162　设置比例

15 在【图案填充和渐变色】对话框中单击"添加：拾取点（K）"按钮 ，拾取填充区域。按 Enter

键，即可完成填充，结果如图 12-163 所示。

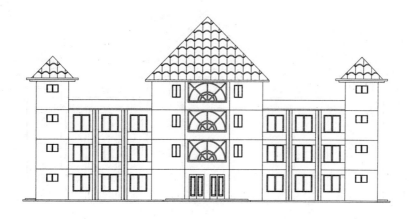

图 12-163　填充屋顶图案

4．标注立面图

01 标注立面材料说明。单击【符号标注】｜【箭头引注】菜单命令，在弹出的【箭头引注】对话框中设置参数，如图 12-164 所示。

02 在图中依次指定箭头起点、直段下一点，即可创建文字标注，结果如图 12-165 所示。

图 12-164　设置参数

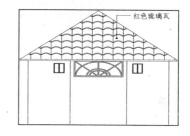

图 12-165　创建文字标注

03 在【箭头引注】对话框中修改参数，继续为其他立面创建文字标注，结果如图 12-166 所示。

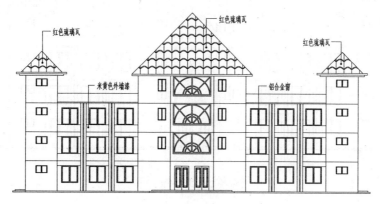

图 12-166　创建其他文字标注

04 创建立面轮廓。单击【立面】｜【立面轮廓】菜单命令，选择正立面图后按 Enter 键，输入轮廓线宽度为 60，按 Enter 键即可创建立面轮廓，结果如图 12-167 所示。

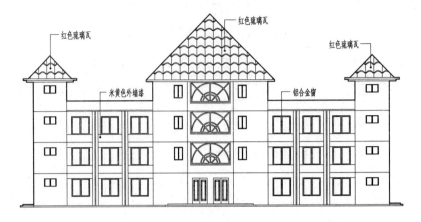

图 12-167 创建立面轮廓

05 图名标注。单击【符号标注】|【图名标注】菜单命令，在弹出的【图名标注】对话框中设置参数，如图 12-168 所示。

图 12-168 设置参数

06 在办公楼正立面图的下方指定位置，创建图名标注，结果如图 12-169 所示。

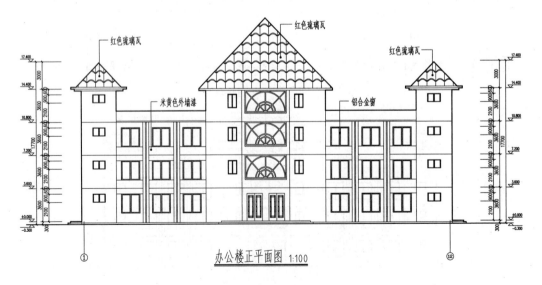

图 12-169 创建图名标注

12.2.2 创建办公楼剖面图

创建办公楼剖面图与创建办公楼立面图方法相似。创建办公楼剖面图的结果如图 12-170 所示。下面介绍创建剖面图的方法。

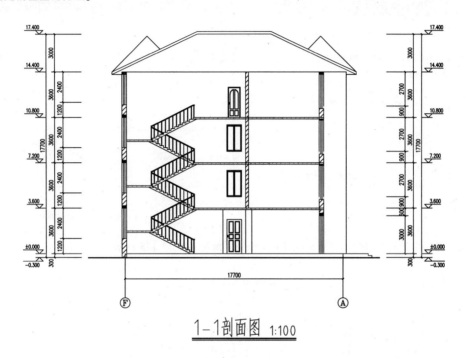

图 12-170 办公楼剖面图

1. 生成剖面图

[01] 生成剖面图。在"办公楼工程"项目和办公楼平面图都打开的情况下，在【工程管理】对话框中展开"楼层"选项组，单击"建筑剖面"按钮，如图 12-171 所示。

[02] 选择剖切线，如图 12-172 所示。

图 12-171 单击按钮

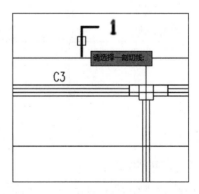

图 12-172 选择剖切线

[03] 选择 F 轴和 A 轴，按 Enter 键，弹出【剖面生成设置】对话框，设置"内外高差"选项为 0.3，如图 12-173 所示。

[04] 单击"生成剖面"按钮，在弹出的【输入要生成的文件】对话框中设置文件名为"1—1 剖面图"，如图 12-174 所示。

图 12-173 设置参数

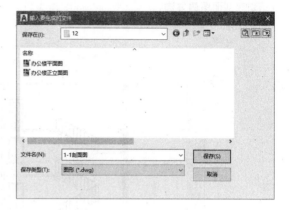

图 12-174 设置名称与存储路径

[05] 单击"保存"按钮，即可生成建筑剖面图，结果如图 12-175 所示。

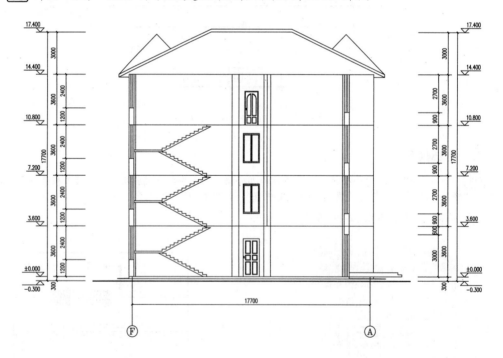

图 12-175 生成剖面图

2. 编辑剖面图

[01] 清理剖面图。执行"E"（删除）命令、"TR"（修剪）命令，删除或修剪剖面图形，清理结果如图 12-176 所示。

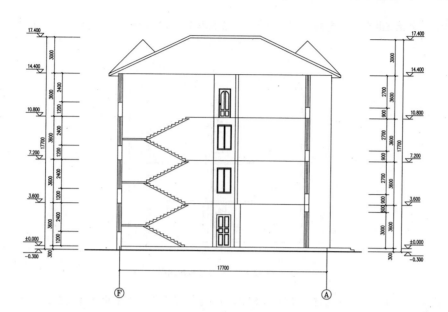

图 12-176　清理剖面图

02 创建双线楼板。单击【剖面】|【双线楼板】菜单命令，在图中指定楼板的起始点和结束点，如图 12-177 所示。

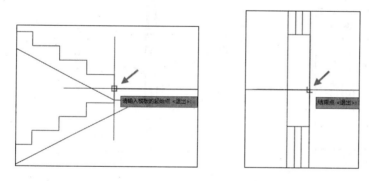

图 12-177　指定起始点和结束点

03 命令行提示指定"楼板顶面标高"时，按 Enter 键保持默认值。输入楼板的厚度为 120，按 Enter 键即可创建双线楼板，结果如图 12-178 所示。

图 12-178　创建双线楼板

04 重复上述操作，指定起始点和结束点，绘制厚度为 120 的楼板，结果如图 12-179 所示。

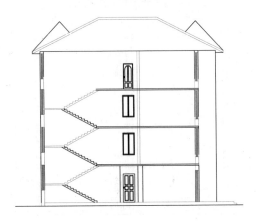

图 12-179 完成楼板的绘制

05 创建门窗过梁。单击【剖面】|【门窗过梁】菜单命令，在图中选择剖面窗后按 Enter 键，输入过梁的高度为 200。按 Enter 键即可创建门窗过梁，如图 12-180 所示。

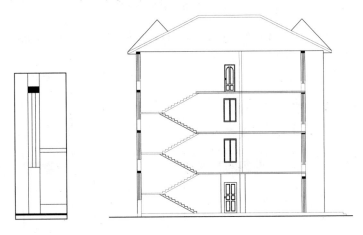

图 12-180 创建门窗过梁

06 创建楼梯栏杆。单击【剖面】|【楼梯栏杆】菜单命令，设置扶手高度为 1000，命令行提示"是否要打断遮挡线"时，按 Enter 键保持默认设置。指定楼梯栏杆的起始点和结束点，如图 12-181 所示。

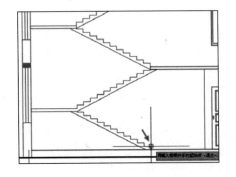
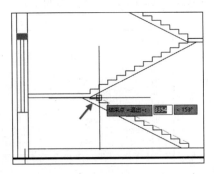

图 12-181 指定起始点和结束点

07 创建楼梯栏杆，结果如图 12-182 所示。

08 重复上述操作，为其他梯段创建栏杆，如图 12-183 所示。

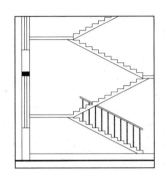

图 12-182　创建楼梯栏杆

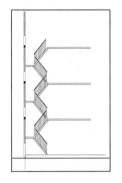

图 12-183　创建其他栏杆

09 创建扶手接头。单击【剖面】|【扶手接头】菜单命令，设置扶手伸出距离为 100，命令行提示"是否增加栏杆"时，选择"是"选项。指定对角点选择两段扶手，即可创建扶手接头，结果如图 12-184 所示。

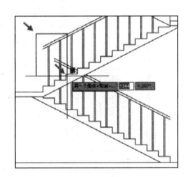
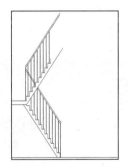

图 12-184　创建扶手接头

10 重复上述操作，继续选择其他扶手创建接头，结果如图 12-185 所示。

11 填充楼板图案。单击【剖面】|【剖面填充】菜单命令，在图中选择楼板和楼梯板后按 Enter 键，在弹出的【请点取所需的填充图案】对话框中设置参数，如图 12-186 所示。

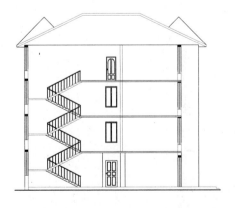

图 12-185　创建其他扶手接头

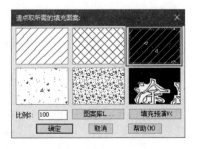

图 12-186　设置参数

⑫ 单击"确定"按钮，即可为楼板填充图案，结果如图 12-187 所示。

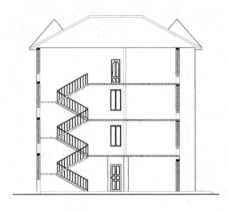

图 12-187 为楼板填充图案

⑬ 填充墙体图案。单击【剖面】|【剖面填充】菜单命令，在图中选择需填充图案的剖面墙体后按 Enter 键，在弹出的【请点取所需的填充图案】对话框中设置参数，然后单击"确定"按钮，即可为剖面墙体填充图案，如图 12-188 所示。

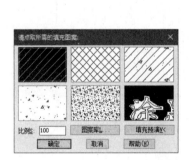

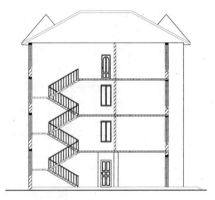

图 12-188 为墙体填充图案

⑭ 剖面加粗。单击【剖面】|【居中加粗】菜单命令，选择剖面图形，按 Enter 键保持墙线宽度值不变，剖面加粗的结果如图 12-189 所示。

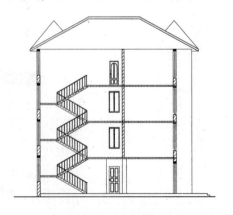

图 12-189 剖面加粗

⑮ 创建图名标注。单击【符号标注】|【图名标注】菜单命令，在弹出的【图名标注】对话框中设置参数，如图 12-190 所示。

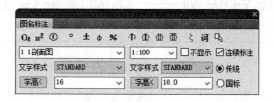

图 12-190　设置参数

⑯ 在剖面图的下方指定位置，即可创建图名标注，结果如图 12-191 所示。

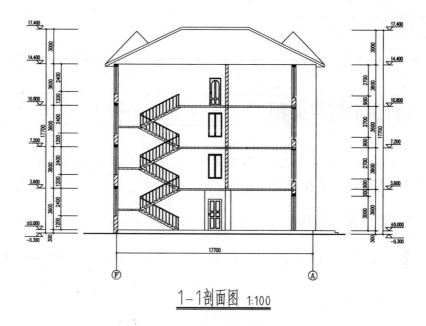

图 12-191　创建图名标注

第13章 综合实例——绘制住宅楼全套施工图

● 本章导读

　　本章将以多层住宅楼为例，详细介绍绘制住宅楼建筑施工图的方法，包括楼层平面图、立面图和剖面图的绘制。

● 本章重点

　◈ 绘制住宅楼平面图

　◈ 绘制住宅楼立面图

　◈ 绘制住宅楼剖面图

13.1 绘制住宅楼平面图

　　本实例的住宅平面图包括架空层平面图、首层平面图、标准层平面图和屋顶平面图。本节将详细介绍各层平面图的绘制方法和过程。

13.1.1 创建架空层平面图

　　架空层位于住宅底部，主要用于停放车辆和储存杂物。下面介绍住宅楼架空层平面图的绘制方法，结果如图13-1所示。

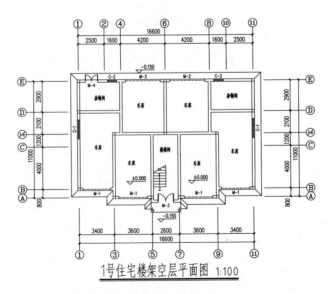

图 13-1　住宅楼架空层平面图

1. 绘制轴网

01 绘制轴网。启动 T20,单击【轴网柱子】|【绘制轴网】菜单命令,在弹出的【绘制轴网】对话框中设置"上开"参数,如图 13-2 所示。

02 选择"下开"选项,设置参数,如图 13-3 所示。

图 13-2　设置"上开"参数

图 13-3　设置"下开"参数

03 选择"左进"选项,设置参数,如图 13-4 所示。

04 根据命令行的提示,单击鼠标左键指定位置,创建轴网,结果如图 13-5 所示。

图 13-4　设置"左进"参数

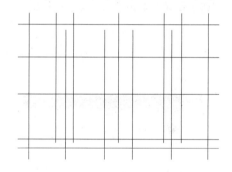

图 13-5　创建轴网

05 标注轴网。单击【轴网柱子】|【轴网标注】菜单命令,在弹出的【轴网标注】对话框中设置参数。选择起始轴线、终止轴线,命令行提示"请选择不需要标注的轴线:"时,直接按 Enter 键,标注轴网开间尺寸,如图 13-6 所示。

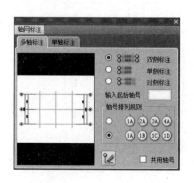

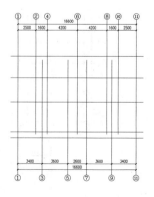

图 13-6　标注轴网开间尺寸

06 在【轴网标注】对话框中的"输入起始轴号"选项中输入"A"，选择起始轴线、终止轴线。命令行提示"请选择不需要标注的轴线:"时，直接按 Enter 键，标注轴网进深尺寸，如图 13-7 所示。

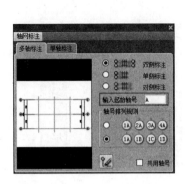
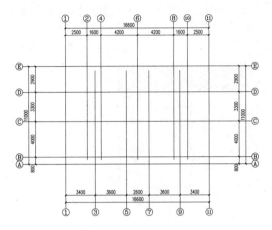

图 13-7　标注轴网进深尺寸

07 添加附加轴线。单击【轴网柱子】|【添加轴线】菜单命令，打开【添加轴线】对话框，设置参数，如图 13-8 所示。

08 选择 D 轴为参考轴线，如图 13-9 所示。

图 13-8　【添加轴线】对话框

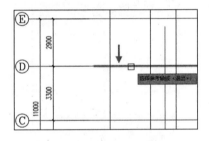

图 13-9　选择参考轴线

09 向下移动光标，输入偏移距离为 2100，按 Enter 键，创建附加轴线，结果如图 13-10 所示。

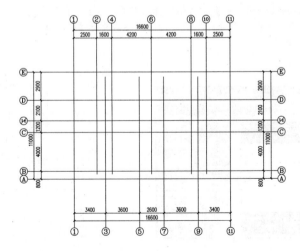

图 13-10　创建附加轴线

2. 绘制墙柱

01 绘制墙体。单击【墙体】|【绘制墙体】菜单命令，在弹出的【墙体】对话框中设置参数。根据命令行的提示，依次指定起点和下一点，绘制墙体，如图 13-11 所示。

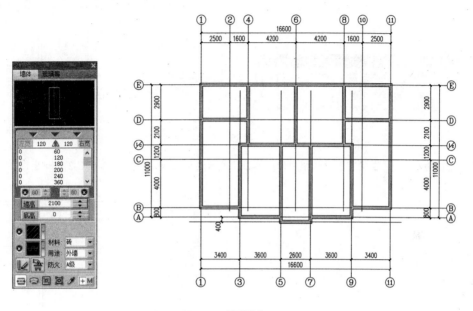

图 13-11　绘制墙体

02 创建标准柱。单击【轴网柱子】|【标准柱】菜单命令，在弹出的【标准柱】对话框中设置参数，如图 13-12 所示。

03 单击轴线交点，连续插入标准柱，结果如图 13-13 所示。

图 13-12　设置参数

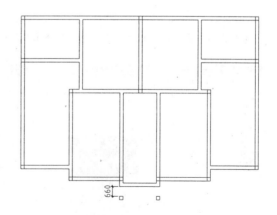

图 13-13　插入标准柱

3. 插入门窗

01 插入 C-1。单击【门窗】|【门窗】菜单命令，在弹出的【窗】对话框中设置参数，然后在墙上单击窗户的大致位置，插入 C-1，如图 13-14 所示。

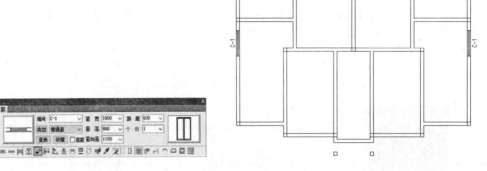

图 13-14 插入 C-1

02 插入 C-2。在【窗】对话框中修改参数，然后在墙上指定位置，插入 C-2，如图 13-15 所示。

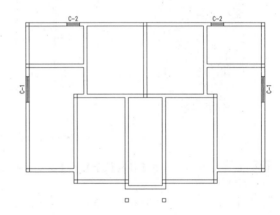

图 13-15 插入 C-2

03 插入 M-1。单击【门窗】|【门窗】菜单命令，在【门】对话框中单击左右两侧的样式预览窗口，弹出【天正图库管理系统】对话框，分别选择卷帘门的平面样式与立面样式，如图 13-16 所示。

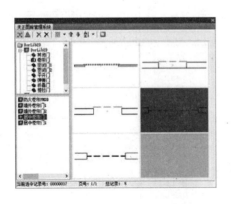
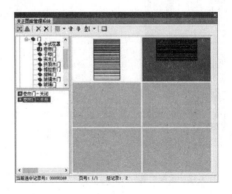

图 13-16 选择卷帘门样式

04 在【门】对话框中设置参数，接着在墙上指定大致的插入位置，插入 M-1，如图 13-17 所示。

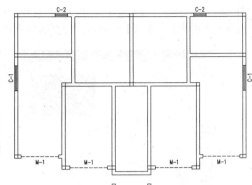

图 13-17 插入 M-1

05 插入 M-2。在【门】对话框中修改参数，在墙上指定位置，插入 M-2，如图 13-18 所示。

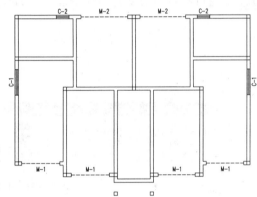

图 13-18 插入 M-2

06 修改墙高。选择 5 轴与 7 轴间的墙，单击鼠标右键，在弹出的快捷菜单中选择"对象编辑"命令，打开【墙体】对话框，修改"墙高"选项值，如图 13-19 所示。

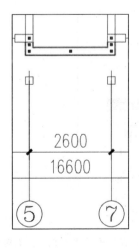

图 13-19 修改墙高

07 插入 M-3。单击【门窗】|【门窗】菜单命令，在【门】对话框中单击左右两侧的样式预览窗口，弹出【天正图库管理系统】对话框。分别选择平开门的平面样式与立面样式，如图 13-20 所示。

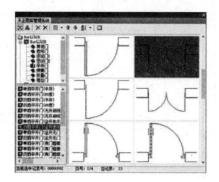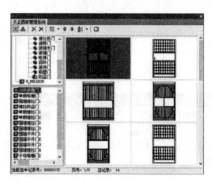

图 13-20 选择平开门样式

08 在【门】对话框设置平开门的参数，然后在墙上指定大致位置，插入 M-3，如图 13-21 所示。

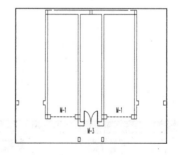

图 13-21 插入 M-3

09 插入 M-4。在【门】对话框中修改参数，然后在墙上指定位置，插入 M-4，如图 13-22 所示。

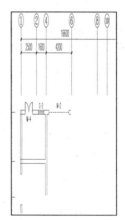

图 13-22 插入 M-4

4. 创建室内外设施

01 单击【楼梯其他】|【直线梯段】菜单命令，在弹出的【直线梯段】对话框中设置参数，单击楼梯间的左下角点，插入直线梯段。

02 执行"M"(移动)命令,选择直线梯段,垂直向上移动 1260,结果如图 13-23 所示。

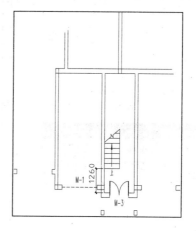

图 13-23 插入直线梯段

03 创建台阶。单击【楼梯其他】|【台阶】菜单命令,在弹出的【台阶】对话框中设置参数,如图 13-24 所示。

04 在图中指定台阶的第一点,如图 13-25 所示。

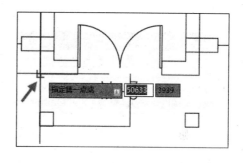

图 13-24 设置参数

图 13-25 指定第一点

05 向右移动光标,指定第二点,如图 13-26 所示。

06 创建台阶,结果如图 13-27 所示。

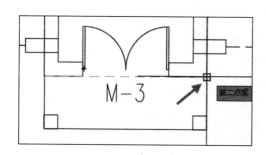

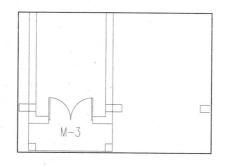

图 13-26 指定第二点

图 13-27 创建台阶

07 创建散水。单击【楼梯其他】|【散水】菜单命令,在弹出的【散水】对话框中设置参数,然后选择平面图形后按 Enter 键,创建散水,如图 13-28 所示。

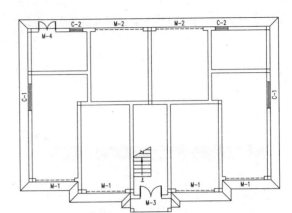

图 13-28　创建散水

5.　绘制标注文字

01　标注房间名称。单击【文字表格】|【单行文字】菜单命令，在弹出的【单行文字】对话框中设置参数，然后在图中指定插入位置，标注房间名称，如图 13-29 所示。

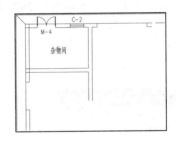

图 13-29　标注房间名称

02　在【单行文字】对话框中修改标注文字，继续标注其他房间名称，结果如图 13-30 所示。

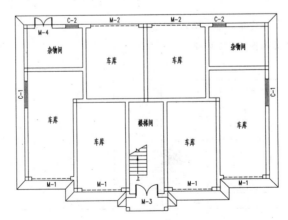

图 13-30　标注其他房间名称

03　标高标注。单击【符号标注】|【标高标注】菜单命令，在弹出的【标高标注】对话框中设置参数。然后在图中指定标注点与标高方向，标注室外地坪的标高。

04 在【标高标注】对话框中修改标高值，在图中标注室内地面的标高，如图 13-31 所示。

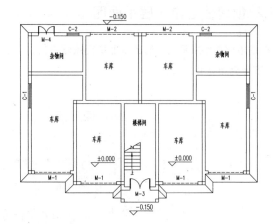

图 13-31　创建标高标注

05 图名标注。单击【符号标注】|【图名标注】菜单命令，在弹出的【图名标注】对话框中设置参数，如图 13-32 所示。

图 13-32　设置参数

06 在住宅楼架空层平面图的下方指定位置，创建图名标注，结果如图 13-33 所示。

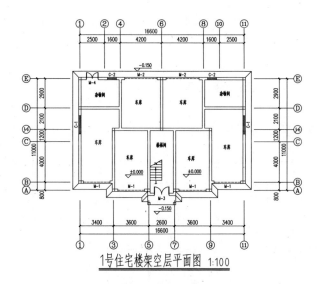

图 13-33　创建图名标注

13.1.2 创建住宅楼一层平面图

在住宅楼架空层平面图的基础上执行编辑操作，可以得到住宅楼一层平面图，绘制结果如图 13-34 所示。下面介绍绘制方法。

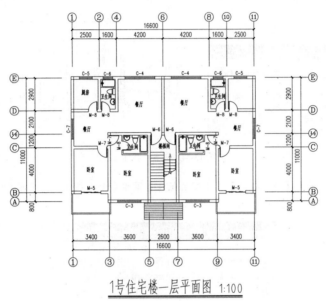

1号住宅楼一层平面图 1:100

图 13-34 住宅楼一层平面图

1. 编辑墙体

01 复制架空层平面图。执行"CO"（复制）命令，创建架空层平面图副本。执行 E "删除"命令，删除门窗、台阶、散水和文字标注等图形，结果如图 13-35 所示。

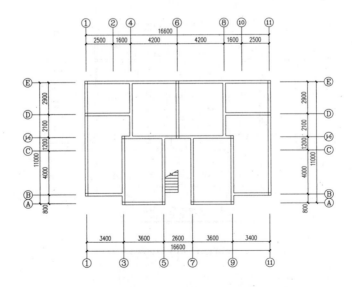

图 13-35 清理图形

02 修改墙高。单击【墙体】|【墙体工具】|【改高度】菜单命令，选择平面图后按 Enter 键，指定新的高度为 2750，如图 13-36 所示。

03 命令行提示"新的标高<0>:"时，按 Enter 键保持默认设置不变。提示"是否维持墙底部间距不变?[是(Y)/否(N)]<N>:"时，输入"Y"（选择"是"选项）。再次按 Enter 键退出命令。

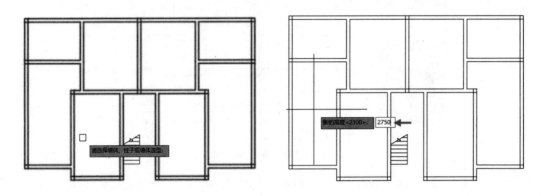

图 13-36　设置墙的新高度

04 偏移轴线。隐藏墙体、梯段与标准柱，在图中单独显示轴网。执行"O"（偏移）命令，选择 C 轴向下偏移 600，选择 5 轴向左偏移 2400，选择 7 轴向右偏移 2400，如图 13-37 所示。

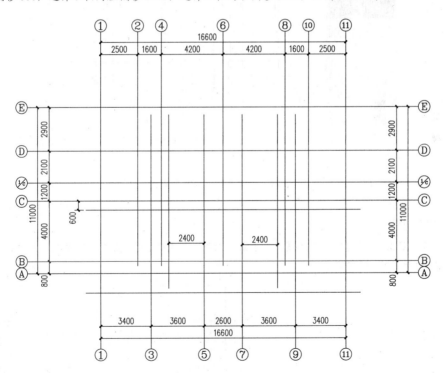

图 13-37　偏移轴线

05 绘制墙体。单击【墙体】|【绘制墙体】菜单命令，在弹出的【墙体】对话框中设置参数，依次指定起始点和结束点，绘制宽度为 240 的墙体，如图 13-38 所示。

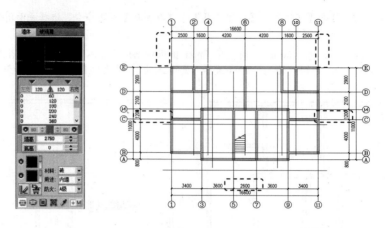

图 13-38　绘制宽度为 240 的墙体

06　在【墙体】对话框中修改"左宽"为 60、"右宽"为 60，在图中绘制宽度为 120 的隔墙，如图 13-39 所示。

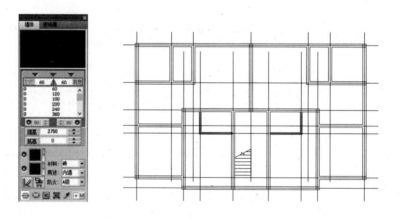

图 13-39　绘制宽度为 120 的隔墙

2. 插入门窗

01　插入 C-3。单击【门窗】|【门窗】菜单命令，在【窗】对话框中设置参数，然后在墙上指定位置，插入 C-3，如图 13-40 所示。

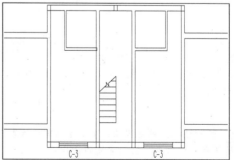

图 13-40　插入 C-3

[02] 插入 C-4。单击【门窗】|【门窗】菜单命令，在【窗】对话框中设置参数，然后在墙上指定位置，插入 C-4，如图 13-41 所示。

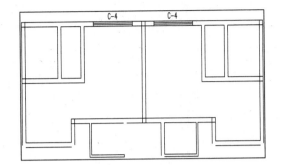

图 13-41　插入 C-4

[03] 插入 C-5。单击【门窗】|【门窗】菜单命令，在【窗】对话框中设置参数，然后在墙上指定位置，插入 C-5，如图 13-42 所示。

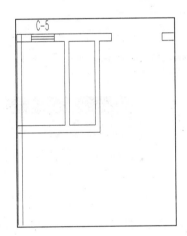

图 13-42　插入 C-5

[04] 插入 C-6。单击【门窗】|【门窗】菜单命令，在【窗】对话框中设置参数，然后在墙上指定位置，插入 C-6，如图 13-43 所示。

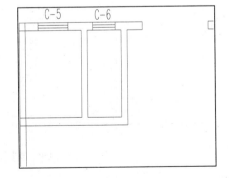

图 13-43　插入 C-6

[05] 插入 C-7。单击【门窗】|【门窗】菜单命令，在【窗】对话框中设置参数，然后在墙上指定位置，插入 C-7，如图 13-44 所示。

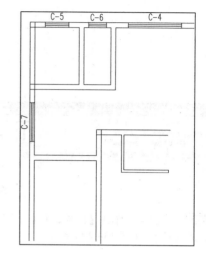

图 13-44 插入 C-7

[06] 绘制阳台推拉门 M-5。单击【门窗】|【门窗】菜单命令，在弹出的【门】对话框中设置推拉门参数，如图 13-45 所示。

图 13-45 设置参数

[07] 在墙上指定大致位置，绘制阳台推拉门 M-5，结果如图 13-46 所示。

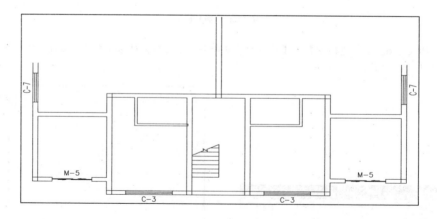

图 13-46 绘制阳台推拉门 M-5

[08] 插入 M-6。在【门】对话框中设置门参数，在墙上指定大致位置，插入 M-6，如图 13-47 所示。

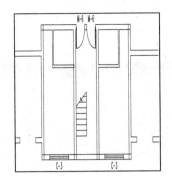

图 13-47　插入 M-6

09 插入 M-7。在【门】对话框中设置门参数，在墙上指定大致位置，插入 M-7，如图 13-48 所示。

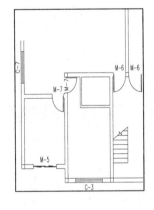

图 13-48　插入 M-7

10 插入 M-8。在【门】对话框中设置门参数，在墙上指定大致位置，插入 M-8，如图 13-49 所示。

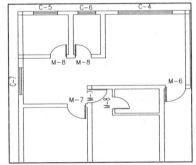

图 13-49　插入 M-8

3．创建楼梯

01 编辑直线梯段。双击直线梯段，在弹出的【直线梯段】对话框中选择"无剖断"按钮。单击"确定"按钮，修改直线梯段，如图 13-50 所示。

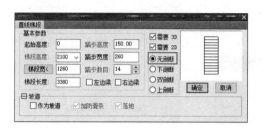
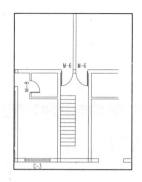

图 13-50 编辑直线梯段

02 创建双跑楼梯。单击【楼梯其他】|【双跑楼梯】菜单命令，在弹出的【双跑楼梯】对话框中设置参数，在命令行中输入"A"，选择"转90度"选项，调整楼梯方向。然后单击楼梯间的右下角点，创建双跑楼梯，如图13-51所示。

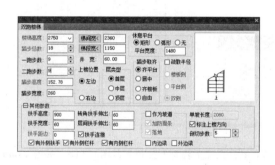
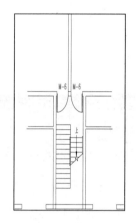

图 13-51 创建双跑楼梯

4. 创建阳台

01 绘制阳台。执行 PL "多段线"命令，配合"正交"功能，绘制作为阳台轮廓线的多段线，如图 13-52 所示。

02 单击【楼梯其他】|【阳台】菜单命令，在弹出的【绘制阳台】对话框中设置参数，如图13-53所示。

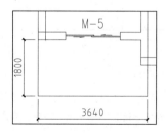

图 13-52 绘制多段线　　　　　　　图 13-53 设置参数

03 选择多段线，如图 13-54 所示。

[04] 选择与多段线相邻接的墙体、门窗和柱子图形，如图 13-55 所示。

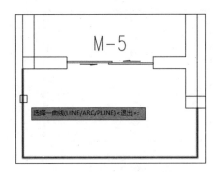

图 13-54　选择多段线

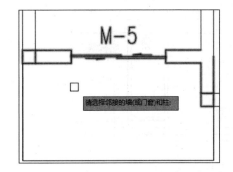

图 13-55　选择图形

[05] 命令行提示"请点取接墙的边"，如图 13-56 所示，直接按 Enter 键默认系统的选择。

[06] 创建阳台，结果如图 13-57 所示。

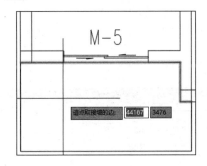

图 13-56　点取接墙的边

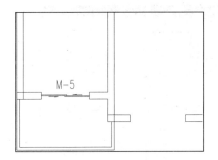

图 13-57　创建阳台

5. 布置洁具

[01] 布置浴缸。单击【房间屋顶】|【房间布置】|【布置洁具】菜单命令，在弹出的【天正洁具】对话框中选择浴缸，如图 13-58 所示。

[02] 双击浴缸图标，在弹出的【布置浴缸 08】对话框中选择尺寸，如图 13-59 所示。

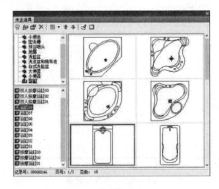

图 13-58　选择浴缸

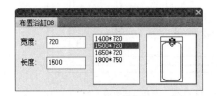

图 13-59　【布置浴缸 08】对话框

[03] 在命令行中输入"D"，选择"点取方式布置"选项。再输入"T"，选择"改基点"选项。点取浴缸的左上角点为基点，指定内墙角为放置点，如图 13-60 所示。

[04] 布置浴缸，结果如图 13-61 所示。

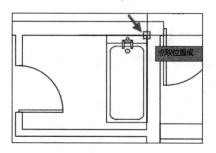

图 13-60　指定位置

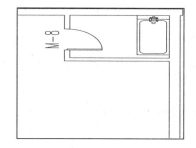

图 13-61　布置浴缸

[05] 布置坐便器。单击【房间屋顶】|【房间布置】|【布置洁具】菜单命令，在弹出的【天正洁具】对话框中选择坐便器，如图 13-62 所示。

[06] 在弹出的【布置坐便器 01】对话框中设置参数，如图 13-63 所示。

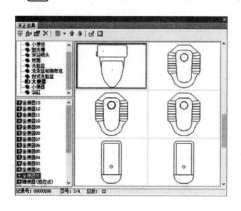

图 13-62　选择坐便器

图 13-63　设置参数

[07] 根据命令行的提示，选择沿墙边线，如图 13-64 所示。

[08] 移动光标，指定坐便器的第一个插入点，布置坐便器，结果如图 13-65 所示。

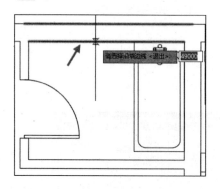

图 13-64　选择沿墙边线

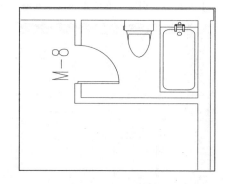

图 13-65　布置坐便器

[09] 布置洗脸盆。单击【房间屋顶】|【房间布置】|【布置洁具】菜单命令，在弹出的【天正洁具】对话框中选择洗脸盆，如图 13-66 所示。

[10] 双击洗脸盆图标，在弹出的【布置洗脸盆 06】对话框中设置参数，如图 13-67 所示。

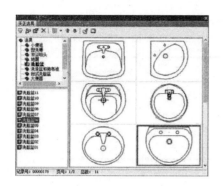

图 13-66　选择洗脸盆　　　　　　　　　　　　图 13-67　设置参数

[11]　点取沿墙边线，指定洗脸盆的插入点，布置洗脸盆，结果如图 13-68 所示。

[12]　重复上述操作，继续在卫生间中布置其他洁具，结果如图 13-69 所示。

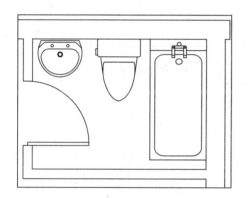

图 13-68　布置洗脸盆　　　　　　　　　　　　图 13-69　布置其他洁具

6.　创建屋顶

[01]　创建人字坡顶。执行 "REC"（矩形）命令，在平面图的入口处绘制一个尺寸为 3500×1500 的矩形，如图 13-70 所示。

[02]　单击【房间屋顶】|【人字坡顶】菜单命令，在图中选择多段线（即刚绘制的矩形），如图 13-71 所示。

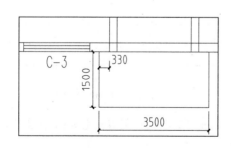

图 13-70　绘制矩形　　　　　　　　　　　　　图 13-71　选择多段线

[03]　按 Enter 键，指定屋脊线的起点和终点，如图 13-72 所示。

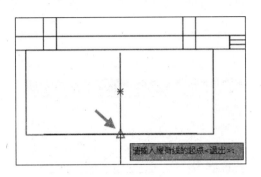 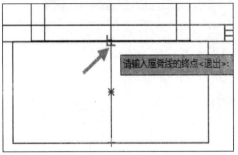

图 13-72　指定起点和终点

04　弹出【人字坡顶】对话框，在"屋脊标高"中显示默认值。单击"参考墙顶标高"按钮，如图 13-73 所示。

05　在图中选择墙，如图 13-74 所示。

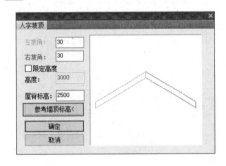 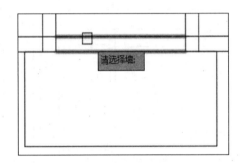

图 13-73　单击按钮　　　　　　　　　　　　　图 13-74　选择墙

06　返回【人字坡顶】对话框，在"屋脊标高"选项中更新参数，如图 13-75 所示。

07　单击"确定"按钮，创建人字坡顶，结果如图 13-76 所示。

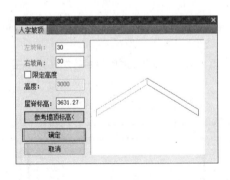 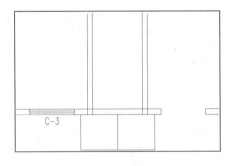

图 13-75　更新参数　　　　　　　　　　　　　图 13-76　创建人字坡顶

08　执行"H"（图案填充）命令，打开【图案填充和渐变色】对话框，选择填充图案，并设置参数，如图 13-77 所示。

09　为屋面填充图案，结果如图 13-78 所示。

图 13-77　设置参数

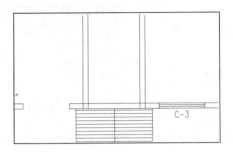

图 13-78　填充图案

7. 绘制标注文字

01 创建房间名称。单击【文字表格】|【单行文字】菜单命令，在弹出的【单行文字】对话框中设置参数，然后指定位置，标注房间名称，如图 13-79 所示。

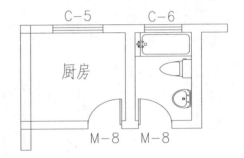

图 13-79　标注房间名称

02 在【单行文字】对话框中修改参数，继续标注其他房间名称，结果如图 13-80 所示。

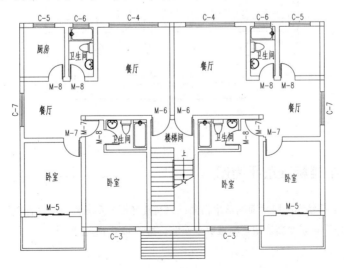

图 13-80　标注其他房间名称

03 创建图名标注。单击【符号标注】|【图名标注】菜单命令，在弹出的【图名标注】对话框中设置参数，如图 13-81 所示。

图 13-81 设置参数

04 在平面图的下方指定位置，创建图名标注，结果如图 13-82 所示。

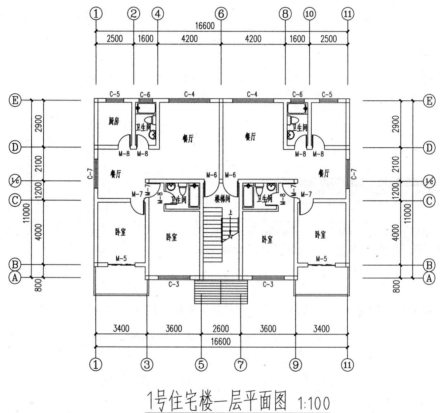

图 13-82 创建图名标注

13.1.3 创建住宅楼标准层平面图

住宅楼标准层平面图和一层平面图基本相同，只有楼梯形式不相同。因此，在住宅楼一层平面图的基础上执行编辑操作，可以得到住宅楼标准层平面图，结果如图 13-83 所示。

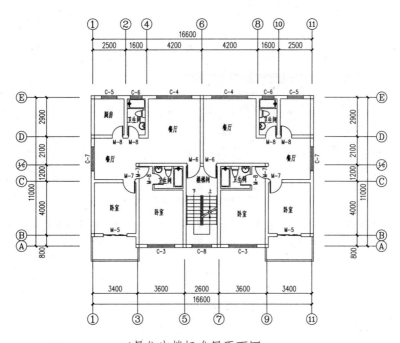

图 13-83 住宅楼标准层平面图

01 清理平面图。执行 "CO"（复制）命令，创建一层平面图副本。执行 E "删除" 命令，删除直线梯段、屋顶，结果如图 13-84 所示。

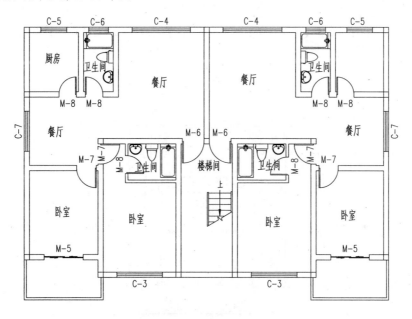

图 13-84 清理平面图

02 修改楼梯样式。双击双跑楼梯，在弹出的【双跑楼梯】对话框中选择 "中层" 选项，单击 "确定" 按钮，即可修改楼梯样式，如图 13-85 所示。

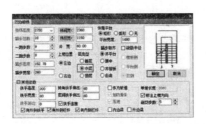
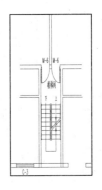

图 13-85　修改楼梯样式

[03] 插入楼梯间窗户。单击【门窗】|【门窗】菜单命令，在弹出的【窗】对话框中设置参数。单击楼梯间墙体，然后按 Enter 键确认窗户个数为 1，插入窗户，如图 13-86 所示。

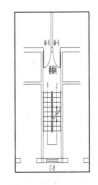

图 13-86　插入楼梯间窗户

[04] 创建图名标注。单击【符号标注】|【图名标注】菜单命令，在弹出的【图名标注】对话框中设置参数。在平面图的下方指定位置，创建图名标注，结果如图 13-87 所示。

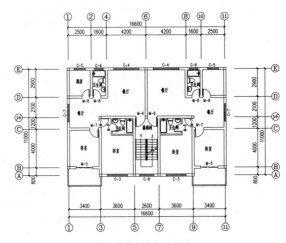

图 13-87　创建图名标注

13.1.4 创建屋顶平面图

本实例的屋顶为人字坡顶，在屋顶上还有一个水箱间。可参考墙体外轮廓线，执行"偏移"命令创建屋顶线，再执行"人字坡顶"命令创建屋顶。

屋顶平面图的绘制结果如图 13-88 所示。下面介绍绘制方法。

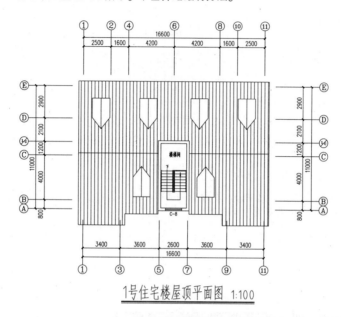

图 13-88　住宅楼屋顶平面图

[01]　清理图形。执行"CO"（复制）命令，创建标准层平面图的副本。执行"E"（删除）命令，删除墙体、门窗、文字标注等，结果如图 13-89 所示。

[02]　绘制屋顶轮廓线。执行"PL"（多段线）命令，沿着外墙绘制多段线。执行"O"（偏移）命令，设置距离为 300，向外偏移多段线，生成屋顶的轮廓线，结果如图 13-90 所示。

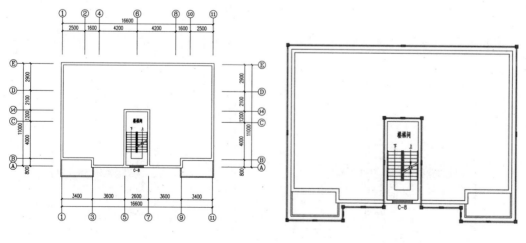

图 13-89　清理图形　　　　　　　　　图 13-90　生成屋顶轮廓线

03 执行 E "删除" 命令，删除作为生成屋顶线参考的外墙、阳台，结果如图 13-91 所示。

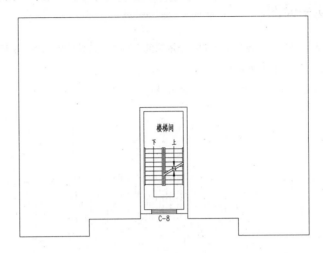

图 13-91　删除图形

04 修改楼梯样式。双击双跑楼梯，在弹出的【双跑楼梯】对话框中选择"顶层"选项。单击"确定"按钮，修改楼梯样式，结果如图 13-92 所示。

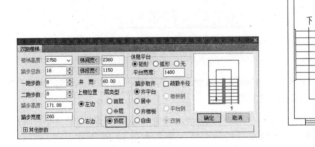

图 13-92　修改楼梯样式

05 创建人字坡顶。单击【房间屋顶】|【人字坡顶】菜单命令，选择屋顶线，指定屋脊线的起点和终点，如图 13-93 所示。

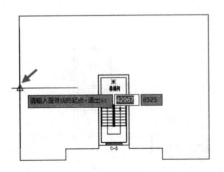
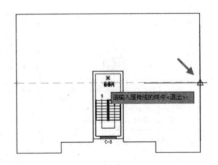

图 13-93　指定起点和终点

[06] 弹出【人字坡顶】对话框，选择"限定高度"选项，设置"高度"与"屋脊标高"选项值，如图 13-94 所示。

[07] 单击"确定"按钮，创建人字坡顶，结果如图 13-95 所示。

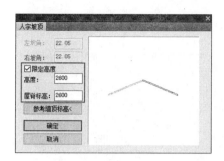

图 13-94　设置参数

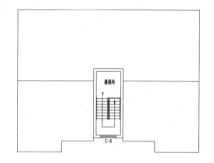

图 13-95　创建人字坡顶

[08] 创建老虎窗。单击【房间屋顶】|【加老虎窗】菜单命令，选择人字屋顶后按 Enter 键，在弹出的【加老虎窗】对话框中设置参数。单击"确定"按钮，在图中依次指定老虎窗的插入位置，创建老虎窗，如图 13-96 所示。

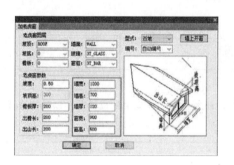

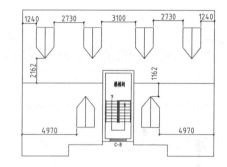

图 13-96　创建老虎窗

[09] 填充屋面图案。执行"H"（图案填充）命令，在弹出的【图案填充和渐变色】对话框中设置参数，单击"添加：拾取点"按钮，拾取屋面作为填充区域。

[10] 按 Enter 键返回【图案填充和渐变色】对话框，单击"确定"按钮，填充屋面图案，如图 13-97 所示。

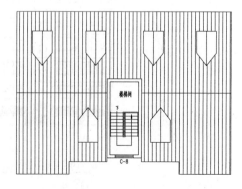

图 13-97　填充屋面图案

11 创建图名标注。单击【符号标注】|【图名标注】菜单命令,在弹出的【图名标注】对话框中设置参数,然后在屋顶平面图下方单击即可创建出图名标注。创建图名标注的具体操作步骤和结果如图13-98所示。

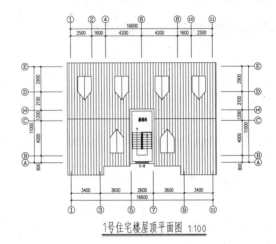

图 13-98 创建图名标注

13.2 绘制住宅楼立面图和剖面图

一套完整的住宅楼施工图纸不仅包括各层平面图,还包括各个方向上的立面图,以及构造详图。

13.2.1 绘制住宅楼立面图

绘制住宅楼正立面图,如图13-99所示。下面介绍绘制方法。

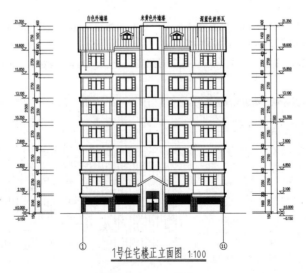

图 13-99 住宅楼正立面图

1. 新建工程

[01] 单击【文件布图】|【工程管理】菜单命令，在弹出的【工程管理】对话框中单击"工程管理"选项，在下拉列表中选择"新建工程"选项，如图 13-100 所示。

[02] 弹出【另存为】对话框，输入工程名称，如图 13-101 所示。

图 13-100　选择选项

图 13-101　输入工程名称

[03] 单击"保存"按钮，创建一个新工程，如图 13-102 所示。

[04] 添加图纸。在【工程管理】对话框中的"平面图"选项上单击鼠标右键，在弹出的快捷菜单中选择"添加图纸"选项，如图 13-103 所示。

图 13-102　新建工程

图 13-103　选择选项

[05] 弹出【选择图纸】对话框，选择"住宅楼平面图"，如图 13-104 所示。

[06] 单击"打开"按钮，添加图纸，结果如图 13-105 所示。

图 13-104　选择图纸

图 13-105　添加图纸

07 添加楼层表。将光标定位在"层号"单元格内,输入层号1。将光标定位在"层高"单元格内,输入底层层高2100。然后将光标定位在"文件"单元格内,如图13-106所示。

08 单击"楼层"组中的"框选楼层范围"按钮 □ ,选择1号住宅楼架空层平面图。指定1轴与A轴的交点作为楼层的对齐点,即可创建楼层信息,如图13-107所示。

09 利用同样的方法,添加其他楼层的信息,结果如图13-108所示。

图 13-106　添加楼层表　　　　图 13-107　添加楼层信息　　　　图 13-108　添加其他楼层信息

2. 生成立面图

01 单击"楼层"选项组中的"建筑立面"按钮 ■ ,根据命令行的提示输入"F",选择"正立面图"选项。

02 在图中选择1轴和11轴,按Enter键,弹出【立面生成设置】对话框,设置参数,如图13-109所示。

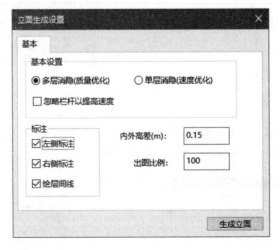

图 13-109　设置参数

03 单击"生成立面"按钮,弹出【输入要生成的文件】对话框,选择保存路径并输入文件名。

04 单击"保存"按钮,生成正立面图,结果如图13-110所示。

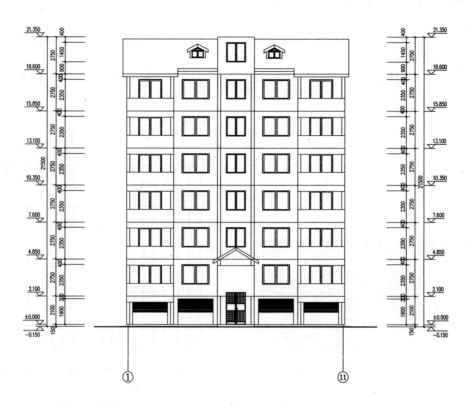

图 13-110　生成正立面图

3. 编辑立面图

[01]　绘制立面窗。执行"REC"（矩形）命令，绘制尺寸为 2100×1450 的矩形。执行"X"（分解）命令，分解矩形。执行"O"（偏移）命令、"TR"（修剪）命令，向内偏移并修剪矩形边，绘制立面窗，结果如图 13-111 所示。

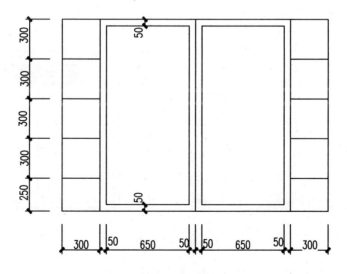

图 13-111　绘制立面窗

[02] 新图入库。单击【立面】|【立面门窗】菜单命令，弹出【天正图库管理系统】对话框。在工具栏中单击"新图入库"按钮 🖶，选择立面窗后按 Enter 键，单击窗的左下角点，并确认制作幻灯片，即可将新图入库，如图 13-112 所示。

[03] 替换立面窗。在【天正图库管理系统】对话框中单击"替换"按钮，在图中选择需要替换的窗后按 Enter 键，即可替换立面窗，结果如图 13-113 所示。

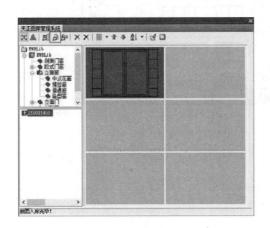

图 13-112　新图入库

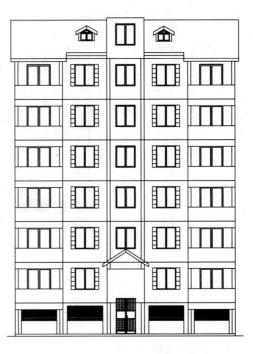

图 13-113　替换立面窗

[04] 添加立面窗套。单击【立面】|【立面窗套】菜单命令，依次指定窗套的左下角点和右上角点，如图 13-114 所示。

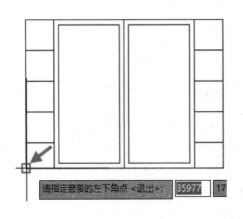

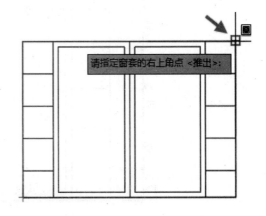

图 13-114　指定对角点

[05] 弹出【窗套参数】对话框，设置参数，如图 13-115 所示。

[06] 单击"确定"按钮，添加立面窗套，如图 13-116 所示。

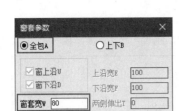

图 13-115 设置参数

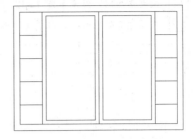

图 13-116 添加立面窗套

[07] 绘制立面门。执行 "REC"（矩形）命令，绘制尺寸为 2000×1800 的矩形。执行 "X"（分解）命令，分解矩形。执行 "O"（偏移）命令、"TR"（修剪）命令，向内偏移并修剪矩形边，绘制立面门，结果如图 13-117 所示。

[08] 新图入库。单击【立面】|【立面门窗】菜单命令，弹出【天正图库管理系统】对话框。在工具栏中单击 "新图入库" 按钮 ，选择立面门后按 Enter 键，单击门的左下角，并确认制作幻灯片，即可将新图入库，如图 13-118 所示。

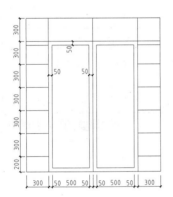

图 13-117 绘制立面门

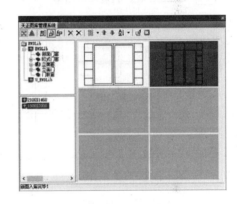

图 13-118 新图入库

[09] 替换立面门。在【天正图库管理系统】对话框中双击立面门样式，弹出【图块编辑】对话框，如图 13-119 所示。

[10] 在命令行中输入 "T"，选择 "改基点" 选项。单击立面门的左上角，重定义基点。在立面图中指定插入点，如图 13-120 所示。

图 13-119 【图块编辑】对话框

图 13-120 指定插入点

11 放置立面门，结果如图 13-121 所示。

12 选择原有的立面门，执行 E "删除" 命令，将之删除，结果如图 13-122 所示。

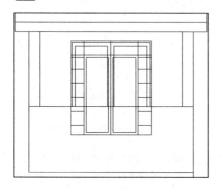

图 13-121 放置立面门

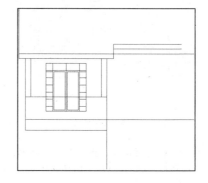

图 13-122 删除原有的门

13 图形裁剪。单击【立面】|【图形裁剪】菜单命令，选择立面门，如图 13-123 所示。

14 按 Enter 键，指定矩形的第一个角点，如图 13-124 所示。

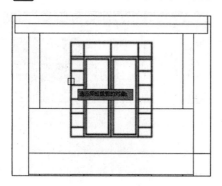

图 13-123 选择立面门

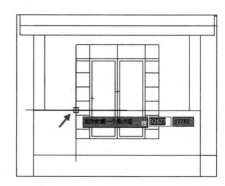

图 13-124 指定第一个角点

15 指定矩形的另一个对角点，如图 13-125 所示，指定裁剪范围。

16 图形裁剪的结果如图 13-126 所示。

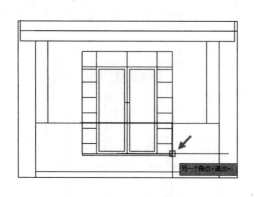

图 13-125 指定另一个对角点

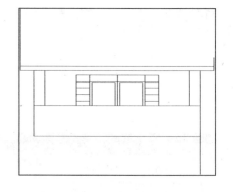

图 13-126 裁剪图形

17 绘制阳台造型板。执行 "REC"（矩形）命令，绘制矩形。执行 "L"（直线）命令，绘制线段。

然后执行"TR"（修剪）命令，修剪阳台图形，绘制造型板，如图 13-127 所示。

[18] 调整入户门屋顶的位置。选择屋顶，执行"M"（移动）命令，向下移动屋顶，再执行"TR"（修剪）命令，修剪图形，结果如图 13-128 所示。

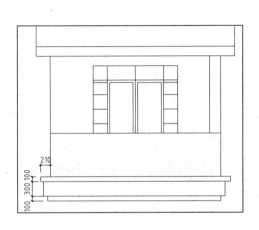

图 13-127　绘制阳台造型板

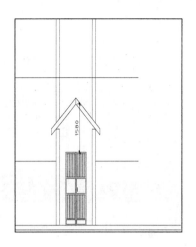

图 13-128　调整入户门屋顶的位置

[19] 填充立面图例。执行"H"（图案填充）命令，打开"图案填充创建"选项卡。在"图案"面板中选择"ANSI31"图案，设置填充角度及比例，如图 13-129 所示。

图 13-129　设置参数

[20] 单击"拾取点"按钮，拾取屋面，填充图案，结果如图 13-130 所示。

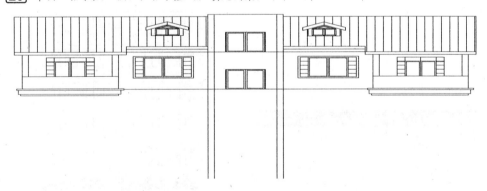

图 13-130　填充屋面图案

[21] 按 Enter 键，再次执行"图案填充"命令。选择图案，并修改填充参数，如图 13-131 所示。

图 13-131　修改参数

[22] 单击"拾取点"按钮，拾取立面墙，填充图案，结果如图 13-132 所示。

图 13-132　填充立面墙图案

4. 标注立面图

[01] 标注引出文字。单击【符号标注】|【引出标注】菜单命令，在弹出的【引出标注】对话框中设置参数。在图中依次指定标注点位置、引线位置和文字基线位置，标注引出文字，如图 13-133 所示。

图 13-133　标注引出文字

[02] 创建立面轮廓线。单击【立面】|【立面轮廓】菜单命令，选择立面图形后按 Enter 键，输入轮廓线宽度为 80，按 Enter 键即可创建立面轮廓线，结果如图 13-134 所示。

[03] 创建图名标注。单击【符号标注】|【图名标注】菜单命令，在弹出的【图名标注】对话框中

设置参数,如图 13-135 所示。

图 13-134 创建立面轮廓线

图 13-135 设置参数

04 在住宅正立面图的下方单击,即可创建图名标注,结果如图 13-136 所示。

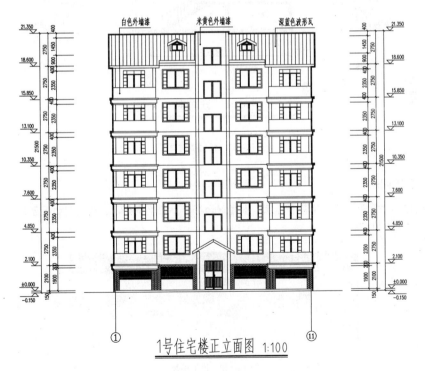

图 13-136 创建图名标注

13.2.2 绘制住宅楼剖面图

住宅楼剖面图可反映房屋内部的竖向构造，应该选择比较复杂且具有代表性的部位进行剖切。住宅楼剖面图的绘制结果如图 13-137 所示。下面介绍绘制方法。

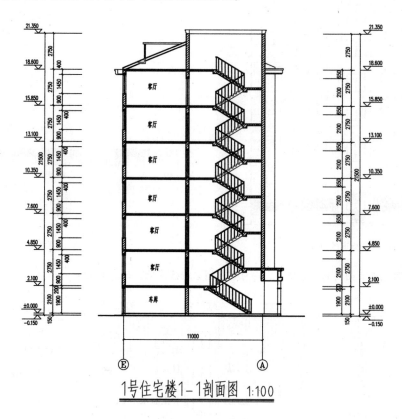

图 13-137 住宅楼剖面图

1. 生成剖面图

[01] 创建剖切符号。单击【符号标注】|【剖切符号】菜单命令，打开【剖切符号】对话框，设置参数，如图 13-138 所示。

图 13-138 设置参数

[02] 根据命令行的提示，单击第一个剖切点、第二个剖切点，并指定剖视方向，即可创建剖切符号，结果如图 13-139 所示。

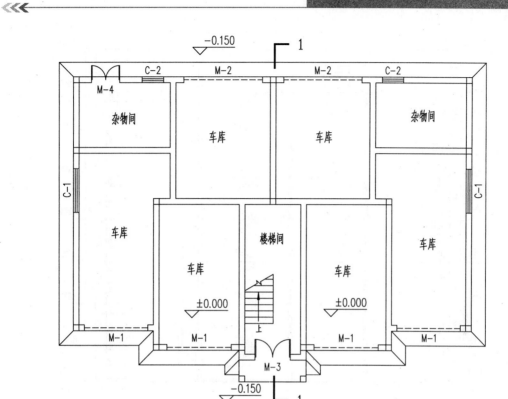

图 13-139　创建剖切符号

03 生成建筑剖面图。打开【工程管理】对话框，单击"楼层"选项组中的"建筑剖面"按钮 ⊞，
如图 13-140 所示。

04 在图中单击剖切线，选择 E 轴和 A 轴后按 Enter 键，弹出【剖面生成设置】对话框，设置参数，
如图 13-141 所示。

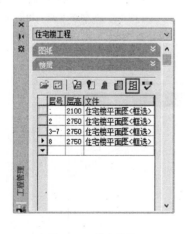

图 13-140　单击按钮

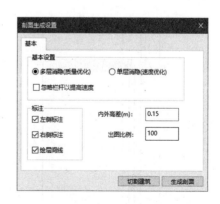

图 13-141　设置参数

05 单击"生成剖面"按钮，在弹出的【输入要生成的文件】对话框中设置保存路径并输入文件名。
单击"保存"按钮，生成建筑剖面图，结果如图 13-142 所示。

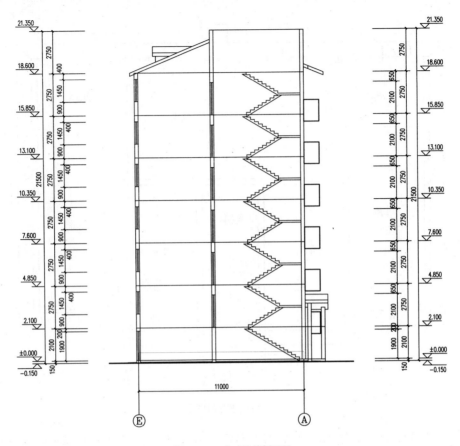

图 13-142 生成建筑剖面图

2. 编辑剖面图

01 创建双线楼板。单击【剖面】|【双线楼板】菜单命令，指定楼板的起始点和结束点，如图 13-143 所示。

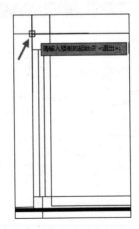
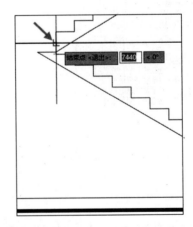

图 13-143 指定起点和终点

02 按 Enter 键保持楼板顶面标高不变，输入楼板厚度为 100，按 Enter 键即可创建双线楼板，结果如图 13-144 所示。

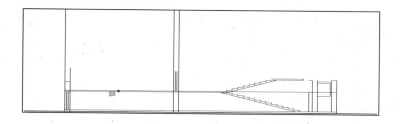

图 13-144　创建双线楼板

03 添加剖断梁。单击【剖面】|【加剖断梁】菜单命令，在图中指定剖面梁的参照点，如图 13-145 所示。

04 输入梁左侧到参照点的距离为 300，如图 13-146 所示。

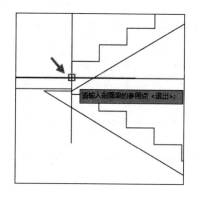

图 13-145　指定参照点

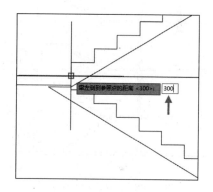

图 13-146　输入参数

05 指定梁右侧到参照点的距离为 0，输入梁底边到参照点的距离为 280，如图 13-147 所示。

06 按 Enter 键，即可添加剖断梁，结果如图 13-148 所示。

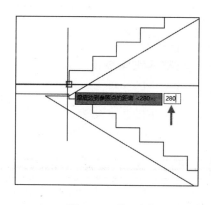

图 13-147　输入参数

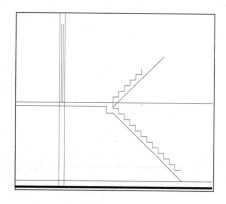

图 13-148　添加剖断梁

07 重复上述操作，继续为剖面图添加双线楼板与剖断梁，结果如图 13-149 所示。

08 添加门窗过梁。单击【剖面】|【门窗过梁】菜单命令,选择剖面窗后按 Enter 键,输入梁高为 100。按 Enter 键即可添加门窗过梁,结果如图 13-150 所示。

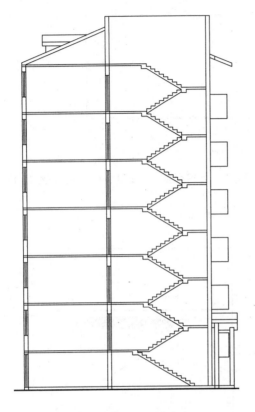

图 13-149 添加全部双线楼板与剖断梁　　　　　　　图 13-150 添加门窗过梁

09 创建楼梯栏杆。单击【剖面】|【楼梯栏杆】菜单命令,命令行提示“请输入楼梯扶手的高度<1000>:”“是否要打断遮挡线(Yes/No)? <Yes>:”时,按 Enter 键保持默认设置不变。

10 在图中依次指定楼梯扶手的起始点和结束点,如图 13-151 所示。

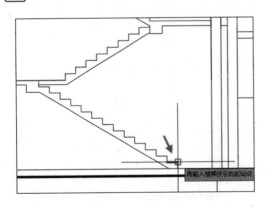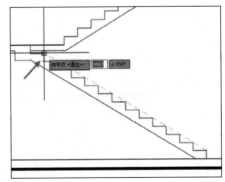

图 13-151 指定起始点和结束点

11 创建一段楼梯栏杆,如图 13-152 所示。

12 重复选择楼梯扶手的起始点和结束点,可以继续创建楼梯栏杆,结果如图 13-153 所示。

图 13-152　创建一段楼梯栏杆

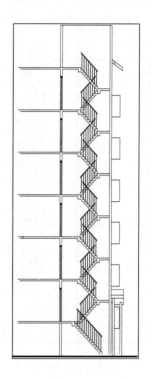

图 13-153　创建全部楼梯栏杆

[13] 创建扶手接头。单击【剖面】|【扶手接头】菜单命令，设置扶手的伸出距离为100，输入 Y，选择"增加栏杆"选项。指定对角点选择扶手，如图 13-154 所示。

[14] 创建扶手接头的结果如图 13-155 所示。

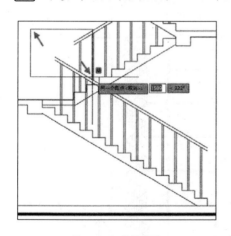

图 13-154　选择扶手

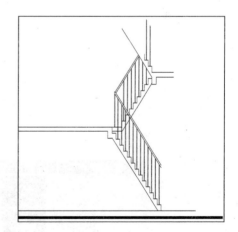

图 13-155　创建扶手接头

[15] 继续选择扶手，可以连续创建扶手接头，扶手接头全部创建完成后，按 Esc 键退出命令，结果如图 13-156 所示。

[16] 执行 "O"（偏移）命令、"TR"（修剪）命令，编辑剖面图，结果如图 13-157 所示。

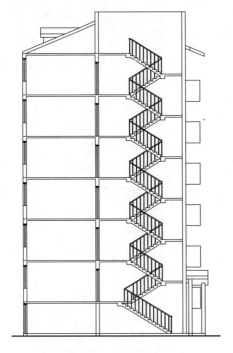

图 13-156 创建全部扶手接头

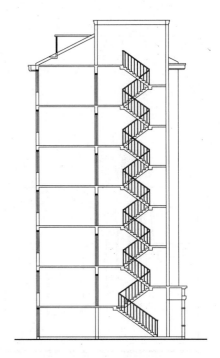

图 13-157 编辑剖面图

[17] 剖面填充。单击【剖面】|【剖面填充】菜单命令，选择墙线或梁板，按 Enter 键，在弹出的【请点取所需的填充图案】对话框中设置参数，单击"确定"按钮，即可完成填充图案操作，如图 13-158 所示。

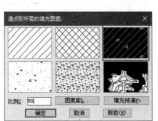

图 13-158 填充图案

[18] 重复上述操作，继续执行填充图案操作，结果如图 13-159 所示。

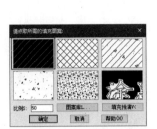
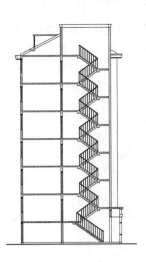

图 13-159　填充全部图案

[19]　剖面加粗。单击【剖面】|【居中加粗】菜单命令，选择剖面图形，按 Enter 键确认墙线宽为 0.4，平面加粗结果如图 13-160 所示。

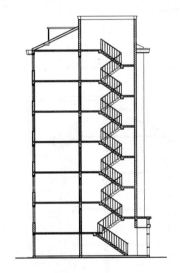

图 13-160　剖面加粗

3．标注剖面图

[01]　标注房间名称。单击【文字表格】|【单行文字】菜单命令，在弹出的【单行文字】对话框中设置参数，如图 13-161 所示。

图 13-161　设置参数

02 在图中指定位置即可标注房间名称，结果如图 13-162 所示。

03 图名标注。单击【符号标注】|【图名标注】菜单命令，在弹出的【图名标注】对话框中设置参数，如图 13-163 所示。

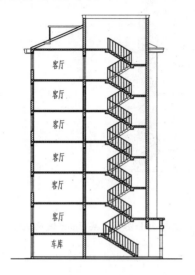

图 13-162　标注房间名称

图 13-163　设置参数

04 在剖面图下方单击鼠标左键，即可创建图名标注，结果如图 13-164 所示。

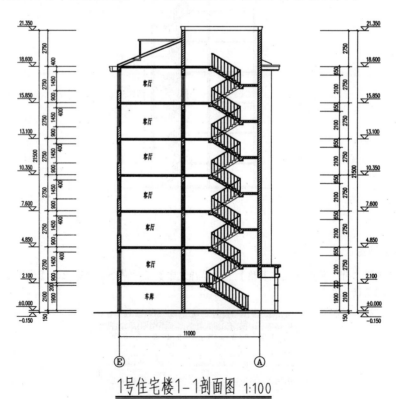

图 13-164　创建图名标注

第14章 布图与打印

● **本章导读**

　　建筑图纸绘制完毕，需要将其打印输出，以便于指导施工和交流。T20 提供了在模型空间单比例布图，以及在图纸空间多比例布图并打印输出的方法。本章将介绍布图和打印的方法。

● **本章重点**

◆ 模型空间与图纸空间概念　　　　◆ 单比例布图

◆ 详图与多比例布图　　　　　　　◆ 本章小结

◆ 思考与练习

14.1 模型空间与图纸空间概念

　　与 AutoCAD 相同，T20 也设有图纸空间和模型空间。默认情况下，可在模型空间（见图 14-1）绘制、编辑、查看图形。单击绘图窗口下方的"布局"标签，可切换至图纸空间，图纸的显示效果如图 14-2 所示。

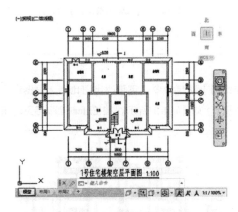

图 14-1　模型空间

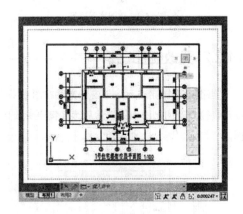

图 14-2　图纸空间

模型空间和图纸空间介绍如下。

➢ 模型空间：在空间中绘制图形。对于一些简单的图形，可以在模型空间中以"单比例布图"的方式输出。

➢ 图纸空间：设置图形布局并打印输出图纸。在图纸空间中可以设置"单比例布图"，也可以按不同的比例（根据绘图时设置的绘图比例）将多个图形输出到一张图纸（即多比例布图，需要创建多个视口）。

14.2 单比例布图

在使用单一比例绘图时，用户可以直接在模型空间中插入图框并打印出图。这种在图纸上排列图形的方式称为单比例布图。

14.2.1 设置出图比例

默认情况下，绘图时的比例为 1:100。用户可以单击 AutoCAD 状态栏中的按钮比例 1:100 ，在弹出的列表中选择当前的绘图比例，如图 14-3 所示。

选择"其他比例"选项，弹出【设置当前比例】对话框。单击选项，向下弹出列表，在其中选择绘图比例，如图 14-4 所示。选择完成后单击"确定"按钮，即可设置当前绘图比例。

图 14-3 绘图比例列表

图 14-4 【设置当前比例】对话框

14.2.2 更改出图比例

当图形绘制完成后，单击【文件布图】|【改变比例】菜单命令，可更改出图比例。根据命令行的提示，输入新的出图比例，然后选择需要更改比例的图元，如图 14-5 所示，按 Enter 键即可更改出图比例。

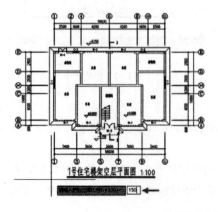

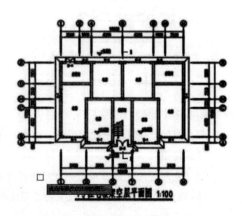

图 14-5 输入新的出图比例并选择需要更改比例的图元

14.2.3 页面设置

打印图纸之前，需要首先设置打印页面的参数。单击 AutoCAD 菜单栏中的【插入】|【布局】|【创建布局向导】命令，如图 14-6 所示，打开【创建布局-开始】对话框。

在该对话框中设置新布局的名称，如输入"新布局"，如图 14-7 所示。用户自定义布局名称。

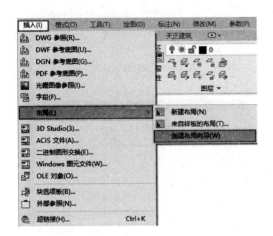

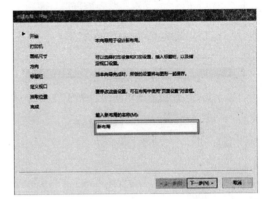

图 14-6　选择命令　　　　　　　　　　　　　图 14-7　【创建布局-开始】对话框

单击"下一步"按钮，在列表中选择绘图仪，如图 14-8 所示。

单击"下一步"按钮，在"图纸尺寸"列表中选择打印幅面，并设置"图形单位"，如图 14-9 所示。

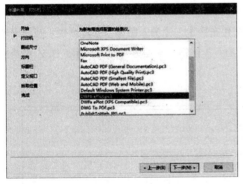

图 14-8　选择绘图仪　　　　　　　　　　　　图 14-9　选择图纸尺寸

单击"下一步"按钮，选择图纸打印方向为"横向"，如图 14-10 所示。如果没有特别的要求，通常以"横向"打印图纸。

单击"下一步"按钮，在对话框中保持默认设置不变，如图 14-11 所示。

单击"下一步"按钮，选择"无"选项，如图 14-12 所示，表示不需要创建视口。

单击"下一步"按钮，在对话框中显示已经成功创建布局，如图 14-13 所示。单击"完成"按钮，关闭对话框，退出命令。

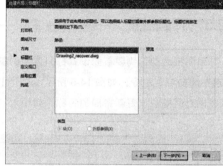

图 14-10　选择打印方向　　　　　　图 14-11　保持默认设置

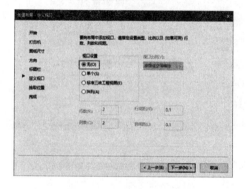

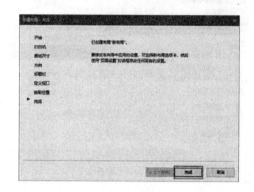

图 14-12　选择"无"选项　　　　　　图 14-13　成功创建布局

14.2.4　插入图框

创建布局后，系统自动切换到布局选项卡。单击【文件布图】|【插入图框】菜单命令，在弹出的【图框选择】对话框中设置图幅大小和图框样式，单击"插入"按钮，根据命令行的提示，按 Z 键将图框插入到原点位置，如图 14-14 所示。

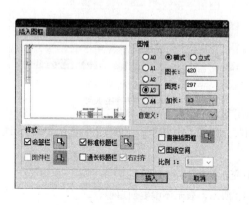

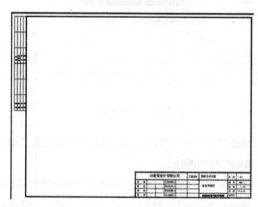

图 14-14　插入图框

14.2.5 定义视口

在布局空间中设置页面大小和插入图框后，即可在图框中定义视口。此时在视口中显示出将要打印的图形。单击【文件布图】|【定义视口】菜单命令，指定对角点，选择打印的范围，如图 14-15 所示。

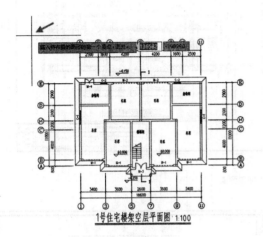
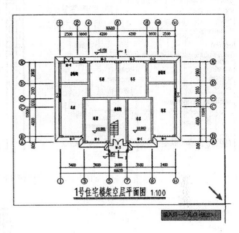

图 14-15　选择打印范围

按 Enter 键确认图形的输出比例为 1:100。指定视口位置，即可定义视口，如图 14-16 所示。

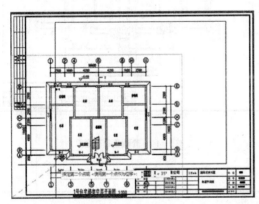
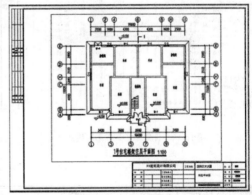

图 14-16　定义视口

14.2.6 打印图形

定义视口后，即可开始打印图形。单击【文件】|【打印】菜单命令，在弹出的【打印-新布局】对话框中单击"预览"按钮，预览打印效果，如图 14-17 所示。

此时在预览窗口中发现视口边框也显示其中，表示其也将随着图纸被打印输出。退出打印预览窗口，执行"LA"（图形特性）命令，打开【图形特性管理器】对话框，找到视口所在的图层，将其设置为"不打印"模式，如图 14-18 所示。再次预览图纸的打印效果，可以发现视口边框已被隐藏，如图 14-19 所示。

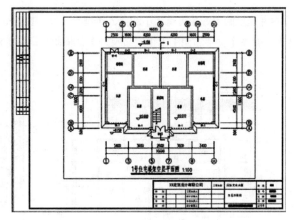

图 14-17 打印预览

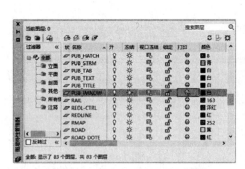

图 14-18 设置为"不打印"模式

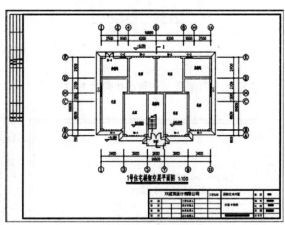

图 14-19 隐藏视口边框

14.3 详图与多比例布图

有时候需要在同一张图纸上绘制多个不同比例的图形，以便将不同比例的图形打印在一张图纸上，这种布图方式称为多比例布图。

14.3.1 图形切割

在绘制建筑图时，有时需要将图形的某一部分放大并单独显示，即创建大样图。T20 提供了"图形切割"模式，可以将图纸中指定的区域复制成为单独的图形，还可以改变输出比例，达到多比例布图的目的。

单击【文件布图】|【图形切割】菜单命令，根据命令行的提示，在图中指定对角点，选择图形切割的范围，如图 14-20 所示。

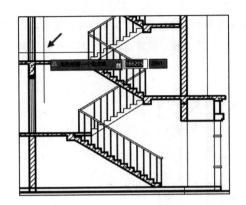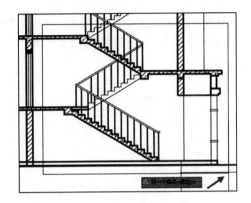

图 14-20　选择切割范围

移动光标，指定新图形的插入位置，切割图形的结果如图 14-21 所示。双击图形边框，打开【编辑切割线】对话框，如图 14-22 所示。

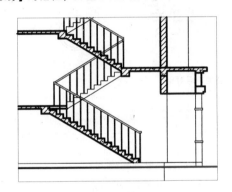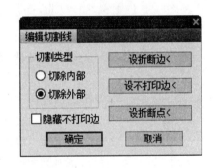

图 14-21　切割图形　　　　　　　　　　　　　图 14-22　【编辑切割线】对话框

在该对话框中选择"切割类型"，单击"设折断边"按钮，在图中选择切割线，并设置折断数目，即可将选中的边指定为折断边，如图 14-23 所示。

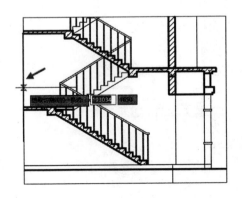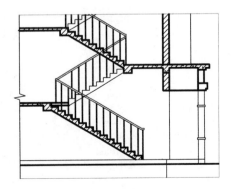

图 14-23　指定折断边

14.3.2 改变比例

切割图形后，需要更改详图的比例。单击【文件布图】|【改变比例】菜单命令，根据命令行的提示，输入新的比例值。在图中选择需改变比例的全部图形，按 Enter 键结束选择，即可更改比例，如图 14-24 所示。

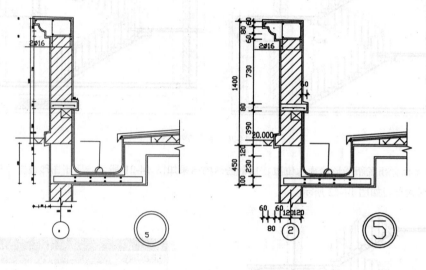

图 14-24 改变图形比例的前后对比

14.3.3 标注详图

执行"图形切割"命令创建详图后，需要为图形创建尺寸标注。默认比例为 1：100，需要用户选择比例，再利用 T20 的尺寸标注功能或文字标注功能对其进行标注，如图 14-25 所示。

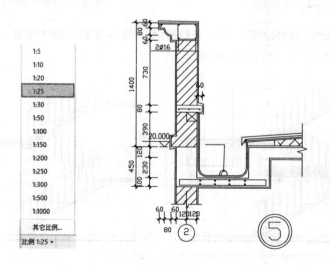

图 14-25 标注详图

14.3.4 多比例布图

　　绘制图形并设定比例后，可参考单比例布图中设置页面的方法，在布局中设置输出页面的大小和选择图框的样式。单击【文件布图】|【定义视口】菜单命令，在图中选择视口范围，确认图形的输出比例，在布局中指定视口位置，即可创建一个视口，如图 14-26 所示。

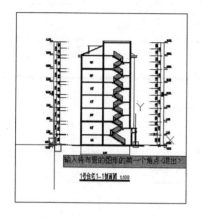
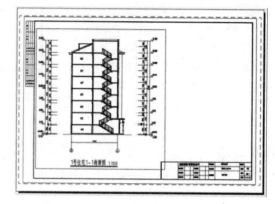

图 14-26　创建视口

　　继续选择图形，指定插入点，创建其他视口，结果如图 14-27 所示。

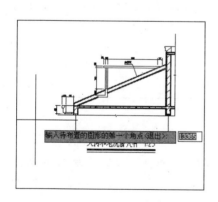
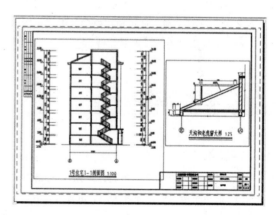

图 14-27　创建其他视口

14.3.5 打印输出

　　图纸打印的相关参数设置完毕，在打印设备与计算机正常连接的情况下，可执行打印图纸的操作。单击【文件】|【打印】菜单命令，在弹出的【打印-多比例布局】对话框中单击"预览"按钮，可预览打印效果，如图 14-28 所示。如果满意预览效果，按 Enter 键返回【打印-多比例布局】对话框，单击"确定"按钮，即可开始打印图纸。

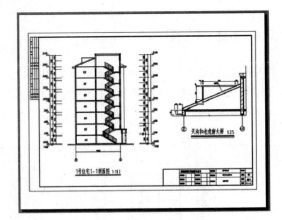

图 14-28　多比例打印

14.4 本章小结

本章介绍了布图与打印的知识，包括模型空间与图纸空间的区别，单比例、多比例打印建筑图纸的方法。

在设置图纸的打印样式时，可以利用 T20 提供的专业命令，如插入图框、定义视口、图形切割和改变比例等。

在打印图纸之前，通过预览打印效果，可以事先了解图纸的打印效果。如果预览效果不符合使用要求，可以继续编辑修改，直至满意为止。

14.5 思考与练习

一、填空题

1. 用户创建新的页面布局，可以在 AutoCAD 菜单栏中执行_____命令来完成。

2. 用户更改布局页面的大小，可以直接在布局选项卡上单击鼠标右键，然后在弹出的快捷菜单中执行_____命令。

3. 在 T20 中，可以根据用户的需要将图框插入到_____空间和_____空间中。

二、问答题

1. 简述在创建新布局时执行"定义视口"命令创建视口的方法。

2. 简述"图形切割"命令的操作步骤。

附录 T20 命令索引

设置菜单

菜单命令	执行命令	命令说明
自定义	ZDY	打开【天正自定义】对话框，用户可以修改操作配置、基本界面、工具栏与键盘热键的参数
天正选项	TZXX	打开【天正选项】对话框，可设置对建筑设计基本参数及加粗图案，基本设定对本图有效，高级选项在下次启动后一直有效
当前比例	DQBL	调用命令后可以设置新的绘图比例
图层管理	TCGL	打开【图层管理】对话框，可对图层的属性进行设置

轴网菜单

菜单命令	执行命令	命令说明
绘制轴网	HZZW	打开【绘制轴网】对话框，用户可以通过设置开间和进深的参数来绘制轴网
墙生轴网	QSZW	通过选取要从中生成轴网的墙体来生成定位轴线
添加轴线	TJZX	打开【添加轴线】对话框，选择选项，可添加新轴线式
轴线裁剪	ZXCJ	框选需要裁剪的轴网，按 Enter 键完成轴网的裁剪
轴网合并	ZWHB	将多组轴网延伸到指定的对齐边界，使之成为一组轴网
轴改线型	ZGXX	调用该命令可以改变绘制轴线的线型
轴网标注	ZWBZ	打开【轴网标注】对话框，设置相应的参数后即可对轴线进行尺寸标注
单轴标注	DZBZ	打开【单轴标注】对话框，设置轴号参数，可以轴网进行单轴标注
添补轴号	TBZH	打开【添补轴号】对话框，设置参数，通过选取已有的轴号标注，可以在此基础上生成新轴号
删除轴号	SCZH	通过框选需要删除的轴号来对其进行删除操作
一轴多号	YZDH	通过选择已有轴号，设置需要复制的排数，来完成一轴多号的操作
轴号隐现	ZHYX	框选要隐藏的轴号可对其进行隐藏，重复使用该命令可将轴号恢复显示
主附转换	ZFZH	框选需要转换的轴号，可将主号转换为附号，或将附号转换为主号

柱子菜单

菜单命令	执行命令	命令说明
标准柱	BZZ	打开【标准柱】对话框，用户可以修改柱子的材料参数和尺寸参数，通过鼠标点取来完成标准柱的插入

角柱	JZ	用鼠标选取墙角来完成角柱的插入
构造柱	GZZ	用鼠标选取墙角来完成构造柱的插入
柱齐墙边	ZQQB	通过依次点取墙边和柱边,完成柱齐墙边的操作

墙体菜单

菜单命令	执行命令	命令说明
绘制墙体	HZQT	打开【墙体】对话框,用户可以修改墙高参数和墙体宽度参数,通过鼠标点取墙体的起点和终点来完成墙体的绘制
墙体切割	QTQG	用于快速将已布置的墙体从所选点处打断
等分加墙	DFJQ	通过分别选择等分所参照的墙段及作为另一边界的墙段,来绘制水平方向及垂直方向的加墙
单线变墙	DXBQ	框选已经绘制好的直线轴网或者弧线轴网来生成双线表示墙体
墙体分段	QTFD	通过依次点取起点和终点,在弹出的"墙体编辑"对话框内进行参数的调整,对所选的墙体进行分段
幕墙转换	MQZH	选择需要转为幕墙的墙体,按 Enter 键,即可将墙体转换为玻璃幕墙
倒墙角	DQJ	设置圆角半径,分别选择需要进行倒角的两段墙体,完成倒墙角的操作
倒斜角	DXJ	分别设置第一个和第二个倒角距离,选择需要倒斜角的两段墙体,完成倒斜角的操作
修墙角	XQJ	修理相互叠交的两段墙,或者重新融合相同材质的墙与墙体造型
基线对齐	JXDQ	保持墙边线不变,墙基线对齐经过给定点
边线对齐	BXDQ	墙基线保持不变,墙线偏移到过给定点
净距偏移	JJPY	设置偏移距离,选择需要偏移的墙体,完成净距偏移操作
墙柱保温	QZBW	通过指定需要绘制保温层的墙、柱、墙体造型,来完成墙柱保温命令的操作
墙体造型	QTZX	构造平面形状局部内凹或外凸的墙体,附加在墙上形成一体
墙齐屋顶	QQWD	分别选择屋顶和墙体,把墙体延伸到人字屋顶顶部,并根据墙高调整屋顶的标高
改墙厚	GQH	选择需要修改厚度的墙体,重新设置宽度,即可完成墙体厚度的修改
改外墙厚	GWQH	在使用此命令前,首先进行内外墙的识别,然后才能更改外墙的厚度,否则系统将不予执行命令
改高度	GGD	选择需要更改高度的墙体,设置新的高度值,按 Enter 键完成墙体高度的修改
改外墙高	GWQG	修改已经定义为外墙的高度及底标高,系统自动将内墙忽略
平行生线	PXSX	通过选择墙体和设置偏移距离,可以在墙体的一侧按指定的距离生成直线或者弧线
墙端封口	QDFK	打开或者闭合墙端出头的封口线
墙面 UCS	QMUCS	定义一个基于所选墙面一侧的 UCS,在指定的视口内可转化为立面显示

异形立面	YXLM	在立面显示状态，将墙体按照指定的多段线切割生成非矩形的立面
矩形立面	JXLM	在立面显示状态，将非矩形的立面部分进行删除，使墙体恢复矩形
识别内外	SBNW	选择一栋建筑物的所有墙体和门窗，识别出来的外墙系统将会以红色的虚线来表示
指定内墙	ZDNQ	人工识别内墙，可以用于局部平面、内天井等无法自动识别的情况
指定外墙	ZDWQ	人工识别外墙，可以用于局部平面、内天井等无法自动识别的情况
加亮外墙	JLWQ	高亮显示已经人工识别过的外墙

门窗菜单

菜单命令	执行命令	命令说明
新门	XM	打开【门】对话框，用户可以修改其中的参数来进行对门图形的插入
新窗	XC	打开【窗】对话框，用户可以修改其中的参数来进行对窗图形的插入
门窗	MC	打开【门】或【窗】对话框，用户可修改其中的参数来进行对门或窗图形的插入
组合门窗	ZHMC	选择同一面墙的门窗和编号文字对其进行组合
带形窗	DXC	打开【带形窗】对话框，设置参数后在一段或连续多段墙上插入同一编号的窗
转角窗	ZJC	打开【绘制角窗】对话框，对窗参数进行设置，分别选取墙内角和输入转角距离，完成窗图形的插入
异形洞	YXD	在立面显示状态，选择墙面上洞口轮廓线的封闭多段线，可以生成任意深度的洞口
编号设置	BHSZ	打开【编号设置】对话框，可以对当前图形内的门窗编号进行重新设置
门窗编号	MCBH	选择需要改编号的门窗的范围，输入新的门窗编号即可完成门窗编号的操作
门窗检查	MCJC	打开【门窗检查】对话框，该对话框中显示了当前图形中所有插入的门窗图形
门窗表	MCB	选取门窗图形，按 Enter 键即可生成门窗表
门窗总表	MCZB	生成当前图形的门窗总表
门窗规整	MCGZ	用于调整和统一门窗的位置
门窗填墙	MCTQ	用于删除不需要的门窗，并重新生成墙体
内外翻转	NWFZ	选择需要翻转的门窗图形，可以对其进行向内或向外的翻转
左右翻转	ZYFZ	选择需要翻转的门窗图形，可以对其进行向左或向右的翻转
编号复位	BHFW	将用户移动过的门窗编号恢复到默认的数值
编号翻转	BHFZ	翻转门窗编号
编号后缀	BHHZ	选择需要在编号后加后缀的窗，输入门窗编号的后缀即可
门窗套	MCT	打开【门窗套】对话框，调整参数后即可在门窗的四周增加门窗套
门口线	MKX	打开【门口线】对话框，设置参数后选择需要添加门口线的门图形即可

加装饰套	JZST	打开【门窗套设计】对话框，调整参数后选择需要添加装饰套的门窗图形即可
窗棂展开	CLZK	可以将平面窗图形展开到立面状态，以便于进行窗棂的划分
窗棂映射	CLYS	将 WCS 上的窗棂划分映射回立面窗
门窗原型	MCYX	选择当前图形中的门窗图形作为新绘门窗的原型，并构造门窗的制作环境
门窗入库	MCRK	将用户定义的门窗图块加入到二维门窗图库

房间屋顶菜单

菜单命令	执行命令	命令说明
搜索房间	SSFJ	打开【搜索房间】对话框，调整参数后选择构成一完整建筑物的所有墙体或门窗，按 Enter 键即可生成文字标注房间
房间轮廓	FJLK	拾取房间内一点创建轮廓线，可以用于创建踢脚线等制作
房间排序	FJPX	对房间编号按从左到右、从上到下的规则进行排序
查询面积	CXMJ	打开【查询面积】对话框，调整参数后选择需要查询面积的范围即可。
套内面积	TNMJ	打开【套内面积】对话框，调整参数后选择同属一套住宅的所有房间面积对象与阳台面积对象即可
公摊面积	GTMJ	定义要公摊到各户的公用面积
面积计算	MJJS	选择求和的房间面积对象或面积数值文字，按 Enter 键即可
面积统计	MJTJ	最终统计住宅各套型分摊后的经济技术指标
加踢脚线	JTJX	打开【踢脚线生成】对话框，选择截面及路径后，按 Enter 键即可生成踢脚线
奇数分格	JSFG	按奇数分格的方式绘制吊顶平面或者地面
偶数分格	OSFG	按偶数分格的方式绘制吊顶平面或者地面
布置洁具	BZJJ	打开【天正洁具】对话框，选择所需要的洁具图形，点取插入基点即可完成洁具图形的插入
布置隔断	BZGD	通过定义隔断的起点、终点及其间距长度等参数来完成隔断的布置
布置隔板	BZGB	通过定义隔板的起点、终点及其间距长度等参数来完成隔板的布置
搜屋顶线	SWDX	选择构成一完整建筑物的所有墙体或门窗，并设置偏移外皮的距离，完成搜屋顶线的绘制
任意坡顶	RYPD	选择一段封闭的多段线，输入其坡度角及出檐长的数值，完成任意坡顶的绘制
人字坡顶	RZPD	选择一段封闭的多段线，指定屋脊线的起点和终点，完成人字坡顶的绘制
攒尖屋顶	ZJWD	通过指定屋顶中心位置，可生成对称的正多边锥形攒尖屋顶
矩形屋顶	JXWD	分别由三点定义矩形，生成指定的坡度角和屋顶高的歇山屋顶等矩形屋顶
屋面排水	WMPS	打开【屋面排水】对话框，设置参数后，在图中标注"落水口排水"参

		数或者"坡面排水"参数
加老虎窗	JLHC	在三维的屋顶上生成多种形式的老虎窗
加雨水管	JYSG	通过指定雨水管入水洞口的起始点来进行绘制

楼梯其他菜单

菜单命令	执行命令	命令说明
直线梯段	ZXTD	打开【直线梯段】对话框，调整参数后点取梯段位置来完成绘制
圆弧梯段	YHTD	打开【圆弧梯段】对话框，调整参数后点取梯段位置来完成绘制
任意梯段	RYTD	分别点取梯段的左右两侧边线来生成任意梯段图形
添加扶手	TJFS	选择梯段作为路径的曲线，调整扶手的宽度、顶面高度及距边尺寸来完成扶手图形的添加
连接扶手	LJFS	选择两个待连接的扶手，按 Enter 键完成扶手的连接
双跑楼梯	SPLT	打开【双跑楼梯】对话框，调整参数后点取梯段位置来完成绘制
多跑楼梯	DPLT	打开【多跑楼梯】对话框，调整参数后依次点取梯段位置来完成绘制
双分平行楼梯	SFPX	打开【双分平行楼梯】对话框，调整参数后点取梯段位置来完成绘制
双分转角楼梯	SFZJ	打开【双分转角楼梯】对话框，调整参数后点取梯段位置来完成绘制
双分三跑梯	SFSP	打开【双分三跑楼梯】对话框，调整参数后点取梯段位置来完成绘制
交叉楼梯	JCLT	打开【交叉楼梯】对话框，调整参数后点取梯段位置来完成绘制
剪刀楼梯	JDLT	打开【剪刀楼梯】对话框，调整参数后点取梯段位置来完成绘制
三角楼梯	SJLT	打开【三角楼梯】对话框，调整参数后点取梯段位置来完成绘制
矩形转角楼梯	JXZJ	打开【矩形转角楼梯】对话框，调整参数后点取梯段位置来完成绘制
电 梯	DT	打开【电梯】参数对话框，调整参数后依次点取电梯墙线及平衡块所在的一侧完成电梯的绘制
自动扶梯	ZDFT	打开【自动扶梯】对话框，调整参数后点取梯段位置来完成绘制
阳 台	YT	打开【绘制阳台】对话框，调整参数后指定阳台的起点和终点完成阳台的绘制
台 阶	TJ	打开【台阶】对话框，调整参数后根据命令行的提示完成台阶图形的绘制
坡 道	PD	打开【自动扶梯】对话框，调整参数后点取坡道位置来完成绘制
散 水	SS	打开【散水】对话框，选择构成一完整建筑物的所有墙体或门窗、阳台后按 Enter 键完成散水图形的绘制

立面菜单

菜单命令	执行命令	命令说明
建筑立面	JZLM	在打开一个工程项目的情况下，调用该命令，根据命令行的提示完成建筑立面的生成

构件立面	GJLM	在打开一个工程项目的情况下，调用该命令，根据命令行的提示完成构件立面的生成
立面门窗	LMMC	打开【天正图库管理系统】对话框，选择待插入的门窗图形，根据命令行提示完成插入操作
门窗参数	MCCS	选择立面门窗，根据命令行的提示修改门窗参数
立面窗套	LMCT	根据命令行的提示选择立面窗，生成全包的窗套或者窗的上檐线和下檐线
立面阳台	LMYT	打开【天正图库管理系统】对话框，选择待插入的阳台图形，根据命令行提示完成插入操作
立面屋顶	LMWD	打开【立面屋顶参数】对话框，设置参数后根据命令行的提示完成操作
雨水管线	YSGX	指定雨水管的起点和终点完成图形的绘制
图形裁剪	TXCJ	选择待裁剪的对象，指定裁剪范围，按 Enter 键完成操作
立面轮廓	LMLK	调用该命令，根据命令行的提示进行操作，生成立面轮廓线

剖面菜单

菜单命令	执行命令	命令说明
建筑剖面	JZPM	在打开一个工程项目的情况下，调用该命令，根据命令行的提示完成建筑剖面的生成
构件剖面	GJPM	在打开一个工程项目的情况下，调用该命令，根据命令行的提示完成构件剖面的生成
画剖面墙	HPMQ	调用该命令后根据提示绘制剖面墙
双线楼板	SXLB	调用该命令后根据提示绘制双线楼板
预制楼板	YZLB	调用该命令后根据提示绘制预制楼板
加剖断梁	JPDL	根据命令行的提示，指定参数绘制楼板、休息平台板下的梁截面
剖面门窗	PMMC	点取剖面墙线下端，根据命令行提示设置参数，完成剖面门窗的绘制
剖面檐口	PMYK	调用该命令后根据提示在剖面图中绘制剖面檐口
门窗过梁	MCGL	选择需加过梁的剖面门窗，调整梁高参数完成梁的绘制
参数楼梯	CSLT	打开【参数楼梯】对话框，选择插入点完成楼梯的绘制
参数栏杆	CSLG	按照参数交互的方式生成楼梯栏杆，用户可自行扩充楼梯栏杆库
楼梯栏杆	LTLG	系统可自动识别剖面楼梯和可见楼梯，绘制楼梯栏杆和扶手
楼梯栏板	LTLB	系统可自动识别剖面楼梯和可见楼梯，绘制实心楼梯栏板
扶手接头	FSJT	根据命令行提示设置参数，完成楼梯扶手接头位置的细部处理
剖面填充	PMTC	用户可选择图案来对剖面墙线梁板或者剖面楼梯进行填充
居中加粗	JZJC	可以把剖面图中的剖面墙线与楼板线向两侧加粗
向内加粗	XNJC	可以把剖面图中的剖面墙线与楼板线向内加粗
取消加粗	QXJC	把已经加粗的剖面墙线与楼板线恢复原本形状

文字表格菜单

菜单命令	执行命令	命令说明
文字样式	WZYS	打开【文字样式】对话框，设置参数后可创建或修改图纸中的文字样式
单行文字	DHWZ	打开【单行文字】对话框，调整参数后点取文字的插入位置完成操作
多行文字	—	打开【多行文字】对话框，调整参数后点取文字的插入位置完成操作
曲线文字	QXWZ	调用该命令后，可以沿着指定的曲线排列文字
专业词库	ZYCK	打开【专业词库】对话框，用户可以自行选择所需要的文字来进行插入
递增文字	DZWZ	选择要递增的文字，指定基点后点取插入位置完成递增文字的操作
转角自纠	ZJZJ	对方向不符合制图标准的文字（如倒置的文字）予以纠正
文字转化	WZZH	把 AutoCAD 的单行文字转换成天正的单行文字
文字合并	WZHB	选择要合并的文字段落，按 Enter 键可将单行文字合并成多行文字
统一字高	TYZG	选择要修改的文字，输入字高参数，按 Enter 键完成操作
新建表格	XJBG	打开【新建表格】对话框，调整参数后指定表格的左上角点完成表格的新建
转出 Word	—	选择表格后按 Enter 键，可将所选表格转为 Word 格式
转出 Excel	—	选择表格后按 Enter 键，可将所选表格转为 Excel 格式
读入 Excel	—	根据 Excel 选中的区域，创建或者更新图中的天正表格
全屏编辑	QPBJ	对表格内容进行全屏编辑
拆分表格	CFBG	打开【拆分表格】对话框，设置参数后可将表格分解为多个子表格，有"行拆分"和"列拆分"两种方式
合并表格	HBBG	可将多个表格合并为一个表格，有"行合并"和"列合并"两种方式
表列编辑	BLBJ	可选择表列以编辑属性
表行编辑	BHBJ	可选择表行以编辑属性
增加表行	ZJBH	在指定的行之前或之后增加一行，也可用"表行编辑"命令来进行编辑
删除表行	SCBH	删除指定行，也可以用"表行编辑"命令来进行编辑
单元编辑	DYBJ	点取单元格进行编辑，可以修改其属性和文字
单元递增	DYDZ	复制单元文字内容，可将文字的某一项递增或者递减，按 Shift 键为直接复制，按 Ctrl 键为递减
单元复制	DYFZ	点取源单元格的文字对象复制到目标单元格
单元累加	DYLJ	点取需累加的单元格，结果放在指定的单元格中
单元合并	DYHB	选择需要合并的单元格可对其进行合并
撤消合并	CXHB	撤消已经合并的单元格
单元插图	DYCT	可以把天正图块或者 AutoCAD 图块插入到表格中的某一单元
查找替换	CZTH	打开【查找和替换】对话框，调整参数后可以对文字进行查找和替换
繁简转换	FJZH	转换图中指定的文字的内码，有"简转繁"和"繁转简"两种方式

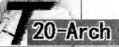

尺寸标注菜单

菜单命令	执行命令	命令说明
门窗标注	MCBZ	选择第一、二道尺寸线及墙体，可以标注门窗的定位尺寸，即第三道尺寸
墙厚标注	QHBZ	根据命令行提示，分别选择直线的第一点和第二点，对墙体进行墙厚标注
两点标注	LDBZ	调用命令后选择起点和终点，对墙体轴线等进行定位标注
内门标注	NMBZ	打开【内门标注】对话框，设置标注样式，接着选择起点和终点，标注内墙的门洞尺寸及门洞与最近墙轴线或墙边的距离
快速标注	KSBZ	调用命令后，选择要标注的几何图形，指定尺寸线位置后完成操作
楼梯标注	LTBZ	用于标注楼梯踏步、井宽和梯段宽等楼梯尺寸
外包尺寸	WBCC	分别选择建筑构件和第一、二道尺寸线，扩充或者补充第一、二道尺寸线到构件的外轮廓
逐点标注	ZDBZ	指定起点和终点，沿着给定的一个直线方向标注连续的尺寸
半径标注	BJBZ	选择待标注的圆弧，按 Enter 键完成标注
角度标注	JDBZ	分别选择成一定角度的两条直线，对其进行角度标注
直径标注	ZJBZ	选择待标注的圆弧，按 Enter 键完成标注
弧长标注	HCBZ	选择要标注的弧段，按 Enter 键完成标注
文字复位	WZFW	选择需复位的文字对象，按 Enter 键可将文字的位置恢复到默认的尺寸线中点上方
文字复值	WZFZ	选择天正尺寸标注，按 Enter 键可将文字恢复为默认的测量值
剪裁延伸	JCYS	根据指定的新位置，对尺寸标注进行裁剪或者延伸
取消尺寸	QXCC	选择待取消的尺寸区间的文字，按 Enter 键完成操作
连接尺寸	LJCC	分别选择主尺寸标注与需要连接的其他尺寸标注，按 Enter 键完成操作
尺寸打断	CCDD	在要打断的一侧点取尺寸线，按 Enter 键完成操作
合并区间	HBQJ	选择合并区间中的尺寸界线箭头，将相邻区间合并为一个区间
等分区间	DFQJ	选择需要等分的尺寸区间，指定等分数，按 Enter 键完成操作
等式标注	DSBZ	把尺寸文字以"等分数×间距=尺寸"的等式来表示
尺寸等距	CCDJ	用于把多道尺寸线在垂直于尺寸线方向按等距调整位置
对齐标注	DQBZ	分别选择参考标注与其他标注，将多个标注对象按照参考标注来对齐排列
增补尺寸	ZBCC	选择尺寸标注，点取待增补的标注点的位置，完成尺寸的增补操作
切换角标	QHJB	对角度标注、弧长标注和弦长标注进行相互转换
尺寸转化	CCZH	将 AutoCAD 尺寸转化成天正的尺寸标注
尺寸自调	CCZT	对文字重叠的天正标注进行位置调整，使其能清晰地显示

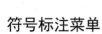

符号标注菜单

菜单命令	执行命令	命令说明
静态/动态标注	—	灯按钮高亮显示时，坐标标注和标高标注由动态变为静态，反之亦然
坐标标注	ZBBZ	分别点取标注点及坐标标注方向，可对总平面图进行坐标标注，也可以对特征点批量标注
坐标检查	ZBJC	打开【坐标检查】对话框，选择待检查的坐标标注后按 Enter 键，即可完成对坐标标注的检查
标高标注	BGBZ	打开【标高标注】对话框，设置参数后分别点取标高点和标高方向，完成对象的标高标注
标高检查	BGJC	分别选择参考标高及待检查的标高标注，按 Enter 键完成对标高标注的检查
标高对齐	BGDQ	用于把选中标高按新点取的标高位置或参考标高位置竖向对齐
箭头引注	JTYZ	打开【箭头引注】对话框，输入文字后分别点取箭头的起点和终点来完成箭头引注
引出标注	YCBZ	打开【引出标注】对话框，输入文字后分别指定标注第一点、引线位置及文字基线位置来完成图形的引出标注
做法标注	ZFBZ	打开【做法标注】对话框，输入文字后分别指定标注第一点、文字基线的位置及方向长度，按 Enter 键完成图形的做法标注
指向索引	ZXSY	打开【指向索引】对话框，设置参数后根据命令行的提示完成指向索引符号的绘制
剖切索引	PQSY	打开【剖切索引】对话框，设置参数后根据命令行的提示完成剖切索引符号的绘制
索引图名	SYTM	打开【索引图名】对话框，设置参数后根据命令行的提示绘制索引图名
剖切符号	PQFH	打开【剖切符号】话框，可调用正交剖切命令、正交转折剖切命令、非正交剖切转折命令和断面剖切命令
绘制云线	HZYX	可用于"矩形云线""圆形云线""任意绘制"以及"选择已有对象生成"
加折断线	JZDX	分别点取折断线起点和终点，按 Enter 键完成绘制
画对称轴	HDCZ	分别指定对称轴的起点和终点，按 Enter 键完成绘制
画指北针	HZBZ	分别指定指北针的位置和方向，按 Enter 键完成绘制
图名标注	TMBZ	打开【图名标注】对话框，输入文字后，点取插入位置完成操作

图层控制菜单

菜单命令	执行命令	命令说明
图层转换	TCZH	打开【图层转换】对话框，可以按用户的图层标准进行图层转换

关闭图层	GBTC	关闭选择对象所在的图层
关闭其他	GBQT	关闭除了所选图层以外的所有图层
打开图层	DKTC	打开已经关闭的图层
图层全开	TCQK	全部打开已经关闭的图层
冻结图层	DJTC	冻结选择对象所在的图层
冻结其他	DJQT	冻结除了所选图层以外的所有图层
解冻图层	JDTC	解冻所选择的图层
锁定图层	SDTC	锁定选择对象所在的图层
锁定其他	SDQT	锁定除了所选图层以外的所有图层
解锁图层	JSTC	解锁处于选择状态的锁定图层
图层恢复	TCHF	恢复在执行图层工具前所保存的图层记录
合并图层	HBTC	将选定的图层进行合并
图元改层	TUGC	将所选图元的图层进行改变

工具菜单

菜单命令	执行命令	命令说明
对象查询	DXCX	将光标停留在图元上可显示图元的信息，单击图元可对其进行编辑
对象编辑	DXBJ	单击要编辑的对象，调出相对应的对话框对其进行编辑
对象选择	DXXZ	先选择参考图元，再选择其他符合参考图元过滤条件的图形，生成选择集
在位编辑	ZWBJ	对选中的文字图元进行修改
自由复制	ZYFZ	动态复制需要复制的对象
自由移动	ZYYD	自由移动所选的对象
移位	YW	指定位移距离或位移方向来移动所选对象
自由粘贴	ZYZT	粘贴已经复制在剪切板上的图形，可以动态调整待粘贴的图形
局部隐藏	JBYC	将选中的对象隐藏起来
局部可见	JBKJ	临时隐藏其余对象，以便观察和编辑所选的对象
恢复可见	HFKJ	使处于隐藏状态的对象恢复可见
消重图元	XCTY	消除重合的天正对象和线、弧、文字、图块等 AutoCAD 对象
编组开启/ 关闭	—	灯图形高亮显示时，可以启动编组开关，反之亦然
组编辑	—	用于创建编组、添加或者移除编组的对象
线变复线	XBFX	将互相连接的线、弧连接成一个多段线
连接线段	LJXD	将两条在同一直线上的线段或两段相同的弧或直线与圆弧相连接
交点打断	JDDD	选择需要打断交点的范围，按 Enter 键，可将在同一平面上的若干根线或弧同时打断
虚实变换	XSBH	将所选对象的线型在虚线和实线之间进行变换

加粗曲线	JCQX	通过指定加粗线段的线宽改变所选对象的线型
消除重线	XCCX	消除重合的线、弧
反向	FX	将多段线、墙体、线图案或路径曲面的方向进行逆转
布尔运算	BRYS	对两个具有封闭区域的对象（如多段线）进行布尔运算，生成新的封闭区域对象
长度统计	CDTJ	用于查询多个线段的总长度
视口放大	SKFD	将模型空间的当前视口放大到全屏，并保存当前配置以便恢复
视口恢复	SKHF	恢复视口放大前的视口配置
视图满屏	STMP	使当前实体充满整个显示器屏幕，以便于进行观察
视图存盘	STCP	将当前视图保存为磁盘的位图文件
设置立面	SZLM	将 UCS 设置到平面两点所确定的立面上
定位观察	DWGC	建立立面定位观察器，并建立关联视图
测量边界	CLBJ	测量所选对象的最小包容立方体范围
统一标高	TYBG	在二维图上，选择需要恢复零标高的对象按 Enter 键，将图形对象调整为共面状态
搜索轮廓	SSLK	点取二维图的外部以生成外包轮廓
图形切割	TXQG	选择平面图的一部分，将其切割出来作为详图的底图
矩形	JX	打开【矩形】对话框，调整参数后可绘制相应的天正矩形

三维建模菜单

菜单命令	执行命令	命令说明
平板	PB	用于构造水平面的板（柱）式构件，用作楼板、平屋顶和楼梯休息平台等，允许开多个洞口
竖板	SB	根据命令行的提示定义起点、终点的标高等参数，绘制竖直方向的板件，可用作遮阳板和阳台隔断等
路径曲面	LJQM	选择作为路径的曲线来放样生成均匀截面的物体
变截面体	BJMT	沿着路径对给定的多个截面进行放样生成实体
等高建模	DGJM	把一组具有不同标高的多段线转成山坡模型
栏杆库	LGK	打开【天正图库管理系统】对话框，可从中调出栏杆单元，以便编辑后进行排列生成栏杆
路径排列	LJPL	分别选择作为路径的曲线和作为排列单元的对象，按 Enter 键完成排列操作
三维网架	SSWJ	把一组关联直线转换成三维网架模型
线转面	XZM	选择由线构成的二维视图，按 Enter 键将其生成三维网面

实体转面	STZM	把三维实体转换为三维网格曲面
面片合成	MPHC	把选中的三维面合并成多格面
隐去边线	YQBX	把不需要显示的表面边线特性改为不可见
三维切割	SWQG	选择需要剖切的三维对象，依次指定切割直线的起点和终点，完成对象切割
厚线变面	HXBM	把有厚度的线转换为三维面
线面加厚	XMJH	使用拉伸命令给予选中的线和平面厚度，使其成为三维实体
三维组合	SWZH	把多个标准层组合成整个建筑物的三维模型

图块图案菜单

菜单命令	执行命令	命令说明
通用图库	TYTK	新建或者打开图库，编辑图库内容，插入图块
幻灯管理	HDGL	幻灯库管理，可以对多个幻灯库进行操作
构件库	GJK	新建或者打开构件库，编辑构件库的内容，插入对象构件
构件入库	GJRK	不打开构件库，可以直接将对象加入构件图库中
图块转化	TKZH	将 AutoCAD 图块转换成天正图块
图块改层	TKGC	修改图块内部的图层，配合三维渲染软件赋予材质
图块替换	TKTH	先选择图上已有的图块，再进入图库中选择替换内容
生二维块	SEWK	对三维图块按消隐生成二维图块，且联动形成多视图块
取二维块	QEWK	选取多视图的二维部分，以便利用在位编辑修改
参照裁剪	CZCJ	裁剪当前闭合曲线限定范围的外部参照对象
任意屏蔽	RYPB	为任意形状的图形对象提供遮挡背景特征
矩形屏蔽	JXPB	给图块增加可以用外包矩形遮挡背景的特征
精确屏蔽	JQPB	给图块增加可以用精确外轮廓遮挡背景的特征
取消屏蔽	QXPB	取消图块遮挡背景的特征
图案管理	TAGL	管理图案库的内容，制作删除图案，改变图案大小
木纹填充	MWTC	填充木材的横纹、竖纹及断纹
图案加洞	TAJD	给图案填充挖去一块空白区域
图案减洞	TAJD	给图案填充范围内的空白区域补上
线图案	XTA	打开【线图案】对话框，选择样式并设置参数，在图中绘制线图案

文件布图菜单

菜单命令	执行命令	命令说明
工程管理	GCGL	打开【工程管理】对话框

插入图框	CRTK	打开【插入图框】对话框，调整参数后点取插入位置来完成图框的插入
图纸目录	TZML	打开【图纸文件选择】对话框，调整参数后点取图纸目录插入位置即可
定义视口	DYSK	分别指定待布置图形的两个角点，输入图形输出比例，完成视口的定义
视口放大	SKFD	点取需要放大的视口将其放大
改变比例	GBBL	用来指定新的出图比例
布局旋转	BJXZ	定义布局旋转方式来对布局进行旋转
图形切割	TXQG	指定矩形切割图形，根据命令行提示完成操作
旧图转换	JTZH	打开【旧图转换】对话框，调整参数后根据命令行的提示完成操作
图形导出	TXDC	打开【图形导出】对话框，调整参数后单击"保存"按钮完成图形的导出
批量转旧	PLZJ	打开【请选择待转换的文件】对话框，调整参数后根据命令行提示完成操作
分解对象	FJDX	选择待分解的对象，按 Enter 键完成操作
备档拆图	BDCT	用于把一张 DWG 中的多张图纸按图框拆分为多个 DWG 文件
图纸比对	TZBD	用于对比两张 DWG 图纸内容的差别
局部比对	JBBD	用于对比两张 DWG 图纸局部内容的差别
图纸保护	TZBH	选择需要保护的图元，根据命令行的提示完成操作
插件发布	CJFB	打开【另存为】对话框，调整参数后单击"保存"按钮完成发布操作
图变单色	TBDS	选择平面图要变成的颜色，按 Enter 键即可完成操作
颜色恢复	YSHF	可将变色后的平面图恢复原本的颜色
图形变线	TXBX	打开【输入新生成的文件名】对话框，根据提示设置参数完成操作

其他菜单

菜单命令	执行命令	命令说明
总平图列	ZPTL	用于绘制总平面图的图例块
道路绘制	DLHZ	绘制总图的道路
道路圆角	DLYJ	把对折角道路倒成圆角道路
车位布置	CWBZ	用于布置直线与弧形排列的车位
成片布树	CPBS	在区域内按一定间距插入树图块
任意布树	RYBS	在区域内任意插入树图块
建筑高度	JZGD	把多段线转成建筑轮廓或更改已有建筑轮廓的高度
导入建筑	DRJZ	把天正的多层模型转换为日照模型
顺序插窗	SXCC	沿着建筑物的一面墙按顺序插入日照窗
重排窗号	CPCH	从左到右重新排列日照窗的窗位号
窗号编辑	—	编辑被分析建筑日照窗的层号和窗位号
窗日照表	CRZB	详细分析窗的日照情况，分清阴影责任
地理位置	DLWZ	编辑地理位置数据库内容

单点分析	DDFX	选取测试日照时间的地点及其高度值，并给出测试间隔时间，即可显示该点的日照时间
多点分析	—	指定建筑物轮廓线，按给定范围、给定时间段绘制等日照区域
等照时线	DZSX	绘出日照到达给定时数的日照区域分界线
建筑标高	JZBG	标注建筑物的顶标高
日照设置	RZSZ	日照计算的全局参数设置
日照仿真	RZFZ	真实逼真地模拟日照阴影
阴影擦除	YYCC	擦除建筑物的填充阴影
阴影轮廓	YYLK	逐时绘出建筑物阴影的轮廓线
BIM 导出与 BIM 导入	——	实现与 Revit 双向对接互导

帮助演示菜单

菜单命令	执行命令	命令说明
版本信息	BBXX	显示详细版本信息对话框
常见问题	CJWT	查看使用经常碰到的问题以及解答
教学演示	JXYS	启动功能演示教学动画的 Flash 系统
日积月累	RJYL	进入天正建筑软件时显示日积月累功能提示界面
问题报告	WTBG	给天正公司发送 EMail 报告问题
在线帮助	ZXBZ	启动在线帮助系统